反导指挥控制与作战管理系统

刘昌云　郭相科　王　刚　著

科学出版社

北　京

内 容 简 介

本书围绕反导指挥控制与作战管理系统的关键技术，从系统和技术两个层面对反导指挥控制与作战管理系统涉及的关键内容进行了分析与论述。全书共 6 章，内容包括绪论、弹道导弹目标跟踪、弹道综合信息处理、多传感器协同探测跟踪任务规划、反导指挥控制与拦截任务规划、系统建模与原型仿真系统构建等内容。

本书可作为高等院校电子信息工程、雷达工程、电子科学与技术相关专业本科生、研究生的参考用书，也可供相关领域的科研和工程技术人员参考。

图书在版编目（CIP）数据

反导指挥控制与作战管理系统 / 刘昌云，郭相科，王刚著. —北京：科学出版社，2025.2

ISBN 978-7-03-077183-4

Ⅰ. ①反… Ⅱ. ①刘… ②郭… ③王… Ⅲ. ①防空导弹–反导弹导弹–飞行控制系统 Ⅳ. ①TJ761

中国国家版本馆 CIP 数据核字（2023）第 238573 号

责任编辑：孙伯元 / 责任校对：胡小洁
责任印制：吴兆东 / 封面设计：无极书装

科学出版社 出版
北京东黄城根北街 16 号
邮政编码：100717
http://www.sciencep.com
北京九州迅驰传媒文化有限公司印刷
科学出版社发行 各地新华书店经销
*
2025 年 2 月第 一 版 开本：720×1000 1/16
2025 年 2 月第一次印刷 印张：17 1/4
字数：348 000
定价：149.00 元
（如有印装质量问题，我社负责调换）

前　　言

反导指挥控制与作战管理系统是反导作战体系的重要组成部分，是反导作战的神经中枢。

本书围绕反导指挥控制与作战管理系统的关键技术，从系统和技术两个层面对反导指挥控制与作战管理系统涉及的关键内容进行了分析与论述。本书在介绍反导指挥控制与作战管理系统的定位、层级、体系结构等的基础上，重点论述了弹道导弹目标跟踪、弹道综合信息处理、多传感器协同探测跟踪任务规划、反导指挥控制与拦截任务规划的关键技术，并简要介绍了反导指挥控制与作战管理系统建模与原型仿真系统构建等过程。

全书共6章，第1章为绪论，介绍了反导指挥控制与作战管理系统概述、系统功能、系统结构与组成、信息交互关系等内容；第2章为弹道导弹目标跟踪，论述弹道导弹主动段、自由段的目标跟踪算法；第3章为弹道综合信息处理，论述了弹道轨迹预测、弹道目标关机点估计、目标综合识别等关键技术；第4章为多传感器协同探测跟踪任务规划，论述了引导交接策略、任务规划分层决策框架、协同探测任务优化调度、协同预警与跟踪动态规划等关键技术；第5章为反导指挥控制与拦截任务规划，论述了弹道目标威胁评估、拦截任务分配、交战程序组设计、反导作战预案生成等关键技术；第6章为系统建模与原型仿真系统构建，介绍了系统作战视图建模、原型仿真系统构建等内容。

本书作者长期从事指挥信息系统和信息融合领域的教学、科研和学术研究，为本书的顺利编写奠定了良好的基础。本书由刘昌云负责统稿，并编写1～4章，郭相科编写了第5、6章并参与第3章的编写，王刚编写第1章，李松参与了第1、6章的编写，宋亚飞参与了第2章的编写，韦刚参与了第1章的编写，孙文、张春梅等也参与了部分章节的编写。

本书是作者多年教学实践和科研工作的总结，同时也参考了大量学术论文和著作，在此向这些论文和著作的作者表示感谢。本书的出版得到了空军工程大学防空反导学院领导和机关的大力支持。在此，作者对所有给本书提供过支持和帮助的领导、朋友、同事表示真诚的感谢。

限于作者水平，书中难免存在疏漏和不妥之处，恳请广大读者批评指正。

目　　录

第1章 绪　　论

本章主要分析了反导指挥控制与作战管理系统的基本问题、功能、体系结构与组成，以及信息交互内容和交互关系。

1.1　反导指挥控制与作战管理系统的基本问题

1.1.1　定位

反导指挥控制与作战管理系统是反导作战体系的神经中枢，对于确保反导作战体系的一体化、分层拦截防御具有重要意义。通过反导指挥控制与作战管理系统集成反导作战体系中的各个作战要素，实现力量倍增，发挥各个作战要素的最大潜力，使得反导作战体系的整体能力大于部分的简单加和，可以提供网络化的一体化作战能力，使作战人员在计划和作战时能够协调传感器和武器实现资源的最佳利用，此外还可以扩展作战空间，实现多次交战。

1.1.2　层级

不同的级别和层面上有各自的指挥控制与作战管理系统，各自有不同的内涵和侧重。根据所处的层级以及功能定位，反导指挥控制与作战管理系统主要分为两类：一类是各级指挥机关的指挥控制与作战管理系统；另一类是拦截武器系统中的指挥控制与作战管理系统。前者功能更加侧重宏观功能，也更为复杂庞大，核心相同的软件系统经过不同的裁减后部署、安装在各级指挥机构；后者则更加侧重微观功能，实现的是对武器系统的直接指挥控制。反导指挥控制与作战管理系统在层级上属于战略层，更加宏观和复杂，涉及多方向、多军兵种、多型武器作战，在国家的军事战略、空天防御方面具有重要的作用。

1.1.3　能力分析

反导指挥控制与作战管理系统的能力主要表现为 5 个方面，如图 1.1 所示。

1. 态势感知(situation awareness，SA)能力

反导指挥控制与作战管理系统作为反导作战的决策支持系统，为一体化弹道导弹防御、工作能力、系统能力和保护能力等生成统一的作战态势，并生成和分

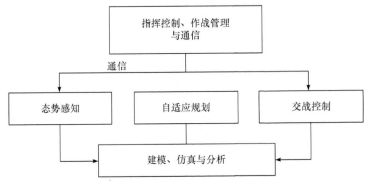

图 1.1 反导指挥控制与作战管理系统能力

发情报、操作、后勤、作战评估和其他关键报告。

2. 自适应规划(adaptive programming，AP)能力

自适应地制定弹道导弹防御计划，从而得到一个最佳的防御计划和一组相互补充的战区防御计划。导弹防御计划将战略和战役目标相结合，从而实现各种军事行动的同步、协调工作。其他的规划内容包括：作战方案、战役计划、作战计划、支援计划、详细的防御计划和交接班次序(预报、计划编制、警报、执行和作战)等。

3. 交战控制(engagement control，EC)能力

交战控制的目的是从多地区的角度提供有效的防御，使规划、指挥控制以及决策支持等工作通过深层次的交链控制，实现一体化。

为实现有效的交战控制序列的生成，需要有一定的"先验知识"或规则的支持，主要规则包括：

(1) 重点保卫目标目录中各目标的地点及相应的期望防御水平；

(2) 重点保卫目标目录中各个目标之间的优先防御次序；

(3) 射击原则；

(4) 预定的作战空域；

(5) 对拦截/杀伤进行评估的要求；

(6) 指挥控制关系；

(7) 单平台的多任务规划。

作战指挥机构根据制定的规则构建交战程序组，挑选一组可用的传感器和拦截武器，排列防御交战的优先次序，从而为拦截飞行中的每个弹头确定最佳的传感器和防御武器的组合，并利用指挥控制与作战管理系统强大的通信能力，为每个交战程序组提出联合传感器与武器的弹道导弹防御综合计划。

4. 指挥控制、作战管理与通信(Command, Control, Battle Management, and Communications, C2BMC)能力

在整个反导作战行动过程中，各个职能机构都要通过弹道导弹防御系统通信网络或地区性网络实现连接。而前沿部队配备的通信网络也要与弹道导弹防御系统网络连接，实现责任区间的通信并与上级部门互动。

5. 建模、仿真与分析(Modeling, Simulation, and Analysis, MS&A)能力

建模、仿真与分析就是分析和评估行动过程，通过借助描述、综合多套数据和进行优先排序的规则(运算法则)自动实现行动过程分析，并在任何给定的时间，利用"已知"信息，以数字和自动的格式模拟和评估多传感器、武器和作战想定，用于鉴定弹道导弹防御的行动过程和实际交战的训练与演习。

当然，反导指挥控制与作战管理系统远非仅是这 5 种单独能力的集合，还是一个不断演化的概念，集合了建模和仿真、预先计划和分析算法，在时间的约束条件下将解决方案和交战顺序提供给决策者。与传统的指挥、控制、通信与战场管理系统相比，反导指挥与作战管理系统已转变为真正以网络为中心的作战活动系统。反导指挥控制与作战管理系统将建模和仿真、周密计划和分析算法以时间约束的方式集成在一起，从而为决策者提供一套有效解决方案和交战顺序。

1.1.4 关键技术

反导指挥控制与作战管理系统是一个集信息处理、智能决策、最优控制等多功能于一体的复杂指挥控制系统，它包含了多源信息综合处理技术、态势评估与预测技术、作战时空分析技术(肖金科等，2012)、实时任务规划技术、作战管理引擎技术、仿真推演与评估技术等诸多技术，相关技术的先进性和成熟度在一定程度上决定了整个反导系统作战效能的高低，其主要关键技术如图 1.2 所示。

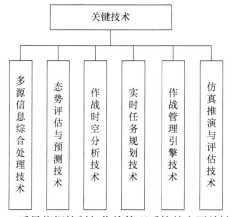

图 1.2 反导指挥控制与作战管理系统的主要关键技术

1. 多源信息综合处理技术

弹道目标的飞行过程是一个典型的群目标形成、分离、合并的过程，同时又伴随有干扰、诱饵等突防措施，给目标跟踪、多源情报相关与融合、目标识别等带来了巨大挑战。通过多源信息综合处理技术，主要解决弹道群目标的精确跟踪与分辨、目标识别等问题，从而为形成一张统一的态势图提供情报数据支撑，多源信息综合处理技术包括传感器误差实时估计与补偿、目标跟踪、多源情报相关与融合、目标识别等。

2. 态势评估与预测技术

态势评估与预测技术主要解决对综合情报信息的理解与预测，主要包括态势生成、威胁评估、战场资源消耗预测、战场态势预测等。

3. 作战时空分析技术

作战时空分析技术主要解决传感器与目标之间、拦截武器与目标之间的时空关系分析与求解问题，主要包括探测跟踪时空窗口分析、识别时空窗口分析、交战时空窗口估计、保障时空窗口计算和时空冲突消解等。

4. 实时任务规划技术

实时任务规划技术主要解决探测跟踪资源、拦截资源的一体化运用问题，期望达到资源与目标的有效匹配，主要包括能量一体化管控、传感器资源调度、火力资源调度、通信资源调度等。

5. 作战管理引擎技术

作战管理引擎技术主要解决大规模数据计算时所需的计算资源、网络资源的利用问题，主要包括自学习智能推理技术、实时消息总线技术、复杂系统自适应调度技术等。

6. 仿真推演与评估技术

仿真推演与评估技术主要解决作战预案与作战计划的超实时推演评估问题，主要包括装备建模、效能评估、作战预案生成等。

1.2 系 统 功 能

反导指挥控制与作战管理系统实现对反导作战体系各个作战要素的管理，最终实现对作战要素的集成和控制。与此同时，反导指挥控制与作战管理系统通过其开放式的结构，充分与防空指挥控制系统实现一体化，规划、监视和指挥控制弹道导弹防御系统各个集成要素的使用，完成弹道导弹防御任务。反导指挥控制与作战管理系统执行一体化弹道导弹防御任务，其功能模型如图 1.3 所示。

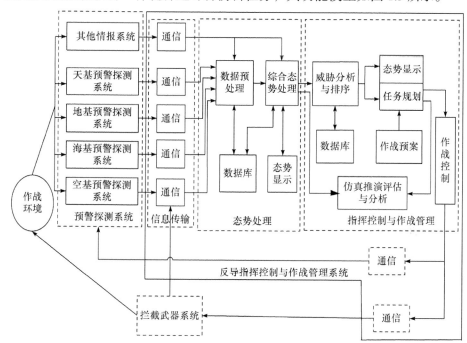

图 1.3 反导指挥控制与作战管理系统的功能模型

图 1.3 描述的反导指挥控制与作战管理系统的主要功能如下。

1. 信息传输

运用适当的通信系统和设备，可以实现反导作战体系的各个分系统、各组成单元之间的信息交换与传输。为了有效传输多种信息，应当采取适当的信息处理技术和设备，在发端将传输信息进行编码、存储、打包、转发等处理，而在收端进行对应的逆处理。信息传输的基本要求是无差错、近零时延、抗干扰、防窃取和连续、稳健。

迅速准确、保密和不间断地传递情报，是保证适时、连续和隐蔽指挥的前提。反导指挥控制与作战管理系统拥有高质量的通信网和各种功能的终端设备，为迅速、准确传递信息创造有利条件，更重要的是它采用数字通信方式，便于应用计算机等自动化设备，使多种通信业务高速、自动完成。

反导指挥控制与作战管理系统主要以栅格化信息网络为核心，集成光纤通信、散射通信、卫星通信、数据链等系统，保障反导作战体系的信息传送和数据服务。

2. 态势处理

态势处理是反导指挥控制与作战管理系统的一项基本功能和任务，它存在于系统的各分系统和组成单元之中，渗透到系统工作过程的每一个环节。其目的是以最优的形式为各级指挥员提供关于受控对象的态势信息，辅助指挥员科学决策。

反导指挥控制与作战管理系统通过对多源传感器信息的融合处理，生成一张反导作战综合态势图，综合态势图把作战、情报和后勤信息综合成一套公共的信息、数据和需求，并根据不同层级、不同人员向其提供与各自的任务和责任相称的态势信息，从而保障了不同层级、不同人员对态势理解的一致性。

3. 态势显示

态势信息包括情报信息、武器装备状态信息、作战计划信息等，既有静态的信息，又有动态的信息。

态势信息要以适当的形式显示出来，才便于指挥员了解和使用。态势信息以多种形式进行显示，除文字、符号外，还显示图形、图像。图形、图像显示具有直观、形象、真实等特点，这对执行单位透彻地理解上级意图和准确地执行命令非常重要，是其他形式无法相比的。

图形、图像信息主要是用平面显示器、大屏幕显示器和绘图仪等设备显示。这些设备能根据需要显示整幅画面，也可对其中一部分加以放大，还可同时显示不同形式的信息，如图形、符号、文字、表格等，以便决策者分析比较、综合研究。

4. 威胁分析与排序

反导指挥控制与作战管理系统综合利用情报、监视与侦察报告、现有的威胁与防御能力等要素，根据作战指导原则，分析潜在威胁及作战意图。综合考虑威胁、期望的防御能力、重点防御目标、可用的防御系统能力以及人工干预等信息，对威胁进行排序，确定优先防御的重点目标。

5. 任务规划

反导指挥控制与作战管理系统针对每个威胁，依据预警探测系统、拦截武器系统的部署、能力等要素，并结合确定的作战规则，进行多种任务的协作规划、集成、评估和协调。任务规划内容包括跟踪识别计划、通信计划、拦截计划、制导计划等，通过任务规划，生成每个威胁目标的交战程序组(engage schedule group, ESG)序列，以使反导作战体系能够成功地拦截每个威胁目标。

6. 作战控制

作战控制是反导指挥控制与作战管理系统的另一重要功能，其目的是充分发挥己方武器的威力，削弱敌方武器的威胁。现代武器不仅威力强、速度快，而且控制复杂，往往要求在几秒钟内确定或修改指挥控制方案，因此，必须有完善的作战控制功能，并应尽力提高指挥控制的速度和质量。

反导指挥控制与作战管理系统的作战控制对象包括预警探测系统中的各类传感器以及拦截武器系统中的各个拦截武器。对传感器的控制内容包括工作模式、扫描范围、工作波形、引导截获区域等，对拦截武器的控制内容包括跟踪识别区域、拦截模式、发射时间等。

7. 仿真推演评估与分析

仿真推演评估主要包括战前推演评估、实时推演评估和推演评估分析。

(1) 战前推演评估。主要采用建模仿真的方法，通过大量的仿真推演，形成应对某个威胁目标的作战预案。

(2) 实时推演评估。主要是利用实时威胁态势信息，采用后台超实时方式对作战预案、ESG 序列等进行推演评估，为指挥员进行作战预案决策提供决策依据。

(3) 推演评估分析。根据推演评估数据、结果，分析作战预案、ESG 任务序列等。

1.3　系统结构与组成

1.3.1　系统结构

1. 结构特征

反导指挥控制与作战管理系统是服务于军事斗争的一类复杂的"人-机系统"，系统的组织结构应与军队指挥体系、现代作战指挥模式，以及系统主要任务类型相适应，还要考虑到系统总体性能优化的可实现途径。根据理论分析和系统实践经验，系统的基本组织形式应是分层式与分布式相结合的系统结构，具有很强的互通能力和自适应重组能力，以适应一体化作战的发展趋势，适应"集中决策，分散指挥控制，协调作战行动"的现代作战指挥模式。

军队指挥体系的层级结构，首先决定了反导指挥控制与作战管理系统具有树状的层次结构特征，各级系统相应的指挥机构完成下级上报信息的处理和态势评估，完成上级下达的指令任务，并与同级的友邻协同工作，完成对下级的指挥与控制。各级、各业务领域的系统不尽相同，但它们的基本组成和功能模型都符合图 1.3 所示模型。

反导作战的广域性、实时性、紧迫性，又决定了不同层级的反导指挥控制与作战管理系统实时协同的特征。因此，反导指挥控制与作战管理系统具有分层、分布式的混合结构特征。在系统运行进程中，上级密切关注并指挥下级，下级实时向上级报告有关信息并接收指令，同级系统间实时协同。因此，在反导指挥控制与作战管理系统用于实际作战指挥时，每一级的系统不能孤立地工作，各级系统之间实际上构成了一种"嵌套"与"协同"的结构形式和相互关系(曹雷等，2016)，如图 1.4 所示。

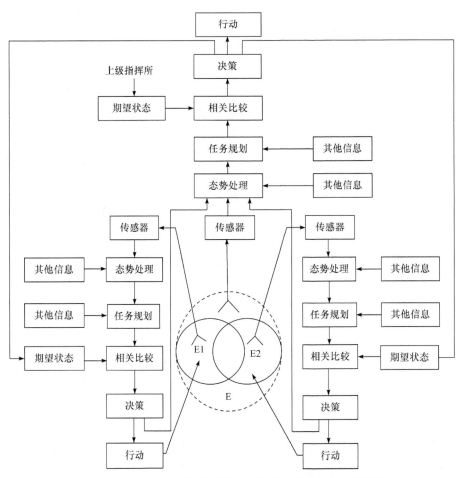

图 1.4 反导指挥控制与作战管理系统的"嵌套"与"协同"

在上下不同层级之间、同级各系统之间互为信源和信宿，互相响应，呈现出复杂系统的结构特征。

(1) 每一层的系统都是由功能不同的多个分系统组成的复杂系统，或者说，子系统也和主系统一样具有复杂系统的结构特征。

(2) 主系统与子系统、子系统与子系统都互相协同、互相响应、互相依存，不可分离。

2. 三维结构模型

反导指挥控制与作战管理系统按照军事业务维、系统层次维、系统能力维这三维构建一个立体模型(贺正洪等，2023；张维民等，2021)，如图 1.5 所示。

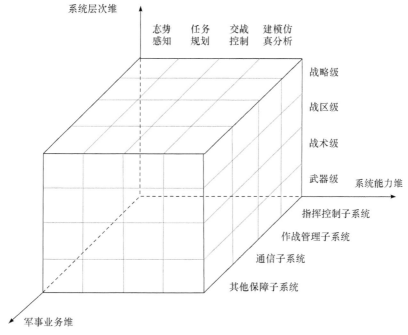

图 1.5　反导指挥控制与作战管理系统的三维结构模型

1) 军事业务维

从军事业务维划分，反导作战指挥控制与作战管理系统可分为：指挥控制子系统、作战管理子系统、通信子系统和其他保障子系统。

(1) 指挥控制子系统。

指挥控制子系统负责对导弹防御行动进行监控和规划。它使作战人员能够监控反导作战体系各系统的作战状况，可显示威胁信息、系统状态信息、预期规划信息以及武器控制数据；同时提供辅助决策应用程序，近实时地将信息和防御备选方案进行综合，从而为基于可靠信息的决策和缩短决策周期提供作战辅助。通过该系统，指挥人员能够根据快速变化的态势和威胁情况迅速对资源进行转移和重新分配。

(2) 作战管理子系统。

作战管理子系统管理反导作战体系各分系统的操作，生成作战计划，并根据作战计划制定用于执行各种导弹防御功能的详细指令。

(3) 通信子系统。

通信子系统一般包括有线信息传输网和无线信息传输网，主要用于保障无缝地连接反导作战体系的各个组成部分，实现系统之间的数据交换和各资源的网络互联，从而实现内部用户和外部用户的态势共享。

(4) 其他保障子系统。

其他保障子系统包括供电系统、空调系统、生命保障系统等，主要为系统提供稳定可靠的电源，并为系统使用人员提供可靠的工作环境。

2) 系统层次维

从系统层次维划分，反导指挥控制与作战管理系统可分为：战略级、战区级、战术级和武器级反导指挥控制与作战管理系统。

(1) 战略级反导指挥控制与作战管理系统。

战略级反导指挥控制与作战管理系统的主要功能包括：制定反导作战预案和近实时、动态地制定反导作战计划；使各级指挥层(从作战指挥员到最高领导)获得弹道导弹防御的统一的公共态势感知；实现传感器组网，最大限度地发挥探测和跟踪各种弹道导弹威胁的能力；实时协调拦截武器系统的交战，通过优化传感器-武器系统组合来实现最大杀伤率；通过全球信息栅格的数据和通信网络集成反导作战体系能力，实现以网络为中心的一体化、分层弹道导弹防御。

(2) 战区级反导指挥控制与作战管理系统。

战区级反导指挥控制与作战管理系统在受领作战任务后，实施战区反导作战行动指挥，完成战区反导作战任务，制定作战计划，决定拦截梯次及拦截导弹数量等，完成目标分配，自动生成全自动作战方案，生成总作战时序，发送给武器级反导指挥控制与作战管理系统，组织系统对拦截效果进行评估，必要时重新分配目标进行再次或多次拦截。

(3) 战术级反导指挥控制与作战管理系统。

战术级反导指挥控制与作战管理系统是执行级指挥机构，主要负责完成战略级或战区级系统下达的作战任务，根据作战任务，完成对所属武器系统的拦截任务分配。

(4) 武器级反导指挥控制与作战管理系统。

武器级反导指挥控制与作战管理系统是执行级机构，完成反导作战的拦截打击控制工作，生成火力作战时序，完成目标拦截，对拦截结果信息进行搜集并上报。

3) 系统能力维

从系统能力维划分，反导指挥控制与作战管理系统可分为：态势感知能力、任务规划能力、交战控制能力和建模仿真分析能力(刘邦朝等，2014；孙新波等，2011)。

(1) 态势感知能力。

态势感知能力是反导指挥控制与作战管理系统的关键，基于综合防御、工作能力、系统能力和保护能力等因素，制定并生成一张统一的战场态势图，以支撑反导作战体系各个组成单元所需要的全部数据。

(2) 任务规划能力。

根据态势感知信息、作战规则、防御目标等信息,生成关于传感器和拦截武器的作战计划,以及支援计划、通信计划等,实现反导作战体系作战要素的一体化运用。

(3) 交战控制能力。

所谓的交战控制就是把传统的指挥控制能力与作战管理能力合二为一的一个概念术语,这种能力不同于传统的指挥控制与作战管理,其目的是从多地区、多战区的观点提供有效的防御。交战控制的概念是在弹道导弹防御系统执行交战的过程中,使规划、指挥控制、建模与仿真以及决策支援工作通过深层次的交链控制,实现一体化。交战控制能够自动地进行指挥控制、决策分析,在非常短的时间内进行迭代分析。

(4) 建模仿真分析能力。

借助描述、综合多套数据和进行优先排序的规则(运算法则)自动分析和评估作战行动。要求能够在任何给定的时间,利用"已知"的信息,以数字和自动的格式模拟和评估多传感器、武器和作战想定,还可以用来鉴定弹道导弹防御的行动过程和实际交战的训练与演习。

1.3.2 系统软件架构

反导作战需要的是动态、灵活、敏捷的作战能力,反导指挥控制与作战管理系统在软件架构上应具备以下能力。

(1) 动态构建能力。各个组织的信息子系统间具有开放性、兼容性,具有优化组合能力,可以动态集成。

(2) 动态重组能力。各组织的信息子系统具有独立性和可重用性,能够快速调整信息系统的结构布局,依靠动态重组能力快速构建新的系统。

(3) 快速运作能力。能够迅速提供接收、处理和查询信息服务,支持虚拟组织的管理与决策,对需求变化迅速做出反应。

(4) 动态适应能力。具有易调整性,能够适应较大的应用环境,快速响应信息需求变化及新信息需求,快速更新与扩充系统功能,具有自适应或自组织能力。

(5) 动态协同能力。动态集成的信息系统能够协调所有组织成员发挥各自优势,支持虚拟组织运作,实现共同目标。

基于网络中心的军事行动和指挥控制是未来军事信息技术变革的潮流,基于面向服务的体系结构(service oriented architecture,SOA)的信息系统集成框架是实现其以网络为中心的信息管理基础结构之一,可以有效地解决传统的指控系统中所面临的诸多问题(张家瑞等,2021;张云志等,2018)。反导指挥控制与作战管理系统软件架构如图 1.6 所示。

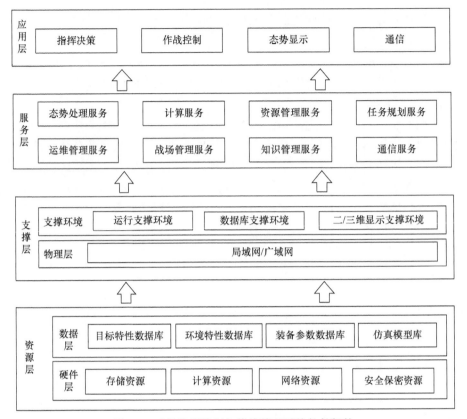

图 1.6 反导指挥控制与作战管理系统软件架构

把系统的态势处理、指控处理、作战管理等关键过程以能力包的形式封装起来，形成服务包，依据作战任务的需要，动态集成所需的能力包形成反导指挥控制与作战管理系统，其具有良好的升级性、复用性、适应性，能在任何作战背景下有效地集成，完成联合作战任务的使命。

1.3.3 系统软件组成结构

根据反导指挥控制与作战管理系统的主要任务，其系统软件可分为七个主要模块，分别为态势处理模块、任务规划模块、作战控制模块、作战通信模块、态势显示模块、仿真推演模块和人工干预模块，如图 1.7 所示。

1. 态势处理模块

态势处理模块包括多源信息处理、弹道特征提取、弹道预测、目标识别等，目的是处理预警探测系统多源传感器的信息，从而得到关于弹道导弹目标的特征和状态信息、拦截弹的状态信息以及其他探测信息等，建立关于反导作战态势综

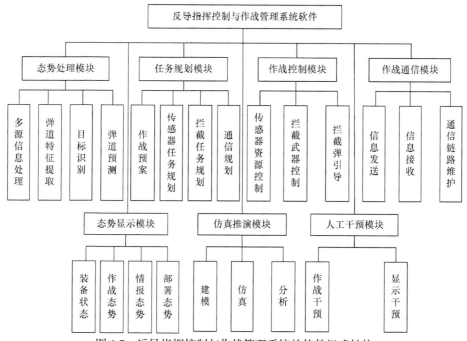

图 1.7 反导指挥控制与作战管理系统的软件组成结构

合视图,为作战决策提供信息支持。

2. 任务规划模块

任务规划模块包括作战预案、传感器任务规划和拦截任务规划、通信规划等,主要目的是根据态势处理模块的结果,制订作战方案、作战计划和作战任务,并将规划方案结果作为作战命令下达给各传感器平台和武器平台。

3. 作战控制模块

作战控制模块包括传感器资源控制、拦截武器控制和拦截弹引导,目的是根据任务规划模块的决策方案,调度和控制传感器系统的工作时间、工作模式和工作参数,武器系统的准备、展开、发射和撤收,为飞行中的拦截弹制导以及调度各种作战资源等。

4. 作战通信模块

作战通信模块即整个弹道导弹防御系统的通信链路,负责信息的发送、接收,并维护其通信链路。

5. 态势显示模块

采用图形与表格相结合,二维与三维相结合,文字、图形、声音等多种模式相结合的方式显示综合态势，为指挥人员提供一张直观的态势图。

6. 仿真推演模块

采用超实时仿真推演方式，对作战方案、作战计划等进行仿真推演，评估作战方案、作战计划的作战效能，为指挥员决策提供支撑。

7. 人工干预模块

采用人机交互方式，为目标识别、目标分配、目标指示、作战计划、武器控制等提供人工干预的接口。

1.4 信息交互关系

1.4.1 信息分类

在反导作战体系各个作战要素之间，通过反导指挥控制与作战管理系统交换和传输各种类型、体制、格式、优先级、时效性各不相同的多种信息。因此，信息在反导指挥控制与作战管理系统中具有十分重要的地位，系统的各种活动都依赖于信息。根据信息内容及功能作用不同，可以分成态势信息流、状态信息流和指挥与任务规划信息流三类，如图 1.8 所示。

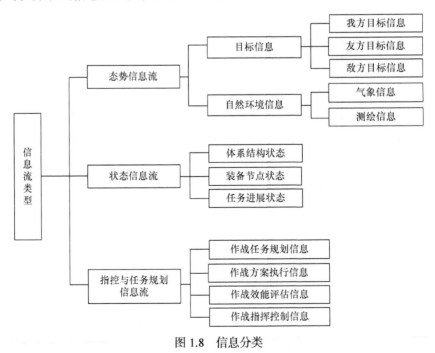

图 1.8 信息分类

1. 态势信息流

态势信息流是指由战场上的态势信息构成的信息流，主要通过传感器感知、数据融合中心处理而形成。态势信息流由目标信息和自然环境信息组成，前者包括对敌方目标、我方目标、友方目标探测的数据信息，如速度、位置、加速度、数量、状态信息、威胁程度、类型、识别结果等；后者包括陆、海、空、天、电磁环境信息，以及综合复杂环境信息，具体包括气象信息和测绘信息等。

2. 状态信息流

状态信息流是指防御系统内部各作战节点向指控中心报告的关于自身状态的信息，包括体系结构状态信息、装备节点状态信息、任务进展状态信息等。

3. 指控与任务规划信息流

指控与任务规划信息流是指在态势信息流、状态信息流的基础上，对各作战节点进行指挥控制的信息以及任务规划的信息，其是指挥控制与作战管理系统的主要承载对象，包括作战任务规划信息、作战方案执行信息、作战效能评估信息和作战指挥控制信息等。

1.4.2　交互关系

反导作战体系的典型作战过程主要包括：探测预警、跟踪识别、指挥控制与作战管理、交战控制和效果评估 5 个环节，各个环节环环相扣、时空上精密准确。因此，反导作战时，反导指挥控制与作战管理系统、预警探测系统和拦截武器系统之间的信息关系要比防空作战时更强调紧密的耦合性和有序的交互性，如图 1.9 所示。

从图 1.9 中分析可知：以反导指挥控制与作战管理系统为核心，实现弹道目标的预警探测、跟踪识别、拦截作战以及作战效果评估为一体。

1.4.3　行动序列

图 1.10 按作战行动的时间先后顺序描述了反导指挥控制与作战管理系统的行动序列(刘邦朝等，2014)。

反导指挥控制与作战管理系统的行动序列主要包括以下几种。

(1) 交战前阶段。主要包括系统的日常运转，主要指规划更新、训练、维护、设备管理，以及情报、识别特征等在内的数据库更新。

(2) 威胁识别与威胁确认阶段。主要包括感知威胁、分析威胁、理解威胁、威胁确认，并进行威胁排序。

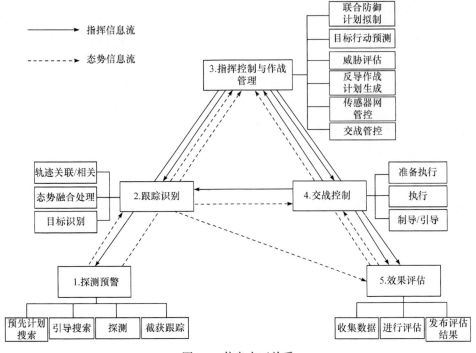

图 1.9　信息交互关系

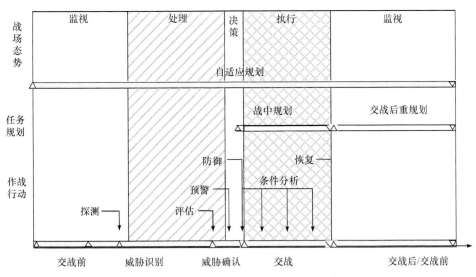

图 1.10　反导指挥控制与作战管理系统行动序列

（3）交战阶段。以预测来袭导弹的飞行轨迹为基础，在考虑可用防御武器系统及其防御能力的基础上制定作战任务序列；在原有防御计划基础上建立武器/传感器的综合行动计划，并向各级作战指挥员传达这些计划。

(4) 交战后阶段。所有威胁消除后，进入交战后阶段，同时又是交战前阶段的起点。

1. 交战前阶段

交战前阶段代表两次敌对行动之间的阶段，时间界限是到威胁被识别出来为止。在这个时间段里，编制计划预案。在此期间，反导指挥控制与作战管理系统持续更新已知信息，开展作战指挥训练，确保与作战部队的联系，接收态势报告，持续监测敌我双方的作战能力，并编制作战计划预案。

2. 威胁识别与威胁确认阶段

态势感知工具和情报更新将提供指示和预警，以便允许决策者必要时提高反导作战体系的警戒级别，主要包括以下几个方面。

(1) 当探测到不明发射时，反导指挥控制与作战管理系统识别潜在威胁，识别出哪里有多少威胁；是真的威胁，还是相关太空发射/测试/其他。

(2) 确认为真的威胁时，基于发射位置、速度、方向、高度和其他的情报报告，决定威胁类型及其可能的攻击目标；在什么位置提供防御行动。

一旦反导指挥控制与作战管理系统"知道"了这些问题的答案，系统将控制反导作战体系相应的组成要素作出相应的作战行动。

3. 威胁确认和交战之间的阶段

一旦威胁被确认，反导指挥控制与作战管理系统必须"决定"行动计划。

(1) 向受影响的单位和位置提供威胁预警。

(2) 制定初始防御决策，决策信息内容包括：建议的交战顺序集合、武器-传感器配对情况，以及相关的开始和维持行动的顺序。

4. 交战阶段

一旦制定了初始防御决策，反导指挥控制与作战管理系统将进入"交战"阶段。

(1) 按顺序分发作战行动序列，并直至摧毁威胁目标。

(2) 实时监测作战行动过程，评估初始防御行动是成功还是失败，并不断地持续修正对每个威胁目标的交战计划。

这个过程是高度动态的迭代过程，提供持续的情报、行动和战斗评估报告。一旦所有的威胁都从战场空间中去除，反导指挥控制与作战管理系统将从交战状态转入"恢复"阶段。

5. 交战后阶段(新的交战前阶段)

在交战后的时间阶段内，反导指挥控制与作战管理系统更新已有的详细目录并分析交战数据，更新战斗序列，理解敌方意图。同时，计划人员利用规划工具和计划编制工具整合防御设计，反导指挥控制与作战管理系统重新回到"监视"状态，并且为下一次行动做准备。

参 考 文 献

曹雷, 鲍广宇, 陈国友, 等. 2016. 指挥信息系统[M]. 2 版. 北京: 国防工业出版社.

贺正洪, 刘昌云, 王刚, 等. 2023. 防空反导指挥信息系统信息处理[M]. 北京: 国防工业出版社.

刘邦朝, 王刚, 刘昌云. 2014. 美军反导指控/作战管理与通信系统分析与启示[J]. 飞航导弹, 4: 55-58.

孙新波, 汪民乐, 徐加强. 2011. 战术弹道导弹预警中的传感器管理研究[J]. 战术导弹技术, (4): 38-41.

肖金科, 王刚, 付强, 等. 2012. 反导 C2BM 技术体系结构研究[J]. 飞航导弹, 42(9): 57-61.

张家瑞, 王刚, 王思远. 2021. 防空反导战术级指控系统体系架构研究[J]. 火力与指挥控制, 45(1): 9-13, 19.

张维民, 朱承, 黄松平, 等. 2021. 指挥与控制原理[M]. 北京: 电子工业出版社.

张云志, 王刚, 袁方, 等. 2018. 基于战术云的防空反导分布式作战体系研究[J]. 飞航导弹, 399(3): 55-60.

第 2 章　弹道导弹目标跟踪

弹道导弹目标跟踪处理是进行弹道综合信息处理的基础，根据弹道导弹的飞行阶段可以分为主动段和自由段飞行，本章主要介绍了弹道导弹主动段、自由段的跟踪方法，以及基于交互多模型的全弹道跟踪方法。

2.1　基于改进不敏粒子滤波的弹道导弹主动段跟踪算法

弹道导弹在助推段飞行时具有很大的加速度，其运动具有高度非线性，需要采用能够跟踪强非线性运动的跟踪滤波方法。

2.1.1　主动段运动模型

主动段可进一步细分为：发射段、转弯段及瞄准段等(张毅等，1999)。在发射段，火箭发动机点火后，弹道导弹从发射点向上做垂直运动，大约从几秒到十几秒。在转弯段，导弹在制导系统控制下依程序缓慢转向目标方向，得到预定的最佳抛射角，当导弹根据程序转到规定的方向，转弯段结束。从转弯段结束到发动机关机整个过程称为瞄准段，此时，导弹射向基本不变，发射程序通过控制不同的关机时间来控制射程及落点。可以看出，主动段的弹道非常复杂，要想对该段进行完全准确的描述是很困难的，所以能够做的就是尽可能准确地对主动段的运动进行建模，目前，比较成熟的运动模型有带约束的重力转弯模型。

弹道导弹的位置向量、速度向量、加速度向量构成的 9 个状态变量的理想运动方程已经为大家所熟知，但实际上，根据传感器得到的角测量值来求解 9 个状态的完全解依然存在一定的困难。故需要针对实际情况，对运动方程进行相应的约束，采用某些比较合理的假设(即约束条件)，从而获得更加简便而准确的模型。

约束 1：弹道目标的运动弹道始终近似保持在一个平面内。

约束 2：作用于目标的力主要考虑推力、重力和气动阻力。鉴于其他外力与这三个力相比，数值非常小，对目标的影响不大，可以忽略。

约束 3：在主动段后面的大部分时间里，攻角比较小，可近似为零，即推力与速度方向几乎一致，而气动阻力与目标速度方向相反。因此，可以认为弹道的弯曲完全是由重力独立作用的结果。

约束 4：在主动段，导弹的燃料在单位时间内以均匀的速度消耗。

依据约束 1 至约束 3 可知：推力与气动阻力的合力产生的加速度与目标速度的比值在三个坐标轴方向是不变的，将该比值记为第 7 个状态变量 x_7。对加速度的表示进行简化，可得到 7 个状态变量。

$$\begin{cases} dx_1 / dt = x_4 \\ dx_2 / dt = x_5 \\ dx_3 / dt = x_6 \\ dx_4 / dt = x_7 \cdot x_4 - f_M \cdot (x_1 / r^3) \\ dx_5 / dt = x_7 \cdot x_5 - f_M \cdot (x_2 / r^3) \\ dx_6 / dt = x_7 \cdot x_6 - f_M \cdot (x_3 / r^3) \\ dx_7 / dt = 0 \end{cases} \tag{2.1}$$

其中，x_1、x_2、x_3 为目标位置分量；x_4、x_5、x_6 为目标速度分量；f_M 为地心引力常数，值为 3.9860044×10^{14} m³/s²；r 为目标与地球中心[地地固坐标系(Earth-centered, Earth-fixed，ECEF)原点]之间的距离。

依据约束 4，假设单位时间内消耗的燃料质量为 $m_{\Delta t}$，即为弹道导弹绝对质量的秒变化率。假设单位时间内 $m_{\Delta t}$ 燃料产生的推力为 $F_{\Delta t}$，由此产生的加速度为 $a_{\Delta t}(t)$，根据牛顿第三定律，有

$$a_{\Delta t}(t) = F_{\Delta t} / m(t) \tag{2.2}$$

在燃料消耗的过程中，弹道导弹的质量是在不断减少的。假设目标的初始质量为 m_0，依据约束 4，可得

$$m(t) = m_0 - m_{\Delta t} \cdot t \tag{2.3}$$

由式(2.2)和式(2.3)联立求解，可得

$$a_{\Delta t}(t) = \frac{F_{\Delta t}}{m_0 - m_{\Delta t} \cdot t} = \frac{F_{\Delta t} / m_{\Delta t}}{(m_0 / m_{\Delta t}) - t} = \frac{\gamma}{t_{\text{ld}}^{\text{To}} - t} \cdot L_v \tag{2.4}$$

其中，$\gamma = F_{\Delta t} / m_{\Delta t}$，为单位时间内燃料产生的推力大小 $F_{\Delta t}$ 与所消耗的燃料质量 $m_{\Delta t}$ 之比，称之为燃料的利用效能。依据约束 4，对于同一枚弹道导弹来说，近似可认为 γ 是固定值，与弹道导弹的飞行时间无关。$t_{\text{ld}}^{\text{To}} = m_0 / m_{\Delta t}$，表示理想状态下目标质量完全耗尽的时间，而实际情况是，弹道导弹的质量一直到发动机的关机时刻都不会完全耗尽，显然 $t_{\text{ld}}^{\text{To}} > t$（$t$ 为导弹在主动段飞行的任意时刻）。L_v 表示目标速度的单位方向向量，由于推力的方向与目标的速度方向是平行的，所以可用目标的速度方向代替推力的方向。

气动阻力产生的加速度 $a_d(t)$ 与目标速度的方向是相反的，可以表示为

$$a_d(t) = -\frac{1}{2} \cdot \frac{v^2 C_d \rho(h)}{m(t)} \cdot L_v = -\frac{C_d A}{2 m_{\Delta t}} \cdot \frac{v^2 \rho(h)}{(t_{\text{ld}}^{\text{To}} - t)} \cdot L_v \tag{2.5}$$

其中，A 是弹道导弹在运动方向的法向上的横截面积；C_d 是阻力系数，是目标速度的大小 v 与 A 的函数；$\rho(h)$ 是与海拔 h 相关的大气密度函数。

由式(2.4)和式(2.5)可知：$\boldsymbol{a}_{\Delta t}(t)$ 和 $\boldsymbol{a}_d(t)$ 有相同的变化形式 $\dfrac{1}{t_{ld}^{To}-t}$，且该变化形式经过转化，可以反映目标质量的变化。因此在重力转弯模型的基础上，可以将其引入作为第 8 个状态变量 x_8，即

$$x_8 = \frac{1}{t_{ld}^{To}-t} \tag{2.6}$$

$$\mathrm{d}x_8 / \mathrm{d}t = \frac{1}{(t_{ld}^{To}-t)^2} = x_8^2 \tag{2.7}$$

假设速度是连续状态量，不能进行突变，加速度由于外力的变化，可以进行突变，为不连续状态量，这是符合实际情况的合理假设。更改第 7 个状态变量 x_7 的含义，选取为推力与阻力的合力产生的加速度模值，则可得

$$
\begin{aligned}
\mathrm{d}x_7 / \mathrm{d}t &= \lim_{\Delta t \to 0} \frac{\left\| \boldsymbol{a}_{\Delta t}(t+\Delta t) + \boldsymbol{a}_d(t+\Delta t) \right\| - \left\| \boldsymbol{a}_{\Delta t}(t) + \boldsymbol{a}_d(t) \right\|}{\Delta t} \\
&= \lim_{\Delta t \to 0} \frac{\left(\dfrac{\left\| \boldsymbol{a}_{\Delta t}(t+\Delta t) + \boldsymbol{a}_d(t+\Delta t) \right\|}{\left\| \boldsymbol{a}_{\Delta t}(t) + \boldsymbol{a}_d(t) \right\|} - 1 \right)}{\Delta t} \cdot \left\| \boldsymbol{a}_{\Delta t}(t) + \boldsymbol{a}_d(t) \right\| \\
&= \lim_{\Delta t \to 0} \frac{\left(\dfrac{1}{1 - x_8 \cdot \Delta t} - 1 \right)}{\Delta t} \cdot x_7 \\
&= x_8 \cdot x_7
\end{aligned} \tag{2.8}
$$

则运动状态方程(刘永兰等，2012)更改为

$$
\begin{cases}
\mathrm{d}x_1 / \mathrm{d}t = x_4 \\
\mathrm{d}x_2 / \mathrm{d}t = x_5 \\
\mathrm{d}x_3 / \mathrm{d}t = x_6 \\
\mathrm{d}x_4 / \mathrm{d}t = x_7 \cdot \dfrac{x_4}{\sqrt{x_4^2 + x_5^2 + x_6^2}} - f_M \cdot (x_1 / r^3) \\
\mathrm{d}x_5 / \mathrm{d}t = x_7 \cdot \dfrac{x_5}{\sqrt{x_4^2 + x_5^2 + x_6^2}} - f_M \cdot (x_2 / r^3) \\
\mathrm{d}x_6 / \mathrm{d}t = x_7 \cdot \dfrac{x_6}{\sqrt{x_4^2 + x_5^2 + x_6^2}} - f_M \cdot (x_3 / r^3) \\
\mathrm{d}x_7 / \mathrm{d}t = x_7 \cdot x_8 \\
\mathrm{d}x_8 / \mathrm{d}t = x_8^2
\end{cases} \tag{2.9}
$$

若已知参考时刻 t_r 的目标状态，则利用数值积分的方法可以得到在任意时刻的目标位置与速度。

式(2.9)描述的模型是非线性的，计算的复杂程度有所增加。但其比常规的 9 状态向量模型更加准确地反映了目标实际的运动特征，且减少了状态变量的个数。

2.1.2 状态及测量模型

1. 状态模型

将状态方程式(2.9)进行离散化即可得到主动段飞行的弹道导弹状态模型，通过在一个采样周期内进行数值积分即可获得。通常采用四阶龙格-库塔 (Runge-Kutta)方法对弹道导弹进行数值积分，基本公式如下。

设一阶微分方程组为

$$\begin{cases} y_0{'} = f_0(t, y_0, y_1, \cdots, y_{n-1}) \\ y_1{'} = f_1(t, y_0, y_1, \cdots, y_{n-1}) \\ \qquad\qquad \vdots \\ y_{n-1}{'} = f_{n-1}(t, y_0, y_1, \cdots, y_{n-1}) \end{cases} \tag{2.10}$$

且初始条件为

$$y_0(t_0) = y_{00}, y_1(t_0) = y_{10}, \cdots, y_{n-1}(t_0) = y_{n-1,0} \tag{2.11}$$

则由 t_j 积分一步到 $t_{j+1} = t_j + h$ 的四阶 Runge-Kutta 法计算公式为

$$y_{i,j+1} = y_{ij} + \frac{h}{6}(k_{0i} + 2k_{1i} + 2k_{2i} + k_{3i}), \quad i = 0, 1, \cdots, n-1 \tag{2.12}$$

其中，

$$k_{0i} = f_i(t_j, y_{0j}, y_{1j}, \cdots, y_{n-1,j}), \quad k_{1i} = f_i\left(t_j + \frac{h}{2}, y_{0j} + \frac{h}{2}k_{00}, y_{1j} + \frac{h}{2}k_{01}, \cdots, y_{n-1,j} + \frac{h}{2}k_{0,n-1}\right)$$

$$k_{2i} = f_i\left(t_j + \frac{h}{2}, y_{0j} + \frac{h}{2}k_{10}, y_{1j} + \frac{h}{2}k_{11}, \cdots, y_{n-1,j} + \frac{h}{2}k_{1,n-1}\right)$$

$$k_{3i} = f_i(t_j + h, y_{0j} + hk_{20}, y_{1j} + hk_{21}, \cdots, y_{n-1,j} + hk_{2,n-1})$$

将式(2.11)和式(2.12)进行具体化，由于在重力转弯模型中 x_7 变量为常数，可假定其数值为 k ，则可得弹道导弹助推段的积分公式为

$$
\begin{cases}
x_1' = f_1(x_1, x_2, \cdots, x_7) = x_4 \\
x_2' = f_2(x_1, x_2, \cdots, x_7) = x_5 \\
x_3' = f_3(x_1, x_2, \cdots, x_7) = x_6 \\
x_4' = f_4(x_1, x_2, \cdots, x_7) = k \cdot x_4 - \mu \cdot x_1 / (x_1^2 + x_2^2 + x_3^2)^{3/2} \\
x_5' = f_5(x_1, x_2, \cdots, x_7) = k \cdot x_5 - \mu \cdot x_2 / (x_1^2 + x_2^2 + x_3^2)^{3/2} \\
x_6' = f_6(x_1, x_2, \cdots, x_7) = k \cdot x_6 - \mu \cdot x_3 / (x_1^2 + x_2^2 + x_3^2)^{3/2}
\end{cases}
\tag{2.13}
$$

令 $\boldsymbol{X}_f = [x_1, x_2, \cdots, x_6]^T$，$F(\boldsymbol{X}_f) = [f_1(\boldsymbol{X}_f), f_2(\boldsymbol{X}_f), \cdots, f_6(\boldsymbol{X}_f)]^T = \boldsymbol{X}_f'$，可得

$$
\boldsymbol{X}_f(t_{j+1}) = \boldsymbol{X}_f(t_j) + \frac{h}{6}(K_0 + 2K_1 + 2K_2 + K_3)
\tag{2.14}
$$

其中，

$$
K_0 = F(\boldsymbol{X}_f(t_j)), \quad K_1 = F\left(\boldsymbol{X}_f(t_j) + \frac{h}{2}K_0\right), \quad K_2 = F\left(\boldsymbol{X}_f(t_j) + \frac{h}{2}K_1\right), \quad K_3 = F(\boldsymbol{X}_f(t_j) + hK_2)
$$

其目标状态模型简化描述为

$$
\boldsymbol{X}(k+1) = f(k, \boldsymbol{X}(k)) + \boldsymbol{V}(k)
\tag{2.15}
$$

其中，$\boldsymbol{X}(k)$ 为式(2.9)描述的 n 维($n=8$)系统状态向量；$f(\cdot)$ 为 n 维向量函数；$\boldsymbol{V}(k)$ 为 n 维的状态噪声，也称为过程噪声，其协方差阵为 $\boldsymbol{Q}(k)$。

2. 测量模型

假定在主动段，预警卫星的红外传感器探测到火箭发动机的尾焰并得到 M 组观测数值，分别对应于时刻 $t_1, t_2, \cdots, t_M$，则有 $t_1 < t_2 < \cdots < t_M$。假定火箭发动机的发射时刻为 T_0，该弹道导弹可能的最大关机时刻为 $T_{\max}$。由于大气层的影响及预警卫星处于深空，预警卫星红外传感器很可能在弹道导弹发射后若干秒才能够探测到数据。其次，考虑到传感器工作周期的影响，卫星不一定正好能够在关机时刻获得测量，可能会超前于关机时刻。因此，采样时刻应该满足 $T_0 < t_1 < t_2 < \cdots < t_M \leqslant T_{\max}$。

设第 t_k 时刻，在 ECEF 中，弹道导弹的状态矢量为 $\boldsymbol{X}_k^m$，其中弹道导弹的位置矢量记为 $\boldsymbol{S}_k^m$，预警卫星的位置矢量记为 $\boldsymbol{S}_k^w$。在东北天(east-north-up，ENU)坐标中，预警卫星第 k 时刻测量的方位角(Y_N 轴正半轴顺时针旋转到卫星与目标的视线在平面 $X_N O Y_N$ 投影线的角度)为 β_k，俯仰角(Z_N 轴正半轴顺时针旋转到卫星与目标视线的角度)为 ε_k。β_k 和 ε_k 共同构成了预警卫星观测目标的二维观测矢量 z_k，则

$$
z_k = h\left(\boldsymbol{X}_k^m, \boldsymbol{S}_k^w\right) + \boldsymbol{w}_k
\tag{2.16}
$$

其中，$k = 1, 2, \cdots, M$。M 为预警卫星总的采样次数，w_k 是预警卫星的测量噪声矢量，是零均值的高斯随机过程，方差矩阵 R_k 为

$$R_k = \begin{bmatrix} \sigma_\varepsilon^2 & 0 \\ 0 & \sigma_\beta^2 \end{bmatrix} \tag{2.17}$$

依据预警卫星与目标的空间位置关系，$h(\cdot)$ 函数可以表示为

$$h(X_k^{\mathrm{m}}, S_k^{\mathrm{w}}) = \begin{bmatrix} \varepsilon_k \\ \beta_k \end{bmatrix} = \begin{bmatrix} \arctan\left(-\dfrac{\sqrt{y_N^2 + x_N^2}}{z_N} \right) \\ \arctan\left(\dfrac{x_N}{y_N} \right) \end{bmatrix} \tag{2.18}$$

$$= H[T_{\mathrm{ECF}}^{\mathrm{ENU}}(S_k^{\mathrm{w}} - S_k^{\mathrm{m}})]$$

假设视线测量误差方差为 σ_{LOS}^2，利用 β_k 和 ε_k，R_k 可写为

$$R_k = \begin{bmatrix} \sigma_{\mathrm{LOS}}^2 & 0 \\ 0 & \dfrac{\sigma_{\mathrm{LOS}}^2}{\cos^2 \varepsilon_k} \end{bmatrix} \tag{2.19}$$

2.1.3 不敏粒子滤波算法原理

1. 不敏变换

不敏变换(unscented transformation，UT)的主要思想是近似概率分布而不是近似非线性函数，其核心思想是：利用状态的均值和方差，采用某种采样策略获取确定性的点集 S(称为 Sigma 粒子)来表征目标状态的分布，并对每个 Sigma 粒子进行某种变换(这种变换其实就是状态的转移方式)，利用变换后的 Sigma 粒子的加权组合(权值由采样策略确定)来估计状态变换后的统计特性，从而避免了计算非线性函数的雅可比矩阵(刘昌云等，2014)。其基本原理如图 2.1 所示。

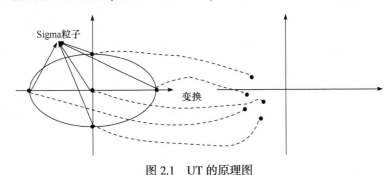

图 2.1　UT 的原理图

从图 2.1 可知，UT 的关键是 Sigma 粒子采样策略，不同的采用策略，其对状态的概率分布表征程度会有差别。图 2.2 描述了对非线性函数的线性化处理和 Sigma 点的非线性函数传递后的状态均值和方差的传递特性。

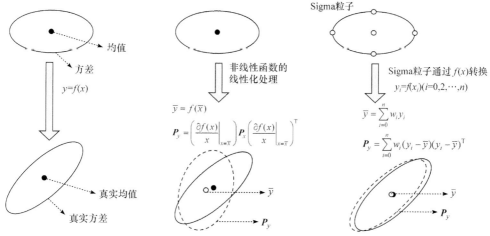

图 2.2   Sigma 点的非线性传递特性

从图 2.2 可知，利用线性化函数代替非线性函数[如扩展卡尔曼滤波(extended Kalman filter，EKF)]的方法，其转换后的均值和方差偏离真实均值和方差较大；而利用 UT 后得到的状态均值和方差更接近状态的真实均值和方差，精度高于非线性函数的线性化处理。

2. UT 的采样策略

UT 的关键是采样策略，采样策略主要影响 UT 中 Sigma 粒子的个数、Sigma 粒子的分布以及加权值。常用的采样策略主要有对称采样、比例采样、比例最小偏度采样等。不同的采样策略，在对均值估计、协方差估计等方面的精度上有区别。

假设已知某一时刻的状态分布：均值 $\bar{X}$ 和方差 P_x，并用 N_x 表示状态的维数。

1) 对称采样

对于 N_x 维的状态矢量，其 Sigma 粒子数为 $2N_x$，Sigma 粒子的采样策略和加权值如下：

$$\begin{cases} \boldsymbol{X}_i = \bar{\boldsymbol{X}} + (\sqrt{N_x \boldsymbol{P}_x})_i, & i=1,2,\cdots,N_x \\ \boldsymbol{X}_i = \bar{\boldsymbol{X}} - (\sqrt{N_x \boldsymbol{P}_x})_i, & i=N_x, N_x+1,\cdots,2N_x \end{cases} \tag{2.20}$$

$$W_i = \frac{1}{2N_x}, \quad i=1,2,\cdots,2N_x \tag{2.21}$$

其中，$(\sqrt{N_x \boldsymbol{P}_x})_i$ 表示矩阵 $N_x \boldsymbol{P}_x$ 平方根的第 i 列；$\boldsymbol{X}_i$ 表示第 i 个 Sigma 粒子；W_i 表

示第 i 个 Sigma 粒子的加权值。

2) 比例采样

Sigma 粒子数为 $2N_x+1$，Sigma 粒子的采样策略和加权值如下：

$$\begin{cases} \boldsymbol{X}_i = \bar{\boldsymbol{X}}, & i = 0 \\ \boldsymbol{X}_i = \bar{\boldsymbol{X}} + (\sqrt{(N_x + \lambda)\boldsymbol{P}_x})_i, & i = 1, 2, \cdots, N_x \\ \boldsymbol{X}_i = \bar{\boldsymbol{X}} - (\sqrt{(N_x + \lambda)\boldsymbol{P}_x})_i, & i = N_x + 1, \cdots, 2N_x \end{cases} \tag{2.22}$$

$$\begin{cases} W_0^{\mathrm{m}} = \dfrac{\lambda}{N_x + \lambda} \\ W_0^{\mathrm{c}} = \dfrac{\lambda}{N_x + \lambda} + (1 - \alpha^2 + \beta) \\ W_i^{\mathrm{m}} = W_i^{\mathrm{c}} = \dfrac{1}{2(N_x + \lambda)}, & i = 1, 2, \cdots, 2N_x \end{cases} \tag{2.23}$$

其中：

(1) $\lambda = \alpha^2(N_x + k) - N_x$，用于控制 Sigma 点与均值 $\bar{\boldsymbol{X}}$ 的距离；$(\sqrt{(N_x + \lambda)\boldsymbol{P}_x})_i$ 表示矩阵平方根的第 i 列；

(2) 第一个尺度因子 α，用于控制围绕 $\bar{\boldsymbol{X}}$ 的 Sigma 分布范围，一般取值范围为 $0.001 < \alpha \leqslant 1$；

(3) 第二个尺度因子 k，主要用于控制方差矩阵的半正定性，一般情况下选择 $k = 0$ 或 $k = 3N_x$；

(4) 第三个尺度因子 β，主要用于表示对 $\bar{\boldsymbol{X}}$ 高阶矩的先验信息掌握程度，对于高斯分布 $\beta = 2$ 为最优。

3) 比例最小偏度采样

Sigma 粒子数为 N_x+1，Sigma 粒子的采样策略和加权值如下。

(1) Sigma 权值

$$\begin{cases} 0 \leqslant W_0 < 1, & i = 0 \\ W_1 = \dfrac{1 - W_0}{2^{N_x}}, & i = 1, 2 \\ W_i = 2^{i-1} W_1, & i = 3, \cdots, N_x + 1 \end{cases} \tag{2.24}$$

(2) 迭代计算。

初始化向量(状态的维数 $N_x=1$ 时)

$$\boldsymbol{X}_0^1 = [0], \quad \boldsymbol{X}_1^1 = \left[-\dfrac{1}{\sqrt{2W_1}} \right], \quad \boldsymbol{X}_2^1 = \left[\dfrac{1}{\sqrt{2W_1}} \right] \tag{2.25}$$

当输入维数 $j = 2, 3, \cdots, N_x$ 时，迭代公式为

$$X_i^{j+1} = \begin{cases} \begin{bmatrix} X_0^j \\ 0 \end{bmatrix}, & i = 0 \\[4mm] \begin{bmatrix} X_i^j \\ \dfrac{1}{\sqrt{2W_{j+1}}} \end{bmatrix}, & i = 1, 2, \cdots, j \\[6mm] \begin{bmatrix} 0 \\ \dfrac{1}{\sqrt{2W_{j+1}}} \end{bmatrix}, & i = j+1 \end{cases} \tag{2.26}$$

(3) 由式(2.25)和式(2.26)可得 Sigma 粒子的分布为

$$X_i = \bar{X} + \sqrt{P_x} \cdot X_i^j \tag{2.27}$$

3. UKF 算法原理

不敏卡尔曼滤波(unscented Kalman filter，UKF)主要是利用 UT 原理获取带不同权值的 Sigma 粒子，通过对 Sigma 粒子处理，从而获取对状态的估计(汪云等，2013；张纳温等，2014)，其基本步骤与卡尔曼滤波(Kalman filter，KF)基本相同。UT 采用比例采样策略，UKF 的基本步骤如下。

1) 初始化

$$\begin{cases} \hat{X}_0 = E\{X_0\} \\ P_0 = E\{(X_0 - \hat{X}_0)(X_0 - \hat{X}_0)^{\mathrm{T}}\} \end{cases} \tag{2.28}$$

$k=0$

2) 计算 Sigma 粒子和权值

$$\begin{cases} \chi_{k-1}^i = \bar{X}_{k-1}, & i = 0 \\ \chi_{k-1}^i = \bar{X}_{k-1} + (\sqrt{(N_x + \lambda)P_{k-1}})_i, & i = 1, \cdots, N_x \\ \chi_{k-1}^i = \bar{X}_{k-1} - (\sqrt{(N_x + \lambda)P_{k-1}})_i, & i = N_x + 1, \cdots, 2N_x \end{cases} \tag{2.29}$$

$$\begin{cases} W_0^{\mathrm{m}} = \dfrac{\lambda}{N_x + \lambda} \\[3mm] W_0^{\mathrm{c}} = \dfrac{\lambda}{N_x + \lambda} + (1 - \alpha^2 + \beta) \\[3mm] W_i^{\mathrm{m}} = W_i^{\mathrm{c}} = \dfrac{1}{2(N_x + \lambda)}, & i = 1, 2, \cdots, 2N_x \end{cases} \tag{2.30}$$

3) 预测

$$
\begin{cases}
\boldsymbol{\chi}_{k|k-1}{}^{i} = f_k(\boldsymbol{\chi}_{k-1}^{i}) \\
\bar{\boldsymbol{X}}_{k|k-1} = \displaystyle\sum_{i=0}^{2L} W_i^{\mathrm{m}} \boldsymbol{\chi}_{k|k-1}^{i} \\
\bar{\boldsymbol{P}}_{k|k-1} = \displaystyle\sum_{i=0}^{2L} W_i^{\mathrm{c}} (\boldsymbol{\chi}_{k|k-1}^{i} - \bar{\boldsymbol{X}}_{k|k-1})(\boldsymbol{\chi}_{k|k-1}^{i} - \bar{\boldsymbol{X}}_{k|k-1})^{\mathrm{T}} + Q_{k-1}
\end{cases} \tag{2.31}
$$

$$
\begin{cases}
\boldsymbol{y}_{k|k-1}^{i} = h_{k+1}(\boldsymbol{\chi}_{k|k-1}{}^{i}) \\
\bar{\boldsymbol{Y}}_{k|k-1} = \displaystyle\sum_{i=0}^{2L} W_i^{\mathrm{m}} \boldsymbol{y}_{k|k-1}^{i}
\end{cases} \tag{2.32}
$$

4) 更新

$$
\begin{cases}
\boldsymbol{P}_{yy} = \displaystyle\sum_{i=0}^{2L} W_i^{\mathrm{c}} (\boldsymbol{y}_{k|k-1}^{i} - \bar{\boldsymbol{Y}}_{k|k-1})(\boldsymbol{y}_{k|k-1}^{i} - \bar{\boldsymbol{Y}}_{k|k-1})^{\mathrm{T}} + \boldsymbol{R}_{k-1} \\
\boldsymbol{P}_{xy} = \displaystyle\sum_{i=0}^{2L} W_i^{\mathrm{c}} (\boldsymbol{\chi}_{k|k-1}^{i} - \bar{\boldsymbol{X}}_{k|k-1})(\boldsymbol{y}_{k|k-1}^{i} - \bar{\boldsymbol{Y}}_{k|k-1})^{\mathrm{T}}
\end{cases} \tag{2.33}
$$

$$
\begin{cases}
\boldsymbol{K}_k = \boldsymbol{P}_{xy} \boldsymbol{P}_{yy}^{-1} \\
\hat{\boldsymbol{X}}_{k|k} = \bar{\boldsymbol{X}}_{k|k-1} + \boldsymbol{K}_k (\boldsymbol{Y}_k - \bar{\boldsymbol{Y}}_{k|k-1}) \\
\boldsymbol{P}_{k|k} = \bar{\boldsymbol{P}}_{k|k-1} - \boldsymbol{K}_k \boldsymbol{P}_{yy} \boldsymbol{K}_k^{\mathrm{T}}
\end{cases} \tag{2.34}
$$

$k+1 \to k$

UKF 方法不进行局部线性化，不会引入线性化误差，无须计算雅可比矩阵，它可以使均值和方差的估计精确到三阶。

4. 不敏粒子滤波算法

1) 粒子滤波

粒子滤波(partical filter，PF)主要基于贝叶斯采样估计的顺序重要采样(sequential importance sampling，SIS)滤波思想，从某适合的后验概率密度函数中采样一定数目的样本(粒子)，以样本点概率密度(或概率)为相应的权值，并用这些带有权值的粒子在系统的状态空间中进行随机搜索，通过贝叶斯准则不断地对每个粒子的权值进行修正，最终得到被估计变量的最小方差估计，进而实现状态估计。该方法能够有效进行非线性非高斯系统的估计，应用范围十分广泛。

在粒子滤波器中，系统的状态方程和测量方程与式(2.15)和式(2.18)相同，但此时的过程噪声 $\boldsymbol{V}(k)$ 和量测噪声 $\boldsymbol{W}(k)$ 分别属于非高斯独立同分布噪声序列。

假定 k 时刻，一组随机样本 $\left\{ \boldsymbol{X}_{0:k}^i, q_k^i \right\}_{i=1}^{N_s}$ 是根据后验概率密度 $p(\boldsymbol{X}_{0:k} \mid \boldsymbol{Z}_{1:k})$ 所获得的采样，其中 $\boldsymbol{X}_{0:k}^i$ 表示 0 到 k 时刻的第 i 个样本集合，即粒子集合；q_k^i 为相关权值，并且权值满足 $\sum_{i=1}^{N_s} q_k^i = 1$；$N_s$ 为样本采样数，即粒子数；$\boldsymbol{Z}_{1:k}$ 表示传感器 k 时刻的量测集合；$\boldsymbol{X}_{0:k} = \left\{ \boldsymbol{X}_j, j = 0, 1, \cdots, k \right\}$ 表示 0 到 k 时刻的所有状态向量集合。则在 k 时刻，后验概率密度可近似表示为

$$p(\boldsymbol{X}_{0:k} \mid \boldsymbol{Z}_{1:k}) \approx \sum_{i=1}^{N_s} q_k^i \delta(\boldsymbol{X}_{0:k} - \boldsymbol{X}_{0:k}^i) \tag{2.35}$$

由于很难直接从 $p(\boldsymbol{X}_{0:k} \mid \boldsymbol{Z}_{1:k})$ 抽取样本，通常可利用一个重要性概率密度函数 $\pi(\boldsymbol{X} \mid \boldsymbol{Z})$ 来获得样本值。从而，权值 q_k^i 可以按序贯重点抽样的方法获得。如果 $\boldsymbol{X}_{0:k}^i$ 是从 $\pi(\boldsymbol{X} \mid \boldsymbol{Z})$ 获得的样本，则未归一化的权值 $\tilde{q}_k^i$ 可以定义为

$$\tilde{q}_k^i = \frac{p(\boldsymbol{Z}_{1:k} \mid \boldsymbol{X}_{0:k}^i) p(\boldsymbol{X}_{0:k}^i)}{\pi(\boldsymbol{X}_{0:k}^i \mid \boldsymbol{Z}_{1:k})} \tag{2.36}$$

如果所选择的重要性概率密度满足

$$\pi(\boldsymbol{X}_{0:k}^i \mid \boldsymbol{Z}_{1:k}) = \pi(\boldsymbol{X}_k^i \mid \boldsymbol{X}_{0:k-1}^i, \boldsymbol{Z}_{1:k}) \cdot \pi(\boldsymbol{X}_{0:k-1}^i \mid \boldsymbol{Z}_{1:k-1}) \tag{2.37}$$

则将式(2.37)代入式(2.36)，可得

$$\begin{aligned} \tilde{q}_k^i &= \frac{p(\boldsymbol{Z}_{1:k} \mid \boldsymbol{X}_{0:k}^i) p(\boldsymbol{X}_{0:k}^i)}{\pi(\boldsymbol{X}_k^i \mid \boldsymbol{X}_{0:k-1}^i, \boldsymbol{Z}_{1:k})} \cdot \frac{1}{\pi(\boldsymbol{X}_{0:k-1}^i \mid \boldsymbol{Z}_{1:k-1})} \\ &= \frac{p(\boldsymbol{Z}_k \mid \boldsymbol{X}_k^i) p(\boldsymbol{X}_k^i \mid \boldsymbol{X}_{k-1}^i)}{\pi(\boldsymbol{X}_k^i \mid \boldsymbol{X}_{0:k-1}^i, \boldsymbol{Z}_{1:k})} \tilde{q}_{k-1}^i \end{aligned} \tag{2.38}$$

为了采用回归贝叶斯滤波算法，重要性概率密度需要满足马尔可夫链的特性，即仅与前一时刻的测量和状态有关，即

$$\pi(\boldsymbol{X}_k^i \mid \boldsymbol{X}_{0:k-1}^i, \boldsymbol{Z}_{1:k}) = \pi(\boldsymbol{X}_k^i \mid \boldsymbol{X}_{k-1}^i, \boldsymbol{Z}_k) \tag{2.39}$$

由式(2.38)与式(2.39)可得未归一化的权值 $\tilde{q}_k^i$ 为

$$\tilde{q}_k^i = \frac{p(\boldsymbol{Z}_k \mid \boldsymbol{X}_k^i) p(\boldsymbol{X}_k^i \mid \boldsymbol{X}_{k-1}^i)}{\pi(\boldsymbol{X}_k^i \mid \boldsymbol{X}_{k-1}^i, \boldsymbol{Z}_k)} \cdot \tilde{q}_{k-1}^i \tag{2.40}$$

上式即为重要性权值的递推计算公式。

重要性权值的方差随时间推移随机递增，使得粒子的权重集中在少数粒子上，也就是粒子退化问题。经过几步迭代之后，除了个别粒子，几乎所有粒子的权值都趋近于零，权值的方差随时间增大，退化现象无法避免，这就意味着大量的计

算浪费在那些权值极小的粒子上，而这些粒子对估计后验分布密度的贡献几乎为零。

为了避免退化现象，引入了重采样，其目的就是去掉那些权值较小的粒子，并把较大权值对应的粒子的权值进行均分复制。具体的重采样过程是：首先计算粒子的概率累加和 $(\tilde{q}_j, j = 1, 2, \cdots, N_s)$，随机采样第 i $(i = 1, 2, \cdots, N_s)$ 个 $[0,1]$ 均匀分布的数 τ_i，对照所得的累加和，若 $\tilde{q}_{j-1} < \tau_i \leqslant \tilde{q}_j$，并假设 $\tilde{q}_0 = 0$，则可以取得第 i 次随机采样的结果，这样就达到了复制大权值粒子的效果。

结合重采样，给出粒子滤波算法的计算步骤：

步骤 1：初始化。$k = 0$，采样 $\boldsymbol{X}_0^i \sim \pi(\boldsymbol{X}_0)$，即根据 $\pi(\boldsymbol{X}_0)$ 分布得到采样 $\boldsymbol{X}_0^i$ $(i = 1, 2, \cdots, N_s)$。

步骤 2：重要性权值计算。设定 $k := k + 1$，采样 $\boldsymbol{X}_k^i \sim \pi(\boldsymbol{X}_k \mid \boldsymbol{X}_{k-1}^i, \boldsymbol{Z}_k)$ $(i = 1, 2, \cdots, N_s)$。

计算重要性权值为

$$\tilde{q}_k^i = \frac{p(\boldsymbol{Z}_k \mid \boldsymbol{X}_k^i) p(\boldsymbol{X}_k^i \mid \boldsymbol{X}_{k-1}^i)}{\pi(\boldsymbol{X}_k^i \mid \boldsymbol{X}_{k-1}^i, \boldsymbol{Z}_k)} \cdot \tilde{q}_{k-1}^i \tag{2.41}$$

计算归一化重要性权值为

$$q_k^i = \tilde{q}_k^i \Big/ \sum_{j=1}^{N_s} \tilde{q}_k^j \tag{2.42}$$

步骤 3：重采样。从 $\{\boldsymbol{X}_k^i : i = 1, 2, \cdots, N_s\}$ 集合中根据重要性权值 q_k^i 重新采样得到新的 N_s 个粒子的集合 $\{\tilde{\boldsymbol{X}}_k^i : i = 1, 2, \cdots, N_s\}$，并重新分配粒子权值 $\tilde{q}_k^i = q_k^i = 1 / N_s$。

步骤 4：输出状态估计和方差估计。

$$\hat{\boldsymbol{X}}_k = \sum_{i=1}^{N_s} \tilde{q}_k^i \tilde{\boldsymbol{X}}_k^i \tag{2.43}$$

$$P_k = \sum_{i=1}^{N_s} \tilde{q}_k^i (\tilde{\boldsymbol{X}}_k^i - \hat{\boldsymbol{X}}_k)(\tilde{\boldsymbol{X}}_k^i - \hat{\boldsymbol{X}}_k)^{\mathrm{T}} \tag{2.44}$$

步骤 5：判断跟踪是否结束。若结束则退出本算法，否则返回步骤 2。

2) 不敏粒子滤波算法原理

标准的粒子滤波通常选用易于实现的先验概率密度函数作为重要性采样密度函数，即 $\pi(\boldsymbol{X}_k^i \mid \boldsymbol{X}_{k-1}^i, \boldsymbol{Z}_k) = p(\boldsymbol{X}_k^i \mid \boldsymbol{X}_{k-1}^i)$。显然这种选取方法丢失了 k 时刻的量测值，使得 $\boldsymbol{X}_k^i$ 严重依赖于模型。对于弹道导弹来说，加速度很大，每一时刻的量测值都很重要，尤其是最新的测量值，将直接决定目标的最新动态，如果不考虑最新的测量值，从中抽取的样本与真实的后验概率密度函数产生的样本存在较大的偏差，很多样本由于归一化权值很小而成为无效样本。

　　UKF 算法能够利用新的观测值，产生新的状态估计向量 $\hat{\boldsymbol{X}}(k+1|k+1)$ 和新的状态估计协方差 $\boldsymbol{P}(k+1|k+1)$，可以克服粒子滤波对最新的观测值应用方面的不足。将 UT 和 PF 加以结合，利用 UT 对非线性的处理能力，产生更好的分布，供 PF 进行预测粒子的采样。根据每一个预测粒子的采样密度函数可得

$$\pi(\boldsymbol{X}_k \mid \boldsymbol{X}_{k-1}^i, \boldsymbol{Z}_k) = N(\boldsymbol{X}_k^i, \boldsymbol{P}_k^i), \quad i = 1, 2, \cdots, N_s \tag{2.45}$$

称之为不敏粒子滤波(unscented particle filter, UPF)算法，完整的 UPF 算法步骤如下。

　　步骤 1：初始化。$k = 0$，粒子数为 N_s。根据先验分布 $\pi(\boldsymbol{X}_0)$ 得到采样粒子 $\boldsymbol{X}_0^i$ $(i = 1, 2, \cdots, N_s)$。

　　步骤 2：重要性采样。设定 $k := k + 1$。用 UT 更新每个粒子 $\boldsymbol{X}_0^i$ $(i = 1, 2, \cdots, N_s)$ 在 k 时刻的先验分布：

　　(a) 利用 UT，计算 Sigma 粒子，具体公式见式(2.29)；

　　(b) 按照公式(2.31)～(2.34)进行相应的时间更新、测量更新和状态向量的更新，其中的状态方程和观测方程具体化为重力转弯模型中的式(2.15)和式(2.18)，可得到 $\hat{\boldsymbol{X}}(k|k)$ 和 $\boldsymbol{P}(k|k)$；

　　(c) 从参考分布 π 中产生样本 $\boldsymbol{X}_k^i$ $(i = 1, 2, \cdots, N_s)$：

$$\boldsymbol{X}_k^i \sim \pi(\boldsymbol{X}_k \mid \boldsymbol{X}_{k-1}^i, \boldsymbol{Z}_k) = N(\overline{\boldsymbol{X}}_k^i, \boldsymbol{P}_k^i), \quad i = 1, 2, \cdots, N_s \tag{2.46}$$

其中，$\overline{\boldsymbol{X}}_k^i = \hat{\boldsymbol{X}}(k|k)$；$\boldsymbol{P}_k^i = \boldsymbol{P}(k|k)$。

　　(d) 对所有的新样本 $\boldsymbol{X}_k^i$，依据新的分布 $N(\overline{\boldsymbol{X}}_k^i, \boldsymbol{P}_k^i)$，按照公式(2.41)计算权值，并将权值进行归一化处理。

　　步骤 3：重采样，得到新样本 $\{\boldsymbol{X}_k^{i*}\}_{i=1}^{N_s}$。

　　步骤 4：按照式(2.43)和式(2.44)计算融合结果，输出状态估计 $\hat{\boldsymbol{X}}_k$ 和方差估计 $\boldsymbol{P}_k$。

　　步骤 5：判断跟踪是否结束，若结束则退出本算法，否则返回步骤 2。

　　上述即为 UPF 算法的完整过程。该算法能够利用 UKF 的优点，避免 PF 的缺点，在对非线性运动进行跟踪时滤波效果较好。

2.1.4　改进 UPF 的主动段跟踪算法

1. 粒子优选策略

　　粒子滤波经典的重采样方法虽然在克服粒子数匮乏方面具有良好的效果，但其计算量随着粒子数的增加而呈指数增加，对于实时性要求较高的系统来说，难以应用粒子滤波。此外，重采样方法也使得粒子的多样性匮乏。根本原因是在下一时刻的粒子都是在上一时刻的粒子的基础上通过各种重要性密度函数进行更新。解决该问题的基本思路是尽量控制粒子数的增加，使好的估计粒子得以保存，

同时改善粒子集的多样性，减轻粒子退化现象。

权值优选算法旨在解决样本贫化问题，其基本思想是：假如估计所需要的粒子数为 N_p，抽取 N_s（$N_s > N_p$）个样本，分别计算 N_s 个样本对应的权值，选出权值最大的 N_p 个样本参加状态估计，从而最大限度地保证参与估计的粒子是最好的，在一定程度上解决退化问题。

(1) 从建议分布中采样 N_s 个粒子进行重要性权值计算。

(2) 对这 N_s 个粒子按权值从大到小排序，取前面 N_p 个粒子。

(3) 对取出的 N_p 个粒子进行权值归一化。

(4) 用选定的 N_p 个粒子计算滤波密度。

(5) 将选出的 N_p 个粒子的权值恢复为归一化以前的权值，然后再对所有的 N_s 个粒子进行归一化。

2. 算法流程

应用改进 UPF 估计弹道导弹主动段运动状态的算法步骤如下。

步骤 1：初始化。在 $k = 0$ 时刻，根据重要密度抽取 N_s 个粒子，假定抽样出的每个粒子用 $\{x_k^i,\ 1/N_s\}$ 表示，令 $k = 1$。

步骤 2：预测。根据 $x_k^i = f(x_{k-1}^i, v_{k-1})$ 计算出 k 时刻 N_s 个粒子的状态。

步骤 3：加权。根据 $w_k^i = w_{k-1}^i \dfrac{p(z_k / x_k^i) p(x_k^i / x_{k-1}^i)}{q(x_k^i / x_{k-1}^i, z_k)}$ 计算 k 时刻 N_s 个粒子的权值。

步骤 4：选优。对 N_s 个粒子按权值进行排序，选出前 N_p 个粒子。

步骤 5：归一化权值。根据 $w_k^i = w_k^i / \sum\limits_{i=1}^{N_p} w_k^i$ 对选出的 N_p 个粒子的权值归一化。

步骤 6：估计。用选出的 N_p 个粒子按 $p(x_k / z_{1:k}) \approx \sum\limits_{i=1}^{N_p} w_k^i \delta(x_k - x_k^i)$ 计算滤波密度。

步骤 7：权值恢复。$w_k^i = w_k^i \sum\limits_{i=1}^{N_p} w_k^i$，将选出的 N_p 个粒子权值恢复到归一化之前的权值，然后再对所有的 N_s 个粒子的权值进行归一化，即 $w_k^i = w_k^i / \sum\limits_{i=1}^{N_s} w_k^i$，返回步骤 2 进行下一步迭代。

算法中涉及的所有粒子都参与了任一时刻的粒子更新，其优于普通重采样算法之处在于每一个粒子都是相互统计独立的，使得粒子集包含更多相异的粒子路径，从而改善了粒子集的多样性。

2.1.5 算法验证及仿真结果

1. 仿真条件

预警卫星高程为 $3.579417\times10^{7}m$，经度为 $10°$，纬度为 $0°$。卫星的扫描周期为 $T=1s$。以射程 3500km 弹道导弹的飞行数据为依据，参考该数据，假定参考时刻目标的位置为 $(3.78,3.78,3.48)\times10^{6}m$，速度为 $(530,510,510)m/s$。模型噪声中的位置方差为 100m，速度方差为 1m/s，重力转弯模型中第 7 个量的方差为 0.0001。主动段的飞行时间根据射程的不同，大致为 150s。仿真实验设定为跟踪 100s。预警卫星的测量角度噪声均方差分别设置为 10μrad 和 100μrad。

2. 仿真结果与分析

UPF 算法和改进 UPF 算法的粒子数设置为 40，其中改进 UPF 算法的优选粒子数 $N_p=30$。仿真结果为 100 次蒙特卡罗仿真的统计值。仿真结果如图 2.3～图 2.6、

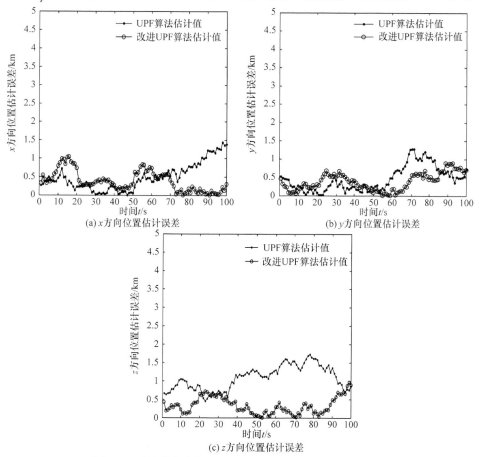

(a) x 方向位置估计误差

(b) y 方向位置估计误差

(c) z 方向位置估计误差

图 2.3 测量噪声均方差为 10μrad 时位置估计误差对比图

表 2.1、表 2.2 所示。

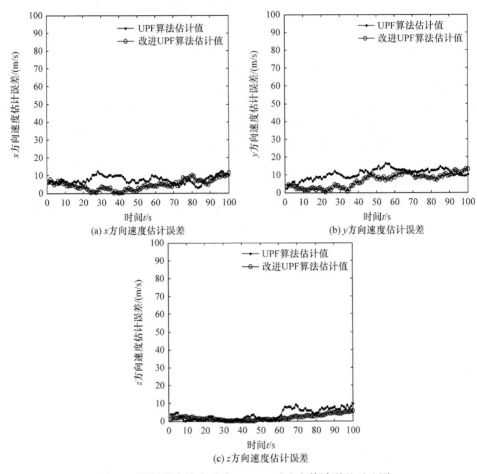

(a) x方向速度估计误差

(b) y方向速度估计误差

(c) z方向速度估计误差

图 2.4　测量噪声均方差为 10μrad 时速度估计误差对比图

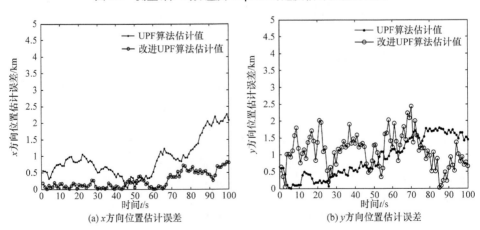

(a) x方向位置估计误差

(b) y方向位置估计误差

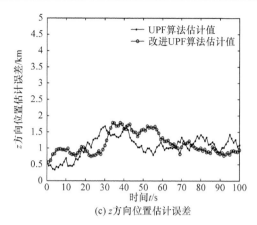

(c) z 方向位置估计误差

图 2.5　测量噪声均方差为 100μrad 时位置估计误差对比图

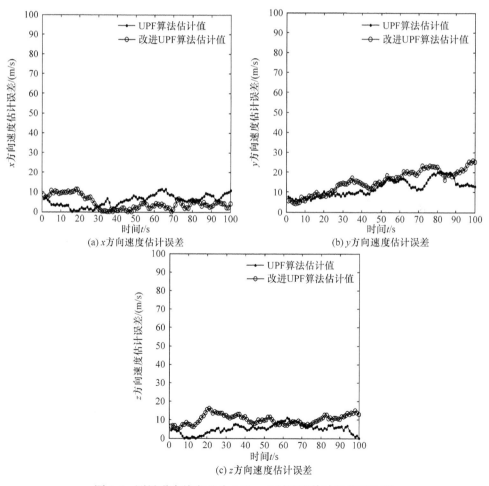

(a) x 方向速度估计误差　　　　　　　　　　(b) y 方向速度估计误差

(c) z 方向速度估计误差

图 2.6　测量噪声均方差为 100μrad 时速度估计误差对比图

表 2.1　10μrad 噪声条件下位置和速度估计的均方根误差

滤波算法	位置误差/km			速度误差/(m/s)		
	x	y	z	x	y	z
UPF	0.6144	0.5741	1.0169	5.6137	11.1961	4.7255
改进 UPF	0.5516	0.4547	0.3976	5.4566	7.7483	2.4545

表 2.2　100μrad 噪声条件下位置和速度估计的均方根误差

滤波算法	位置误差/km			速度误差/(m/s)		
	x	y	z	x	y	z
UPF	1.0709	1.0739	1.1150	6.4497	12.9643	5.9220
改进 UPF	0.3438	1.2100	1.1700	5.5009	16.4795	10.5201

由图 2.3~图 2.6 的仿真结果及表 2.1 和表 2.2 的结果可知，在测量噪声均方差为 10μrad 时，改进的 UPF 算法在位置估计和速度估计的改进性能上均优于 UPF 算法。而在测量噪声均方差为 100μrad 时，改进的 UPF 算法在 x 方向上的位置估计和速度估计误差小于 UPF 算法；而在 y 方向和 z 方向上的位置估计和速度估计误差大于 UPF 算法。由上述分析可知，当噪声均方差较大时，UPF 算法的跟踪滤波效果较好；当噪声均方差较小时，改进 UPF 算法效果较好。

UPF 算法和改进 UPF 算法的平均运行时间如表 2.3 所示。

表 2.3　UPF 算法和改进 UPF 算法的平均运行时间

采用的算法	UPF	改进 UPF
平均运行时间/10⁻¹s	1.2108	1.1730

通过分析改进 UPF 算法的原理可知，由于改进 UPF 算法只是对粒子集中权值较大的部分进行计算，因此在执行过程中具有更高的运算效率，具体见表 2.3。因此，在数据处理过程中，当噪声均方差大小发生变化时，可以对 UPF 算法和改进的 UPF 算法模块进行快速切换，从而能够在整体上更好地提高主动段跟踪的精度和处理效率。

2.2　基于不敏扩展卡尔曼滤波的再入段跟踪算法

2.2.1　概述

再入段弹道目标飞行具有强烈的非线性，且对目标的跟踪性能、算法复杂度提出了更高的要求。

而不敏卡尔曼滤波利用近似概率分布的思路，从而不用近似非线性函数，但算法的运算时间复杂度较大。根据对 UKF 算法的算法时间度详细分析，其最耗运算时间的主要是式(2.31)、式(2.33)和滤波增益的计算。因而，为了适应再入段目标的跟踪，不敏扩展卡尔曼滤波(unscented extended Kalman filter，UEKF)算法(刘昌云等，2014；Liu et al，2011)融合了 UT 和 EKF 算法的思想，其核心思想是 EKF 在计算过程中，综合利用 UT 的多样性 Sigma 粒子，通过对两个协方差 $\boldsymbol{P}_{yy}$、$\boldsymbol{P}_{xy}$ 以及滤波增益 $\boldsymbol{K}_k$ 的适当变形计算，在跟踪性能有一定提升的基础上，可以大大减少算法的运算时间。

2.2.2　EKF 算法原理

1. 函数的线性化处理

扩展卡尔曼滤波的基本原理与卡尔曼滤波相同，也是在获取一组测量信息的基础上，估计其状态信息，假设 $\boldsymbol{Z}^k = \{\boldsymbol{Z}_1, \boldsymbol{Z}_2, \cdots, \boldsymbol{Z}_k\}$ 表示到 k 时刻为止获取的一组测量值向量，则 k 时刻的状态估计为

$$\hat{\boldsymbol{X}}_{k|k} \approx E[\boldsymbol{X}_k \mid \boldsymbol{Z}^k] \tag{2.47}$$

其协方差估计为

$$\hat{\boldsymbol{P}}_{k|k} \approx E\left\{(\boldsymbol{X}_k - \hat{\boldsymbol{X}}_{k|k})(\boldsymbol{X}_k - \hat{\boldsymbol{X}}_{k|k})^{\mathrm{T}}\right\} \tag{2.48}$$

假设在 k 时刻目标状态的估计值为 $\hat{\boldsymbol{X}}_{k|k}$，则对式(2.15)的非线性函数在 $\hat{\boldsymbol{X}}_{k|k}$ 附近进行泰勒级数展开，即

$$\begin{aligned}
\boldsymbol{X}_{k+1} &= f_k(\hat{\boldsymbol{X}}_{k|k} + h) + v_k \\
&= f_k(\hat{\boldsymbol{X}}_{k|k}) + D_e f_k h + \frac{D_e^2 f_k}{2} h^2 + \frac{D_e^3 f_k}{3!} h^3 + \frac{D_e^4 f_k}{4!} h^4 + \cdots + \frac{D_e^n f_k}{n!} h^n + v_k
\end{aligned} \tag{2.49}$$

其中，

$$h = \boldsymbol{X}_k - \hat{\boldsymbol{X}}_{k|k}, \qquad \frac{D_e^j f_k}{j!} = \frac{1}{j!}\left(\sum_{i=1}^N \boldsymbol{e}_i \frac{\partial}{\partial x_i}\right)^j f_k(\boldsymbol{X}_k)|_{\hat{\boldsymbol{X}}_{k|k}} \tag{2.50}$$

其中，N 表示目标状态向量 $\boldsymbol{X}_k$ 的维数；$\boldsymbol{e}_i$ 表示第 i 个笛卡儿基本向量。由式(2.49)可得非线性函数 $f_k(\boldsymbol{X}_k)$ 围绕中心点 $\hat{\boldsymbol{X}}_{k|k}$ 的一阶微分为

$$D_e f_k = \left(\sum_{i=1}^N \boldsymbol{e}_i \frac{\partial}{\partial x_i}\right) f_k(\boldsymbol{X}_k)|_{\hat{\boldsymbol{X}}_{k|k}} = \begin{bmatrix} \partial/\partial x_1 \\ \vdots \\ \partial/\partial x_N \end{bmatrix} \left[f_k^{(1)}(\boldsymbol{X}_k) \quad \cdots \quad f_k^{(N)}(\boldsymbol{X}_k) \right] \Bigg|_{\hat{\boldsymbol{X}}_{k|k}}$$

$$= \begin{bmatrix} \dfrac{\partial f_k^{(1)}(\boldsymbol{X}_k)}{\partial x_1} & \cdots & \dfrac{\partial f_k^{(N)}(\boldsymbol{X}_k)}{\partial x_N} \\ \vdots & & \vdots \\ \dfrac{\partial f_k^{(1)}(\boldsymbol{X}_k)}{\partial x_N} & \cdots & \dfrac{\partial f_k^{(N)}(\boldsymbol{X}_k)}{\partial x_N} \end{bmatrix} = F_X(\boldsymbol{X}_k) \quad (2.51)$$

式(2.51)即为非线性函数 $f_k(\boldsymbol{X}_k)$ 在中心点 $\hat{\boldsymbol{X}}_{k|k}$ 的雅可比矩阵,记为: $F_X(\boldsymbol{X}_k)$,其中 $x_1, x_2, \cdots, x_N$ 表示 N 维状态向量 $\boldsymbol{X}_{k|k}$ 的元素。

当把式(2.49)的泰勒级数只保留到一阶泰勒级数时,式(2.49)变为

$$\begin{aligned} \boldsymbol{X}_{k+1} &= f_k(\hat{\boldsymbol{X}}_{k|k} + h) + v_k \\ &\approx f_k(\hat{\boldsymbol{X}}_{k|k}) + D_e f_k h + v_k \\ &\approx f_k(\hat{\boldsymbol{X}}_{k|k}) + F_X(\boldsymbol{X}_k)(\boldsymbol{X}_k - \hat{\boldsymbol{X}}_{k|k}) + v_k \end{aligned} \quad (2.52)$$

当把式(2.49)的泰勒级数保留到二阶泰勒级数时,式(2.49)变为

$$\begin{aligned} \boldsymbol{X}_{k+1} &= f_k(\hat{\boldsymbol{X}}_{k|k} + h) + v_k \\ &\approx f_k(\hat{\boldsymbol{X}}_{k|k}) + D_e f_k h + D_e^2 f_k h^2 + v_k \\ &\approx f_k(\hat{\boldsymbol{X}}_{k|k}) + F_X(\boldsymbol{X}_k)(\boldsymbol{X}_k - \hat{\boldsymbol{X}}_{k|k}) + \frac{1}{2} \sum_{i=1}^{N} e_i (\boldsymbol{X}_k - \hat{\boldsymbol{X}}_{k|k})^{\mathrm{T}} F_{xx}^i (\boldsymbol{X}_k)(\boldsymbol{X}_k - \hat{\boldsymbol{X}}_{k|k}) + v_k \end{aligned}$$

$$(2.53)$$

假设 $\boldsymbol{X}_{k|k}$ 在 k 时刻的均值为 $\hat{\boldsymbol{X}}_{k|k}$,方差为 $\boldsymbol{P}_{k|k}$,则可得式(2.52)的均值和方差特性,一阶泰勒级数展开的均值为

$$E(\boldsymbol{X}_{k+1}) \approx E\left\{ f_k(\hat{\boldsymbol{X}}_{k|k}) + F_X(\boldsymbol{X}_k)(\boldsymbol{X}_k - \hat{\boldsymbol{X}}_{k|k}) + v_k \right\} \quad (2.54)$$

式(2.52)可记为

$$\begin{aligned} \bar{\boldsymbol{X}}_{k+1} &\approx E\left\{ f_k(\hat{\boldsymbol{X}}_{k|k}) + F_X(\boldsymbol{X}_k)(\boldsymbol{X}_k - \hat{\boldsymbol{X}}_{k|k}) + v_k \right\} \\ &\approx E\left\{ f_k(\hat{\boldsymbol{X}}_{k|k}) \right\} + E\left\{ F_X(\boldsymbol{X}_k)(\boldsymbol{X}_k - \hat{\boldsymbol{X}}_{k|k}) \right\} + E\{v_k\} \\ &\approx f_k(\hat{\boldsymbol{X}}_{k|k}) \end{aligned} \quad (2.55)$$

一阶泰勒级数展开的方差为

$$\begin{aligned} \bar{\boldsymbol{P}}_{k+1} &\approx E\left\{ (\boldsymbol{X}_{k+1} - \bar{\boldsymbol{X}}_{k+1})(\boldsymbol{X}_{k+1} - \bar{\boldsymbol{X}}_{k+1})^{\mathrm{T}} \right\} \\ &\approx E\{ [f_k(\hat{\boldsymbol{X}}_{k|k}) + F_X(\boldsymbol{X}_k)(\boldsymbol{X}_k - \hat{\boldsymbol{X}}_{k|k}) + v_k - f_k(\hat{\boldsymbol{X}}_{k|k})] \\ &\quad \cdot [f_k(\hat{\boldsymbol{X}}_{k|k}) + F_X(\boldsymbol{X}_k)(\boldsymbol{X}_k - \hat{\boldsymbol{X}}_{k|k}) + v_k - f_k(\hat{\boldsymbol{X}}_{k|k})]^{\mathrm{T}} \} \end{aligned}$$

$$\approx E\{[F_X(\boldsymbol{X}_k)(\boldsymbol{X}_k - \hat{\boldsymbol{X}}_{k|k}) + v_k][F_X(\boldsymbol{X}_k)(\boldsymbol{X}_k - \hat{\boldsymbol{X}}_{k|k}) + v_k]^{\mathrm{T}}\}$$

$$\approx E\{[F_X(\boldsymbol{X}_k)(\boldsymbol{X}_k - \hat{\boldsymbol{X}}_{k|k})][F_X(\boldsymbol{X}_k)(\boldsymbol{X}_k - \hat{\boldsymbol{X}}_{k|k})]^{\mathrm{T}}\} + E\{v_k v_k^{\mathrm{T}}\}$$

$$\approx F_X(\boldsymbol{X}_k)E\{(\boldsymbol{X}_k - \hat{\boldsymbol{X}}_{k|k})(\boldsymbol{X}_k - \hat{\boldsymbol{X}}_{k|k})^{\mathrm{T}}\}F_X^{\mathrm{T}}(\boldsymbol{X}_k) + \boldsymbol{Q}(k) \tag{2.56}$$

$$\approx F_X(\boldsymbol{X}_k)\hat{\boldsymbol{P}}_{k|k}F_X^{\mathrm{T}}(\boldsymbol{X}_k) + \boldsymbol{Q}(k)$$

式(2.52)、式(2.55)、式(2.56)即构成了一阶扩展卡尔曼滤波算法的基本原理。

同样的方法可得二阶泰勒级数展开项的均值和方差,即式(2.53)的均值和方差分别为

$$\overline{\boldsymbol{X}}_{k+1} \approx E\left\{f_k(\hat{\boldsymbol{X}}_{k|k}) + D_e f_k h + D_e^2 f_k h^2 + v_k\right\}$$

$$\approx E\left\{f_k(\hat{\boldsymbol{X}}_{k|k}) + F_X(\boldsymbol{X}_k)(\boldsymbol{X}_k - \hat{\boldsymbol{X}}_{k|k})\right.$$

$$\left. + \frac{1}{2}\sum_{i=1}^N e_i(\boldsymbol{X}_k - \hat{\boldsymbol{X}}_{k|k})^{\mathrm{T}} F_{XX}^i(\boldsymbol{X}_k)(\boldsymbol{X}_k - \hat{\boldsymbol{X}}_{k|k}) + v_k\right\} \tag{2.57}$$

$$\approx f_k(\hat{\boldsymbol{X}}_{k|k}) + \frac{1}{2}\sum_{i=1}^N e_i \mathrm{tr}[F_{XX}^i(\boldsymbol{X}_k)\hat{\boldsymbol{P}}_{k|k}]$$

$$\overline{\boldsymbol{P}}_{k+1} \approx E\left\{(\boldsymbol{X}_{k+1} - \overline{\boldsymbol{X}}_{k+1})(\boldsymbol{X}_{k+1} - \overline{\boldsymbol{X}}_{k+1})^{\mathrm{T}}\right\}$$

$$\approx E\left\{\left[f_k(\hat{\boldsymbol{X}}_{k|k}) + F_X(\boldsymbol{X}_k)(\boldsymbol{X}_k - \hat{\boldsymbol{X}}_{k|k}) + \frac{1}{2}\sum_{i=1}^N e_i(\boldsymbol{X}_k - \hat{\boldsymbol{X}}_{k|k})^{\mathrm{T}} F_{XX}^i(\boldsymbol{X}_k)(\boldsymbol{X}_k - \hat{\boldsymbol{X}}_{k|k}) + v_k - \overline{\boldsymbol{X}}_{k+1}\right]\right.$$

$$\left. \cdot \left[f_k(\hat{\boldsymbol{X}}_{k|k}) + F_X(\boldsymbol{X}_k)(\boldsymbol{X}_k - \hat{\boldsymbol{X}}_{k|k}) + \frac{1}{2}\sum_{i=1}^N e_i(\boldsymbol{X}_k - \hat{\boldsymbol{X}}_{k|k})^{\mathrm{T}} F_{XX}^i(\boldsymbol{X}_k)(\boldsymbol{X}_k - \hat{\boldsymbol{X}}_{k|k}) + v_k - \overline{\boldsymbol{X}}_{k+1}\right]^{\mathrm{T}}\right\}$$

$$\approx E\{[F_X(\boldsymbol{X}_k)(\boldsymbol{X}_k - \hat{\boldsymbol{X}}_{k|k}) + v_k][F_X(\boldsymbol{X}_k)(\boldsymbol{X}_k - \hat{\boldsymbol{X}}_{k|k}) + v_k]^{\mathrm{T}}\} \tag{2.58}$$

$$+ E\left\{\left[\frac{1}{2}\sum_{i=1}^N e_i(\boldsymbol{X}_k - \hat{\boldsymbol{X}}_{k|k})^{\mathrm{T}} F_{XX}^i(\boldsymbol{X}_k)(\boldsymbol{X}_k - \hat{\boldsymbol{X}}_{k|k}) - \frac{1}{2}\sum_{i=1}^N e_i \mathrm{tr}[F_{XX}^i(\boldsymbol{X}_k)\hat{\boldsymbol{P}}_{k|k}]\right]\right.$$

$$\left. \cdot \left[\frac{1}{2}\sum_{i=1}^N e_i(\boldsymbol{X}_k - \hat{\boldsymbol{X}}_{k|k})^{\mathrm{T}} F_{XX}^i(\boldsymbol{X}_k)(\boldsymbol{X}_k - \hat{\boldsymbol{X}}_{k|k}) - \frac{1}{2}\sum_{i=1}^N e_i \mathrm{tr}[F_{XX}^i(\boldsymbol{X}_k)\hat{\boldsymbol{P}}_{k|k}]\right]^{\mathrm{T}}\right\}$$

$$\approx F_X(\boldsymbol{X}_k)\hat{\boldsymbol{P}}_{k|k}F_X^{\mathrm{T}}(\boldsymbol{X}_k) + \boldsymbol{Q}(k) + \frac{1}{2}\sum_{i=1}^N\sum_{j=1}^N e_i e_j^{\mathrm{T}} \mathrm{tr}[F_{XX}^i(\boldsymbol{X}_k)\hat{\boldsymbol{P}}_{k|k}F_{XX}^j(\boldsymbol{X}_k)\hat{\boldsymbol{P}}_{k|k}]$$

式(2.53)、式(2.56)和式(2.58)构成了二阶扩展卡尔曼滤波算法的基本原理。

当把式(2.49)的泰勒级数保留到三阶或四阶的泰勒级数时,采用同样的原理分析,可得三阶、四阶扩展卡尔曼滤波算法。

仿真结果表明,二阶扩展卡尔曼滤波的性能要优于一阶扩展卡尔曼滤波,但二阶以上扩展卡尔曼滤波性能与二阶扩展卡尔曼滤波相比并没有明显的改善,因而,一般超过二阶的扩展卡尔曼滤波算法不采用。虽然二阶扩展卡尔曼滤波的性

能优于一阶扩展卡尔曼滤波算法，但是二阶扩展卡尔曼滤波的计算复杂、运算时间长，因而，针对非线性滤波跟踪系统，一般采用一阶扩展卡尔曼滤波。

2. 算法步骤

扩展卡尔曼滤波算法步骤如下。

(1) 初始化：

$$\hat{X}_0 = E\{X_0\} , \quad P_0 = E\{(X_0 - \hat{X}_0)(X_0 - \hat{X}_0)^{\mathrm{T}}\} \tag{2.59}$$

$k = 1$；

(2) 状态向量的非线性函数线性化：

$$F_X(X_k) = [\nabla_X f_k^{\mathrm{T}}(X_k)]^{\mathrm{T}} |_{X_{k|k}} \tag{2.60}$$

(3) 一步预测：

$$X_{k+1|k} = f_k(\hat{X}_{k|k}) \tag{2.61}$$

$$P_{k+1|k} = F_X(X_k)\hat{P}_{k|k}F_X^{\mathrm{T}}(X_k) + Q(k) \tag{2.62}$$

$$Z_{k+1|k} = h_k(X_{k+1|k}) \tag{2.63}$$

(4) 测量向量的非线性函数线性化：

$$H_X(X_{k+1}) = [\nabla_X h_{k+1}^{\mathrm{T}}(X_{k+1})]^{\mathrm{T}} |_{X_{k+1|k}} \tag{2.64}$$

(5) 增益计算：

$$S_{k+1} = H_X(X_{k+1})P_{k+1|k}H_x^{\mathrm{T}}(X_{k+1}) + R_{k+1} \tag{2.65}$$

$$K_{k+1} = P_{k+1|k}H_x^{\mathrm{T}}(X_{k+1})S_{k+1}^{-1} \tag{2.66}$$

(6) 更新：

$$\hat{X}_{k+1|k+1} = X_{k+1|k} + K_{k+1}(Z_{k+1} - Z_{k+1|k}) \tag{2.67}$$

$$\hat{P}_{k+1|k+1} = [I - K_{k+1}H_X(X_{k+1})]P_{k+1|k} \tag{2.68}$$

$k+1 \to k$，返回(2)重新开始递推计算下一时刻的滤波值。

2.2.3　预测协方差的计算

利用式(2.69)产生 Sigma 粒子：

$$\begin{cases} \chi_{k-1}^i = \bar{X}_{k-1}, & i = 0 \\ \chi_{k-1}^i = \bar{X}_{k-1} + (\sqrt{(N_x + \lambda)P_{k-1}})_i, & i = 1, 2, \cdots, N_x \\ \chi_{k-1}^i = \bar{X}_{k-1} - (\sqrt{(N_x + \lambda)P_{k-1}})_i, & i = N_x + 1, N_x + 2, \cdots, 2N_x \end{cases} \tag{2.69}$$

在计算状态预测协方差时，并不是直接利用式(2.33)来计算，而是利用生成的 Sigma 粒子对其非线性状态函数 f_k 进行线性化。

$$\hat{\boldsymbol{F}}_{k+1}^{~i} = [\nabla_{X_k} f_k^{\mathrm{T}}(\boldsymbol{X}_k)]|_{X_k = \chi_{k-1}^i}, \quad i = 0, 1, \cdots, 2N_x \tag{2.70}$$

利用第 i 个 Sigma 粒子线性化后的状态函数 $\hat{\boldsymbol{F}}_{k+1}^{~i}$ 来计算，如式(2.71)所示为

$$\overline{\boldsymbol{P}}_{k+1|k}^{~i} = \hat{\boldsymbol{F}}_k^i \boldsymbol{P}_{k|k} \hat{\boldsymbol{F}}_k^{i\,\mathrm{T}}, \quad i = 0, 1, \cdots, 2N_x \tag{2.71}$$

因而，综合式(2.71)可以得到状态的预测后验协方差为

$$\overline{\boldsymbol{P}}_{k+1|k} = \sum_{i=0}^{2L} W_i^c \overline{\boldsymbol{P}}_{k+1|k}^{~i} + \boldsymbol{Q}_k \tag{2.72}$$

2.2.4 滤波增益的计算

UEKF 的滤波增益的计算不采用 UKF 的滤波增益公式，而采用修正后的滤波增益公式，如同标准的卡尔曼滤波的增益公式(Liu et al，2014)，即

$$\boldsymbol{K}_{k+1} = \overline{\boldsymbol{P}}_{k+1|k} \hat{\boldsymbol{H}}_k^{\mathrm{T}} (\hat{\boldsymbol{H}}_k \overline{\boldsymbol{P}}_{k+1|k} \hat{\boldsymbol{H}}_k^{\mathrm{T}} + \boldsymbol{R}_{k+1})^{-1} \tag{2.73}$$

在该增益公式中，充分利用了预测后验协方差的信息，使得滤波增益可以很好地与目标机动状态相适应，从而获得较好的滤波精度。

2.2.5 算法步骤

综合 2.1.3 节、2.2.3 节和 2.2.4 节，可得 UEKF 的滤波算法详细步骤如下。

(1) 初始化：

$$\hat{\boldsymbol{X}}_0 = E\{\boldsymbol{X}_0\}, \quad \boldsymbol{P}_0 = E\{(\boldsymbol{X}_0 - \hat{\boldsymbol{X}}_0)(\boldsymbol{X}_0 - \hat{\boldsymbol{X}}_0)^{\mathrm{T}}\}$$

$k=0$；

(2) 预测和更新：

$k=1$；

(a) 计算 Sigma 粒子和权值：

$$\begin{cases} \chi_{k-1}^i = \overline{\boldsymbol{X}}_{k-1}, & i = 0 \\ \chi_{k-1}^i = \overline{\boldsymbol{X}}_{k-1} + (\sqrt{(N_x + \lambda)\boldsymbol{P}_{k-1}})_i, & i = 1, 2, \cdots, N_x \\ \chi_{k-1}^i = \overline{\boldsymbol{X}}_{k-1} - (\sqrt{(N_x + \lambda)\boldsymbol{P}_{k-1}})_i, & i = N_x + 1, N_x + 2, \cdots, 2N_x \end{cases}$$

$$\begin{cases} W_0^{\mathrm{m}} = \dfrac{\lambda}{N_x + \lambda} \\ W_0^{\mathrm{c}} = \dfrac{\lambda}{N_x + \lambda} + (1 - \alpha^2 + \beta) \\ W_i^{\mathrm{m}} = W_i^{\mathrm{c}} = \dfrac{1}{2(N_x + \lambda)}, \quad i = 1, 2, \cdots, 2N_x \end{cases}$$

(b) Sigma 粒子的进化：

$$\chi_{k|k-1}{}^i = f_k(\chi_{k-1}^i), \quad i = 0, 1, \cdots, 2N_x$$

(c) 利用 Sigma 粒子的线性化：

$$\hat{F}_{k+1}{}^i = [\nabla_{X_k} f_k{}^{\mathrm{T}}(X_k)]|_{X_k = \chi_{k-1}^i}$$

(d) 协方差预测：

$$\overline{P}_{k+1|k}{}^i = \hat{F}_k^i P_{k|k} (\hat{F}_k^i)^{\mathrm{T}}$$

$$\overline{P}_{k+1|k} = \sum_{i=0}^{2L} W_i^{\mathrm{c}} \overline{P}_{k+1|k}{}^i + Q_k$$

(e) 状态预测：

$$\overline{X}_{k|k-1} = \sum_{i=0}^{2N_x} W_i^{\mathrm{m}} \chi_{k|k-1}^i$$

(f) 滤波增益更新：

$$K_{k+1} = \overline{P}_{k+1|k} \hat{H}_k{}^{\mathrm{T}} (\hat{H}_{k+1} \overline{P}_{k+1|k} \hat{H}_{k+1}{}^{\mathrm{T}} + R_{k+1})^{-1}$$

(g) 状态更新：

$$\hat{X}_{k+1|k+1} = \overline{X}_{k+1|k} + K_{k+1}(Z_{k+1} - \hat{H}_{k+1}\overline{X}_{k+1|k})$$

$$\hat{P}_{k+1|k+1} = (I - K_{k+1}\hat{H}_{k+1})\overline{P}_{k+1|k}$$

(h) $k+1 \to k$，跳转到(a)。

2.2.6　算法时间度分析

假设状态矢量 X_k 是一个 N 维矢量，测量矢量 Z_k 是一个 M 维矢量。一般而言，$M \ll N$。

在 EKF 的递推计算公式中，算法时间花费主要在于式(2.62)、式(2.66)、式(2.67)和式(2.68)。在式(2.62)中，算法时间为 $2N^3$ 次实数乘法和加法运算；而在式(2.66)中，算法时间为 $N^2 M$ 次实数乘法和加法运算；在式(2.67)中，算法时间为 N^2 次实数乘法和加法运算；在式(2.68)中，算法时间为 N^3 次实数乘法和加法运算。因而，可以得到 EKF 的算法时间主要为 $3N^3$ 次实数乘法与加法运算。

而在 UKF 的递推计算公式中，算法时间花费主要在于式(2.32)和式(2.33)。在式(2.33)中，算法时间为 N^4 次实数乘法和实数加法；而在式(2.32)中，算法时间为 $2N^4$ 次实数乘法和实数加法。因而 UKF 的算法时间主要为 $3N^4$ 次实数乘法和实数加法。

而在 UEKF 的递推计算公式中，算法时间主要在于式(2.66)~式(2.68)、式(2.71)和式(2.72)的计算。利用上述分析，式(2.66)~式(2.68)的算法时间主要为 N^3 次实数乘法和实数加法；式(2.71)和式(2.72)的算法时间主要为 $2N^3$ 次实数乘法和 $4N^4$ 次实数加法，因而 UEKF 的算法时间主要为 $3N^3$ 次实数乘法和 $4N^4$ 次实数加法。

由上述分析可知，EKF 的运算时间最短，UEKF 次之，UKF 的运算时间最长。

2.2.7　算法仿真与结果分析

1. 仿真模型

假设：在弹道目标再入大气层时，弹道目标是垂直下落的，其飞行特性如图 2.7 所示。

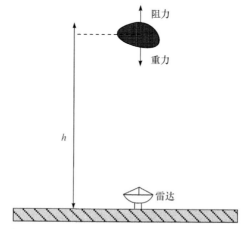

图 2.7　再入式弹道目标的假设飞行特性示意图

在这样的假设条件下，弹道目标的运动主要受重力和阻力的影响，其运动微分方程满足：

$$\dot{h} = -v \tag{2.74}$$

$$\dot{v} = -\frac{\rho(h)gv^2}{2\beta} + g \tag{2.75}$$

$$\dot{\beta} = 0 \tag{2.76}$$

其中，h 表示高度；v 表示速度；$\rho(h) = 1.754\mathrm{e}^{-1.49 \times 10^{-4}h}$ 表示空气密度；$g = 9.81\mathrm{m/s^2}$ 是重力加速度；β 表示弹道系数。

对式(2.74)～式(2.76)离散化处理后得到的离散状态方程和测量方程如式(2.77)和式(2.78)。

离散状态方程：

$$\boldsymbol{X}_{k+1} = \begin{bmatrix} 1 & -T & 0 \\ 0 & 1 & 0 \\ 0 & 0 & 1 \end{bmatrix} \boldsymbol{X}_k - \begin{bmatrix} 0 \\ T \\ 0 \end{bmatrix} [D(\boldsymbol{X}_k) - g] + v_k \tag{2.77}$$

其中，$\boldsymbol{X}_k = \begin{bmatrix} h & v & \beta \end{bmatrix}$ 为状态矢量；T 为雷达测量周期；v_k 为状态噪声。

$$D(\boldsymbol{X}_k) = \frac{g \cdot 1.754 \times e^{-1.49 \times 10^{-4} X_k(1)} \boldsymbol{X}_k^2(2)}{2\boldsymbol{X}_k(3)} \ [\boldsymbol{X}_k(i)(i = 1, 2, 3) \ \text{表示} \ \boldsymbol{X}_k \ \text{的第} \ i \ \text{维变量}]$$

$$E\{v(k)\} = 0$$

$$\boldsymbol{Q}_k = E\{v(k)v'(k)\} = \begin{bmatrix} q_1 \dfrac{T^3}{3} & q_1 \dfrac{T^2}{2} & 0 \\ q_1 \dfrac{T^2}{2} & q_1 T & 0 \\ 0 & 0 & q_1 T \end{bmatrix}$$

测量方程为

$$\boldsymbol{Z}_{k+1} = h(\boldsymbol{X}_{k+1}) + w_{k+1} = \begin{bmatrix} 1 & 0 & 0 \end{bmatrix} \boldsymbol{X}_{k+1} + w_{k+1} \tag{2.78}$$

其中，w_{k+1} 是零均值高斯测量噪声，与状态噪声 v_k 相互独立，方差 $R_k = E\{w_k w_k'\}$ $= \sigma_r^2$。

仿真模型的初始化值为

$$\boldsymbol{X}_0 = \begin{bmatrix} 61 & 3048 & 36500 \end{bmatrix}^{\mathrm{T}} \quad (\text{km} \quad \text{m/s} \quad \text{kg/(m·s}^2)) $$

$$\boldsymbol{P}_{0|0} = \begin{bmatrix} \sigma_r^2 & \sigma_r^2/T & 0 \\ \sigma_r^2/T & 2\sigma_r^2/T^2 & 0 \\ 0 & 0 & \sigma_\beta^2 \end{bmatrix}, \quad \sigma_\beta = 14814 \text{kg/(m·s}^2)$$

2. EKF 的线性化函数

从式(2.77)中可以看出，状态方程的转移函数为非线性函数，使用 EKF 进行滤波时，需要对该非线性函数进行线性化，其线性化函数为

$$F_X(\boldsymbol{X}_k) = [\nabla_X f_k^{\mathrm{T}}(\boldsymbol{X}_k)]^{\mathrm{T}} \big|_{\hat{X}_{k|k}} = \begin{bmatrix} 1 & -T & 0 \\ f_{21}T & 1 - f_{22}T & f_{23}T \\ 0 & 0 & 1 \end{bmatrix}$$

其中，

$$f_{21} = \frac{-g \cdot 2.61 \times 10^{-4} e^{-1.49 \times 10^{-4} \hat{X}_{k|k}(1)} \hat{\boldsymbol{X}}_{k|k}^2(2)}{2\hat{\boldsymbol{X}}_{k|k}(3)}$$

$$f_{22} = \frac{g \cdot 1.754 \times e^{-1.49 \times 10^{-4} \hat{X}_{k|k}(1)} \hat{\boldsymbol{X}}_{k|k}(2)}{\hat{\boldsymbol{X}}_{k|k}(3)}$$

$$f_{23} = \frac{g \cdot 1.754 \times e^{-1.49 \times 10^{-4} \hat{X}_{k|k}(1)} \hat{X}_{k|k}^2(2)}{2\hat{X}_{k|k}^2(3)}$$

3. UKF 和 UEKF 的初始化条件

UKF 和 UEKF 的初始化参数主要是 UT 采样策略中的三个尺度因子 α、β 和 κ 的选择。在 UKF 算法和 UEKF 算法中，三个尺度因子选用相同的参数，分别为：$\alpha=0.01$，$\beta=2$，$\kappa=0$。

4. 仿真实验结果

仿真的再入段弹道目标理想弹道特性如图 2.8 所示。

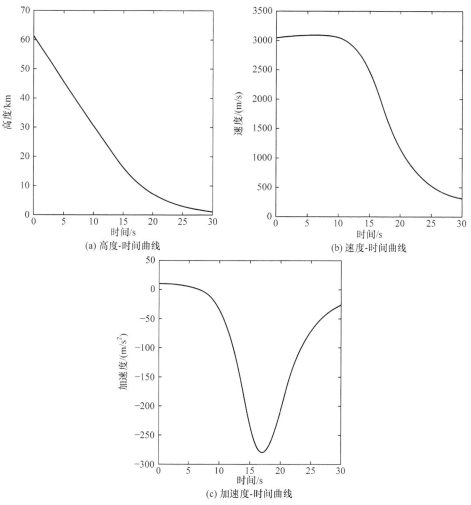

(a) 高度-时间曲线

(b) 速度-时间曲线

(c) 加速度-时间曲线

图 2.8　再入段弹道目标理想弹道特性

为了评估 UEKF 的性能优越性，分别采用 UEKF 与 UKF、EKF 进行算法性能比较。进行了 100 次蒙特卡罗仿真实验，分别统计其目标高度、速度的跟踪误差曲线以及高度、速度的克拉默-拉奥下界，仿真结果分别如图 2.9 和图 2.10 所示。

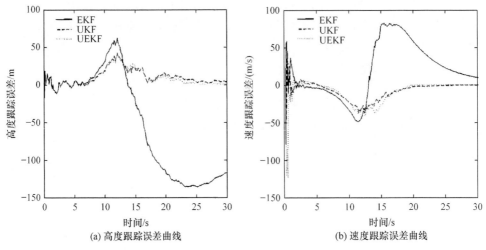

(a) 高度跟踪误差曲线　　　　　　　　(b) 速度跟踪误差曲线

图 2.9　跟踪误差曲线比较图

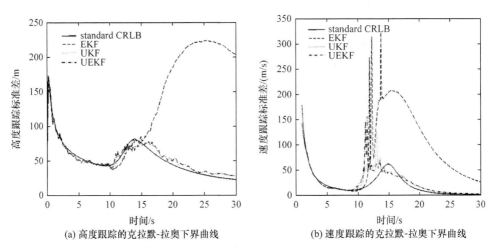

(a) 高度跟踪的克拉默-拉奥下界曲线　　　(b) 速度跟踪的克拉默-拉奥下界曲线

图 2.10　算法的克拉默-拉奥下界对比曲线

standard CRLB-标准克拉默-拉奥下界

三种算法的性能统计如表 2.4 所示。

表 2.4　不同算法性能统计表

性能参数	EKF	UKF	UEKF
高度跟踪误差均值/m	57.971 3	11.442 5	9.949 9
速度跟踪误差均值/(m/s)	−35.319 8	−9.971 3	−9.963 3
运算时间/s	1.178 771	8.252 716	3.227 560

注：仿真条件为 CPU 2.5GHz, DDR Memory 2G

　　利用不敏变换来生成 Sigma 粒子，利用 Sigma 粒子能够较为精确地表征概率密度函数的特有特性，应用于 EKF 算法中；并结合 EKF 算法运算时间快的优势，把原来 UKF 算法中的较为耗时的多矢量乘法计算转换为多个小矢量相乘后的加法运算，从而有效提升算法的运算速度。从图 2.9 和图 2.10 分析可知：UEKF 算法具有比 EKF 算法更优的跟踪性能，并具有比 UKF 算法略优的跟踪性能。从表 2.4 的统计性能分析可知：UKEF 算法时间远远小于 UKF 算法时间。

2.3　基于变结构自适应多模型箱粒子滤波的弹道目标跟踪

　　弹道导弹根据其飞行特性通常分为三个基本阶段：主动段、自由段和再入段 (张毅等，1999)。由于不同阶段的弹道导弹目标受力差异明显，所体现出来的动力学特性不尽相同。因此，国内外学者大多是针对弹道目标的某一具体运动阶段的跟踪问题进行了大量的研究，成果显著。然而，针对弹道目标全阶段跟踪的问题存在一定的局限性，具体体现为：①非线性强，难以用单个数学模型来描述整个弹道的飞行过程；②飞行阶段具体转换时间难以精确确定，采用普通跟踪方法在两个不同运动阶段转换时误差明显增大导致目标极易丢失。因此，目前主要采用交互多模型的方法来实现弹道目标在不同阶段的跟踪问题。

2.3.1　变结构自适应交互多模型跟踪方法

1. 方法描述

　　交互多模型算法的基本步骤为：输入交互、滤波、模型概率更新和输出融合，其中根据采用的滤波算法的不同又可细分为交互多模型卡尔曼滤波(interacting multiple-model Kalman filter，IMM-KF)、交互多模型不敏卡尔曼滤波(interacting multiple-model unscented Kalman filter，IMM-UKF)以及交互多模型粒子滤波 (interacting multiple-model particle filter，IMM-PF)等。

　　若要采用交互多模型算法，确定目标的运动模型集是关键。交互多模型算法的估计性能在很大程度上依赖于所使用的模型集。理论上，建立的运动模型需要覆盖目标的所有运动模式，这样就有了矛盾：一方面，为提高跟踪精度需要采用大量的模型来拟合目标的运动；另一方面，过多的模型会急剧增加计算量，反而导致估计性能的降低。因此，基于弹道目标飞行的不可逆的阶段性特性，采用一种可变多模型滤波方法，该方法基于弹道目标飞行的三个阶段模型集：主动段模型、自由段模型和再入段模型，采用时变的模型集合，各滤波器中的滤波算法采用箱粒子滤波算法(倪鹏等，2016；周政等，2014)。

2. 模型集

1) 主动段模型

假设目标状态向量为 $X=[x,y,z,v_x,v_y,v_z,x_7,x_8]$，弹道导弹在主动段的运动方程为

$$
\begin{cases}
\mathrm{d}x/\mathrm{d}t = v_x \\
\mathrm{d}y/\mathrm{d}t = v_y \\
\mathrm{d}z/\mathrm{d}t = v_z \\
\mathrm{d}v_x/\mathrm{d}t = -f_{\mathrm{M}} \cdot \dfrac{x}{\|\boldsymbol{r}\|^3} + x_7 \cdot \dfrac{v_x}{\sqrt{v_x^2+v_y^2+v_z^2}} \\
\mathrm{d}v_y/\mathrm{d}t = -f_{\mathrm{M}} \cdot \dfrac{y}{\|\boldsymbol{r}\|^3} + x_7 \cdot \dfrac{v_y}{\sqrt{v_x^2+v_y^2+v_z^2}} \\
\mathrm{d}v_z/\mathrm{d}t = -f_{\mathrm{M}} \cdot \dfrac{x_3}{\|\boldsymbol{r}\|^3} + x_7 \cdot \dfrac{v_z}{\sqrt{v_x^2+v_y^2+v_z^2}} \\
\mathrm{d}x_7/\mathrm{d}t = x_7 \cdot x_8 \\
\mathrm{d}x_8/\mathrm{d}t = x_8^2
\end{cases}
\tag{2.79}
$$

其中，$\|\boldsymbol{r}\| = \sqrt{x^2+y^2+z^2}$；$x$、$y$、$z$ 为目标位置分量；v_x、v_y、v_z 为目标速度分量；x_7 是推力与气动阻力的合力产生的加速度值；x_8 是目标质量的变化。

对式(2.79)采用数值积分的方法获得状态转移矩阵。

2) 自由段模型

弹道目标在自由段飞行时，受力相对于其他两个阶段来讲较简单、稳定，弹头主要在重力的作用下飞行，其他力如气动阻力、摄动力可以忽略。假设在 ECEF 坐标系下，目标状态向量为 $X=[x,y,z,v_x,v_y,v_z,a_x,a_y,a_z]$，建立弹道导弹自由段的运动方程如下：

$$
\begin{cases}
\mathrm{d}x \,/\, \mathrm{d}t = v_x \\[4pt]
\mathrm{d}y \,/\, \mathrm{d}t = v_y \\[4pt]
\mathrm{d}z \,/\, \mathrm{d}t = v_z \\[4pt]
\mathrm{d}v_x \,/\, \mathrm{d}t = -\mu \cdot \dfrac{x}{\|\boldsymbol{r}\|^3} + 2\omega \cdot v_y + \omega^2 \cdot x \\[8pt]
\mathrm{d}v_y \,/\, \mathrm{d}t = -\mu \cdot \dfrac{y}{\|\boldsymbol{r}\|^3} + 2\omega \cdot v_x + \omega^2 \cdot y \\[8pt]
\mathrm{d}v_z \,/\, \mathrm{d}t = -\mu \cdot \dfrac{z}{\|\boldsymbol{r}\|^3} \\[8pt]
\mathrm{d}^2 x \,/\, \mathrm{d}t^2 = a_x \\[4pt]
\mathrm{d}^2 y \,/\, \mathrm{d}t^2 = a_y \\[4pt]
\mathrm{d}^2 z \,/\, \mathrm{d}t^2 = a_z
\end{cases}
\tag{2.80}
$$

其中，ω 为地球自转角速度，取值为 $7.292115 \times 10^{-5}\,\mathrm{rad/s}$。

与主动段一样，对式(2.80)采用数值积分的方法获得状态转移矩阵。

3) 再入段模型

目前弹道目标再入段的跟踪主要采用基于分段匀加速模型的非线性滤波算法来实现。假设 $k+1$ 时刻，在空气动力作用下的弹道目标在再入段的运动方程为

$$
\begin{bmatrix} \boldsymbol{X}_{k+1} \\ \boldsymbol{p}_{k+1} \end{bmatrix} =
\begin{bmatrix} \boldsymbol{F} & \boldsymbol{0} \\ \boldsymbol{0} & \boldsymbol{I} \end{bmatrix}
\begin{bmatrix} \boldsymbol{X}_k \\ \boldsymbol{p}_k \end{bmatrix} +
\begin{bmatrix} \boldsymbol{G} \\ \boldsymbol{0} \end{bmatrix} \boldsymbol{J}_k +
\begin{bmatrix} \boldsymbol{W}_k^{\mathrm{CA}} \\ \boldsymbol{W}_{pk} \end{bmatrix}
\tag{2.81}
$$

其中，状态向量 $\boldsymbol{X} = [x, v_x, a_x, y, v_y, a_y, z, v_z, a_z, 0, 0, \gamma]$；$\boldsymbol{F} = \mathrm{blkdiag}(F_x, F_y, F_z)$ 为状态转移矩阵[blkdiag() 是对角阵构建函数]；$\boldsymbol{p}_k$ 为 Jerk 动力学模型参数向量；$\boldsymbol{G}$ 为加速度输入阵；$\boldsymbol{J}_k = [\ddot{x} \quad \ddot{y} \quad \ddot{z}]^{\mathrm{T}}$ 为模型的 Jerk 部分；$\boldsymbol{W}_k^{\mathrm{CA}}$ 是以 $\boldsymbol{Q}_k = \mathrm{blkdiag}$ $(\sigma_{ax}^2 \boldsymbol{q}, \sigma_{ay}^2 \boldsymbol{q}, \sigma_{az}^2 \boldsymbol{q})$ 为方差阵的高斯噪声，$\boldsymbol{q}$ 为稳态精度调节因子，加速度瞬时方差 $\sigma_{ak}^2 = [\sigma_{ax}^2 \quad \sigma_{ay}^2 \quad \sigma_{az}^2]$，其中 σ_{ax}^2、σ_{ay}^2 和 σ_{az}^2 分别为 x 方向、y 方向和 z 方向加速度的瞬时方差；$\boldsymbol{W}_{pk}$ 为参数维纳模型的过程噪声，方差矩阵为 $\boldsymbol{Q}_{pk}$。

3. 模型集间的转移概率

根据弹道目标飞行阶段的定义，其过程具有一定的不可逆性和可测性，即处于自由段飞行的弹道目标不可能再转移到主动段飞行；或者处于主动段飞行的弹道目标不可能一下转移到再入段飞行，如图 2.11 所示。

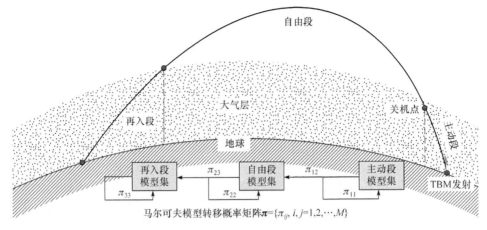

图 2.11　基于弹道飞行阶段的模型转移概率

图 2.11 中，π_{11} 为保留在主动段的概率；π_{12} 为从主动段转移到自由段的概率；π_{22} 为保留在自由段的概率；π_{23} 为从自由段转移到再入段的概率；π_{33} 为保留在再入段的概率。因此，可以得到基于飞行阶段特性的马尔可夫转移概率矩阵为

$$\boldsymbol{\pi} = \begin{bmatrix} \pi_{11} & \pi_{12} & 0 \\ 0 & \pi_{22} & \pi_{23} \\ 0 & 0 & \pi_{33} \end{bmatrix} \tag{2.82}$$

全阶段连续性跟踪算法的关键点在于对弹道目标在两个不同飞行阶段交替处的稳定持续跟踪性能。在交替处，确定弹道目标当前的飞行状态是有一定难度的。有别于传统根据位置和速度等运动特征来评判目标所处飞行阶段，本算法中采用了当前模型概率来确定当前所处的飞行阶段，即

$$\max\{p_i\} \geqslant \alpha, \quad i = 1, 2, 3 \tag{2.83}$$

式中，p_i 表示第 i 个模型正确描述的概率；α 为一个参数设置，一般设为 0.8。这样，可得到对应的处于各飞行阶段的模型集如表 2.5 所示。

表 2.5　各飞行阶段的模型集

飞行阶段	模型集
主动段	主动段模型、自由段模型
自由段	自由段模型、再入段模型
再入段	再入段模型
未知阶段	主动段模型、自由段模型、再入段模型

2.3.2　箱粒子滤波

箱粒子滤波(box particle filter, BPF)是在序列蒙特卡罗和区间分析有机结合的框架下的一种"广义粒子滤波算法",旨在用"区间结构"处理非高斯或有偏量测下的非线性滤波,可减少运算时间,适用于分布式滤波。其主要思想就是用状态空间内多维区间或非零凸多面体代替传统粒子,用箱粒子和误差界限模型来取代传统的点粒子和误差统计模型,进而拟合后验概率密度进行滤波。用箱粒子替代普通粒子克服了因量测不确定性导致需要大量的粒子数来拟合后验概率密度的实时性问题,相对于粒子滤波具有粒子数少、复杂度低、实时性好的优点。

在弹道导弹跟踪中,由于对弹道导弹运动缺乏相关先验知识,系统模型中存在随机误差和统计误差,量测信息具有一定的差异性和模糊性,对跟踪结果造成恶劣影响,而基于区间分析的箱粒子滤波是一种很好的解决方法。

箱粒子滤波的主要流程如下。

(1) 箱粒子初始化与新生箱粒子。

用一组带权值的箱粒子集 $\left\{ w_k^{(i)}, \left[\boldsymbol{x}_k^{(i)} \right] \right\}_{i=1}^N$ 表示 k 时刻的后验概率密度函数。

(2) 箱粒子预测。

先验概率密度 $p(\boldsymbol{x}_{k+1} \mid \boldsymbol{Z}_k)$ 的计算为

$$
\begin{aligned}
p(\boldsymbol{x}_{k+1} \mid \boldsymbol{Z}_k) &\approx \int_{n_x} p(\boldsymbol{x}_{k+1} \mid \boldsymbol{x}_k) \sum_{i=1}^N w_k^{(i)} U_{\left[\boldsymbol{x}_k^{(i)}\right]} \left[\boldsymbol{x}_k \right] \mathrm{d}\boldsymbol{x}_k \\
&= \sum_{i=1}^N w_k^{(i)} \int_{\left[x_k^{(i)}\right]} p(\boldsymbol{x}_{k+1} \mid \boldsymbol{x}_k) U_{\left[\boldsymbol{x}_k^{(i)}\right]} \left[\boldsymbol{x}_k \right] \mathrm{d}\boldsymbol{x}_k
\end{aligned}
\tag{2.84}
$$

箱粒子状态更新方程为

$$
\left\{ \left[\boldsymbol{x}_{k+1\|k}^{(i)} \right] = [f]\left(\left[\boldsymbol{x}_k^{(i)} \right] \right) + \left[\boldsymbol{v}_k \right] \right\}_{i=1}^N
\tag{2.85}
$$

其中,$[f]$ 为包含函数,假设 $k+1$ 时刻噪声 $\boldsymbol{v}_k$ 量测为 $\left[\boldsymbol{v}_k \right]$,则对于 $\forall i = 1, 2, \cdots, N$,如果 $\boldsymbol{x}_k \in \left[\boldsymbol{x}_k^{(i)} \right]$,则 $\boldsymbol{x}_k \in [f]\left(\left[\boldsymbol{x}_k^{(i)} \right] + \left[\boldsymbol{v}_k \right] \right)$ 可推导出:

$$
p(\boldsymbol{x}_{k+1} \mid \boldsymbol{x}_k) U_{\left[\boldsymbol{x}_k^{(i)}\right]} \left[\boldsymbol{x}_k \right] = 0, \quad \boldsymbol{x}_k \notin [f]\left(\left[\boldsymbol{x}_k^{(i)} \right] + \left[\boldsymbol{v}_k \right] \right), \quad i = 1, 2, \cdots, N
\tag{2.86}
$$

利用区间分析,$\int_{\left[\boldsymbol{x}_k^{(i)}\right]} p(\boldsymbol{x}_{k+1} \mid \boldsymbol{x}_k) U_{\left[\boldsymbol{x}_k^{(i)}\right]} \left[\boldsymbol{x}_k \right] \mathrm{d}\boldsymbol{x}_k$ 可用 $[f]\left(\left[\boldsymbol{x}_k^{(i)} \right] + \left[\boldsymbol{v}_k \right] \right)$ 去近似。这样式(2.84)中的分量就可等价为

$$
\int_{\left[\boldsymbol{x}_k^{(i)}\right]} p(\boldsymbol{x}_{k+1} \mid \boldsymbol{x}_k) U_{\left[\boldsymbol{x}_k^{(i)}\right]} \left[\boldsymbol{x}_k \right] \mathrm{d}\boldsymbol{x}_k \approx U_{[f]\left(\left[\boldsymbol{x}_k^{(i)}\right]\right)+\left[\boldsymbol{v}_k\right]}(\boldsymbol{x}_{k+1})
\tag{2.87}
$$

进一步得到预测概率密度函数为

$$p(\boldsymbol{x}_{k+1} \mid \boldsymbol{Z}_k) \approx \sum_{i=1}^{N} w_k^{(i)} U_{[f]([\boldsymbol{x}_k^{(i)}]) + [\boldsymbol{v}_k]}(\boldsymbol{x}_{k+1})$$
$$= \sum_{i=1}^{N} w_k^{(i)} U_{[\boldsymbol{x}_{k+1|k}^{(i)}]}(\boldsymbol{x}_{k+1}) \tag{2.88}$$

(3) 箱粒子的量测更新。

式(2.88)表明 N 个权值为 $w_k^{(i)}$、区间支撑集为 $[\boldsymbol{x}_{k+1|k}^{(i)}]$ 的均匀 PDF 可加权近似预测状态 $p(\boldsymbol{x}_{k+1} \mid \boldsymbol{Z}_k)$。量测噪声 $\boldsymbol{w}_k$ 的概率模型 p_W 由均匀 PDF 之和表示,此时箱量测 $[\boldsymbol{z}_{k+1}]$ 则包含 $g(\boldsymbol{x}_{k+1}) + \boldsymbol{w}_k$,量测更新公式为

$$p(\boldsymbol{x}_{k+1} \mid \boldsymbol{Z}_k) = \frac{1}{\alpha_{k+1}} p(\boldsymbol{x}_k \mid \boldsymbol{Z}_k) p(\boldsymbol{z}_{k+1} \mid \boldsymbol{x}_{k+1})$$
$$= \frac{1}{\alpha_{k+1}} U_{[\boldsymbol{z}_{k+1}]}(g(\boldsymbol{x}_{k+1})) \sum_{i=1}^{N} w_k^{(i)} U_{[\boldsymbol{x}_{k+1|k}^{(i)}]}(\boldsymbol{x}_{k+1}) \tag{2.89}$$
$$= \frac{1}{\alpha_{k+1}} \sum_{i=1}^{N} w_k^{(i)} U_{[\boldsymbol{z}_{k+1}]}(g(\boldsymbol{x}_{k+1})) U_{[\boldsymbol{x}_{k+1|k}^{(i)}]}(\boldsymbol{x}_{k+1})$$

其中,$U_{[\boldsymbol{z}_{k+1}]}(g(\boldsymbol{x}_{k+1})) U_{[\boldsymbol{x}_{k+1|k}^{(i)}]}(\boldsymbol{x}_{k+1})$ 为常数函数,且 $S_i \subset n_x$,S_i 计算如下:

$$S_i = \left\{ \boldsymbol{x}_{k+1} \in \left[\boldsymbol{x}_{k+1|k}^{(i)} \right] \mid g(\boldsymbol{x}_{k+1}) \in [\boldsymbol{z}_{k+1}] \right\} \tag{2.90}$$

式(2.90)定义了约束满足问题,即通过箱量测和预测函数之间的约束关系对预测数值进行精确估算,消除原箱粒子中多余的部分,这个过程也称为箱粒子收缩。收缩后的箱粒子表示为 $\left[\tilde{\boldsymbol{x}}_{k+1}^{(i)} \right]$,进而根据 $\left[\tilde{\boldsymbol{x}}_{k+1}^{(i)} \right]$ 拟合出 $p(\boldsymbol{x}_{k+1} \mid \boldsymbol{Z}_k)$。根据式(2.90)的集合 S_i,推导出:

$$U_{[\boldsymbol{z}_{k+1}]}(g(\boldsymbol{x}_{k+1})) U_{[\boldsymbol{x}_{k+1|k}^{(i)}]}(\boldsymbol{x}_{k+1})$$
$$= U_{[\boldsymbol{z}_{k+1}]}(g(\boldsymbol{x}_{k+1})) \frac{1}{\left[\boldsymbol{x}_{k+1|k}^{(i)} \right]} \|S_i\| U_{S_i}(\boldsymbol{x}_{k+1}) \tag{2.91}$$

结合式(2.87)和式(2.91)得出 $\left[\tilde{\boldsymbol{x}}_{k+1}^{(i)} \right] = S_i$,即 $\left[\tilde{\boldsymbol{x}}_{k+1}^{(i)} \right]$ 为包含 S_i 最小的箱,后验概率密度函数为

$$p(\boldsymbol{x}_{k+1} \mid \boldsymbol{Z}_k) = \frac{1}{\alpha_{k+1}} \sum_{i=1}^{N} w_k^{(i)} \frac{1}{\left\| [\boldsymbol{z}_{k+1}] \right\|} \frac{1}{\left\| [\boldsymbol{x}_{k+1|k}^{(i)}] \right\|} \|S_i\| U_{S_i}(\boldsymbol{x}_{k+1})$$

$$\approx \frac{1}{\alpha_{k+1}} \sum_{i=1}^{N} w_k^{(i)} \frac{1}{\left[\!\left[z_{k+1} \right]\!\right]} \frac{1}{\left[\!\left[x_{k+1|k}^{(i)} \right]\!\right]} \left[\!\left[\tilde{x}_{k+1}^{(i)} \right]\!\right] U_{\tilde{x}_{k+1}^{(i)}} \left(x_{k+1} \right)$$

$$\propto \sum_{i=1}^{N} w_k^{(i)} \frac{\left[\!\left[\tilde{x}_{k+1}^{(i)} \right]\!\right]}{\left[\!\left[x_{k+1|k}^{(i)} \right]\!\right]} U_{\tilde{x}_{k+1}^{(i)}} \left(x_{k+1} \right) \tag{2.92}$$

(4) 箱粒子权值更新。

箱粒子 $\left[x_{k+1|k}^{(i)} \right]$ 经过约束传播后变成 $\left[\tilde{x}_{k+1}^{(i)} \right]$，计算其似然函数为

$$L_k^{(l)} = \prod_{j=1}^{n_x} L_k^{(l)}(j) \tag{2.93}$$

其中，$L_k^{(l)}(j) = \dfrac{\left[\!\left[\tilde{x}_{k+1}^{(i)}(j) \right]\!\right]}{\left[\!\left[x_{k+1|k}^{(i)} \right]\!\right]}$，$\left[\tilde{x}_{k+1}^{(i)}(j) \right]$ 代表第 i 个经过收缩的箱粒子；n_x 表示状态

维数。用一组加权箱粒子 $\left\{ \tilde{w}_{k+1}^{(i)}, \left[\tilde{x}_{k+1}^{(i)} \right] \right\}_{i=1}^{N}$ 来表示后验概率密度函数 $p(x_{k+1} | Z_{k+1})$，

其中 $\tilde{w}_{k+1}^{(i)} \propto \tilde{w}_k^{(i)} \cdot L_k^{(i)}$。

(5) 箱粒子状态提取。

箱粒子状态提取函数为

$$\hat{x}_{k+1} = \sum_{i=1}^{N} \tilde{w}_{k+1}^{(i)} \cdot \mathrm{mid}\left(\tilde{x}_{k+1}^{(i)} \right) \tag{2.94}$$

其中，$\mathrm{mid}(\cdot)$ 表示取中心点。

(6) BPF 重采样与新生箱粒子。

为了保持数目少且为区间化箱粒子的多样性，必须进行重采样。一般采用随机子划分重采样方法得到重采样结果 $\left\{ \left[x_{k+1}^{(i)} \right], w_{k+1}^{(i)} = \dfrac{1}{N} \right\}_{i=1}^{N}$，即在每个时刻将滤波得到的状态箱粒子随机选取其状态的一维进行均匀子划分，以使箱粒子能够保持一个合适的大小，不仅可以去除箱粒子多余的部分，还可以满足下一时刻滤波的需要。需要说明的是，每一时刻都需要对箱粒子进行划分，必须在预测部分实时加入新的箱粒子来防止箱粒子退化。

由于新的目标产生于有量测的地方，需要用一组均匀分布概率密度函数的和表示新生目标的状态 PDF。因此，可以通过上一时刻的量测产生新的箱粒子。也就是说，新生概率密度可以用 N_b 个权值均为 $1/N_b$ 的箱粒子 $\left\{ \left[x_{b,k}^i \right] \right\}_{i=1}^{N_b}$ 的和代替，具体如下：

$$\beta\left(x | [z] \right) = \frac{1}{N_b} \sum_{i=1}^{N_b} U_{\left[x_{b,k}^i \right]}(x) \tag{2.95}$$

其中，目标状态向量箱粒子 $\left[\boldsymbol{x}_{b,k}^{i}\right]=\left[\left[\boldsymbol{q}\right]^{\mathrm{T}},\left[\boldsymbol{u}\right]^{\mathrm{T}}\right]^{\mathrm{T}}$，$[\boldsymbol{q}]$ 表示量测分量，$[\boldsymbol{u}]$ 表示非量测分量。对于量测分量，可以通过量测函数的反函数求解得到，即 $[\boldsymbol{q}]=\left[h_{k}^{-1}\right]([\boldsymbol{z}])$；对于非量测分量，可用一个包含其先验值的均匀分布表示，即 $[\boldsymbol{u}]=\left[\mathrm{support}\left(p_{0}\left(\boldsymbol{u}\right)\right)\right]$。$U_{\left[x_{b,k}^{i}\right]}(\boldsymbol{x})$ 表示目标状态向量箱粒子 $\boldsymbol{x}_{b,k}^{i}$ 上的均匀分布，那么，产生的每个箱粒子的权值均为 $w_{b,k}^{i}=1/N_{b}$，$i=1,2,\cdots,N_{b}$。

图 2.12 表示了二维空间上的重采样过程。

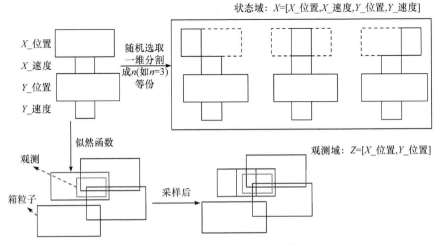

图 2.12　基于随机-均匀子划分的重采样过程

综上所述，箱粒子滤波的伪代码如算法 2.1 所示。

算法 2.1　BPF 算法流程

输入：$[v_i]$，Y_t，$\{X_t^{(j)},w_t^{(j)}\}_{j=1}^{N_p}$

① 似然函数计算

For $i=1,2,\cdots,N$　（目标数）

利用 t 时刻的量测集 $Y_{t,i}$，产生新的箱粒子，得到：$\left\{[X_{t,i}^{(j)}],w_{t,i}^{(j)}=\dfrac{1}{N_p}\right\}_{j=1}^{N_p}$；

For $j=1,2,\cdots,N_p$

预测：$[x_{t+1|t}^{(i)}]=[f]([x_t^{(i)}])+[w_t]$；预测量测：$[z_{t+1,i}^{(j)}]=[h]([x_{t+1|t}^{(j)}])+[v_t]$；

区间新息：$[r_{t+1,i}^{(j)}]=[z_{t+1,i}^{(j)}]\bigcap[z_{t+1,i}]$，$[z_{t+1,i}]$ 为 $t+1$ 时刻目标 i 的实际区间量测；

收缩算法：如果 $[r_{t+1,i}^{(j)}]\neq\varnothing$，利用 $[r_{t+1,i}^{(j)}]$ 和 CP 方法收缩 $[x_{t+1,i}^{(j)}]$，得到 $[\tilde{x}_{t+1,i}^{(j)}]$；

　　　　　　否则，$[\tilde{x}_{t,i}^{(j)}]=\varnothing$；

似然函数：$L_t^{(j)}=\prod\limits_{n=1}^{n_x}L_t^{(j)}(n)$，其中 $L_t^{(j)}(n)=\dfrac{|[\tilde{x}_{t+1}^{(i)}(n)]|}{|[x_{t+1|t}^{(i)}(n)]|}$，$n_x$ 表示状态维数；

End

End

② 更新并归一化权重，得到 $w_{t,i}^{(j)}$，并最终得到 $t+1$ 时刻所有目标的箱粒子的集合：

$$\{\boldsymbol{X}_{t+1}^{(j)}, w_t^{(j)}\}_{j=1}^{N_p} = \left\{\left([\boldsymbol{\bar{x}}_{t+1,i}^{(j)}], w_{t+1,i}^{(j)}\right)_{i=1}^{N}\right\}_{j=1}^{N_p}$$

③ 利用抽样样本和权重，估计目标状态

$$\hat{\boldsymbol{x}}_{t+1,i} = \sum_{j=1}^{N} w_{t+1,i}^{(j)} \cdot \text{mid}\left([\boldsymbol{\bar{x}}_{t+1,i}^{(j)}]\right)$$

$$\hat{P}_{t+1,i} = \sum_{i=1}^{N} w_{k+1}^{(i)} \left(\left(\hat{\boldsymbol{x}}_{k+1} - \text{mid}([\boldsymbol{\bar{x}}_{t+1}^{(i)}])\right) \cdot \left(\hat{\boldsymbol{x}}_{k+1} - \text{mid}([\boldsymbol{\bar{x}}_{k+1}^{(i)}])\right)^T\right)$$

其中，$\text{mid}(\cdot)$ 表示取中心点，最终得到 $\hat{\boldsymbol{X}}_t = \{\hat{\boldsymbol{x}}_{t,i}\}_{i=1}^{N}$；

④ 随机子划分重采样得到

$$\left\{[\boldsymbol{x}_{t+1,i}^{(j)}], w_{t+1}^{(j)} = \frac{1}{N_p}\right\}_{j=1}^{N_p}$$

输出：$\{\boldsymbol{X}_{t+1}^{(j)}, w_{t+1}^{(j)}\}_{j=1}^{N_p}$，$\hat{\boldsymbol{X}}_{t+1}$，$\hat{P}_{t+1}$

2.3.3　交互多模型箱粒子滤波算法

在确定飞行阶段以及相对应的模型集后，模型间的交互采用交互多模型算法结构来进行。对于各模型，产生一组箱粒子，这组箱粒子经过输入交互、箱粒子滤波后进行重采样，最后进行输出交互，如此不断循环递推传播更新这些箱粒子，以完成对目标状态的估计。算法结构如图 2.13 所示。

如图 2.13 所示，交互多模型箱粒子滤波算法包括以下几个步骤：①初始化；②输入交互；③滤波；④模型概率更新；⑤滤波交互输出。

1) 初始化(新生箱粒子)

在模型失配的情况下，即目标预测与量测之间误差较大的时候，通过约束传播后的收缩箱粒子会迅速退化，因此，需要在预测前进行初始化，根据当前量测补入新生箱粒子。具体步骤如下：

根据 $k-1$ 时刻得到的目标量测 $[z_{k-1}]$，模型 i 产生一组新生箱粒子 $\left[\boldsymbol{x}_{i,k-1|k-1}^{(m)}\right]$，$m=1,2,\cdots,M_0$，$M_0$ 是新生箱粒子数；同时，保留 $k-2$ 时刻重采样后的模型 i 的箱粒子 $\left[\boldsymbol{x}_{i,k-1|k-1}^{(n)}\right]$，$m=1,2,\cdots,N_0$，$N_0$ 是持续箱粒子数。则第 i 个模型的箱粒子状态集由新生箱粒子和持续箱粒子共同组成，即

$$\left\{\left[\boldsymbol{x}_{i,k-1|k-1}^{(l)}\right]\right\}_{l=1}^{N'} = \left\{\left[\boldsymbol{x}_{i,k-1|k-1}^{(m)}\right]\right\}_{l=1}^{M_0} \cup \left\{\left[\boldsymbol{x}_{i,k-1|k-1}^{(n)}\right]\right\}_{l=1}^{N_0} \tag{2.96}$$

易知，模型 i 的总的箱粒子数 $N' = M_0 + N_0$。

2) 输入交互

首先计算模型转移混合概率为

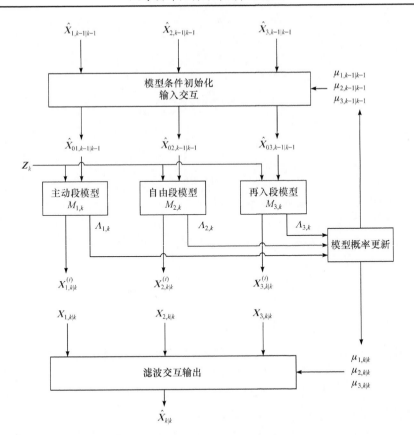

图 2.13　交互多模型箱粒子滤波算法结构图

$$\mu_{i,k-1|k-1} = \frac{\pi_{ij} \cdot \mu_{i,k-1}}{\sum\limits_{i=1}^{M} \pi_{ij} \cdot \mu_{i,k-1}}, \quad i,j = 1,2,\cdots,M \tag{2.97}$$

然后，计算混合估计，即模型 j 的交互箱粒子输入为

$$\left[x_{0|j,k-1|k-1}^{(l)} \right] = \sum_{i=1}^{M} \mu_{i|l,k-1|k-1} \cdot \left[x_{i,k-1|k-1}^{(l)} \right] \tag{2.98}$$

3) 对各模型分别进行箱粒子滤波

(1) 预测状态为

$$\left[x_{j,k-1|k-1}^{(l)} \right] = \left[f_{j,k} \right] \left(\left[x_{0|j,k-1|k-1}^{(l)} \right] \right) + \left[w_k \right] \tag{2.99}$$

(2) 预测量测为

$$\left[z_{k|k-1}^{(l)} \right] = \left[h_{j,k} \right] \left(\left[x_{j,k|k-1}^{(l)} \right] \right) + \left[\varepsilon_k \right] \tag{2.100}$$

(3) 区间量测新息为

$$\left[\boldsymbol{r}_k^l \right] = \left[\boldsymbol{z}_k \right] \bigcap \left[\boldsymbol{z}_{k|k-1}^{(l)} \right] \tag{2.101}$$

(4) 箱粒子权重计算为

$$w_{j,k|k-1}^{(l)} = \left\| \left[\boldsymbol{r}_k^{(l)} \right] \right\| \Big/ \left\| \left[\boldsymbol{z}_{k|k-1}^{(l)} \right] \right\| \tag{2.102}$$

$$\overline{w}_{k|k-1}^{(l)} = \frac{\overline{w}_{k|k-1}^{(l)}}{\sum\limits_{l=1}^{N} \overline{w}_{k|k-1}^{(l)}} \tag{2.103}$$

(5) 收缩箱粒子。

对任意满足 $\left\{ \left[\boldsymbol{x}_{j,k|k-1}^{(l)} \right] \middle\| \left[\boldsymbol{r}_k^{(l)} \right] \neq \varnothing \right\}$ 的箱粒子 $\left[\boldsymbol{x}_{j,k|k-1}^{(l)} \right]$(与观测区域有交集的箱粒子),利用 CP 算法约束来得到一个新的箱粒子 $\left[\boldsymbol{x}_{j,k|k-1}^{(l)} \right]^{\text{new}}$。

(6) 重采样。

对 $\left\{ \left[\boldsymbol{x}_{j,k|k-1}^{(l)} \right]^{\text{new}}, \overline{w}_{j,k|k-1}^{(l)} \right\}_{l=1}^{N'}$ 进行重采样得到新的箱粒子集 $\left\{ \left[\boldsymbol{x}_{j,k|k}^{(l)} \right], \overline{w}_{j,k|k}^{(l)} = \dfrac{1}{N_0} \right\}_{l=1}^{N_0}$

$\left\{ \left[\boldsymbol{x}_{j,k|k}^{(l)} \right], \overline{w}_{j,k|k}^{(l)} = \dfrac{1}{N_0} \right\}_{l=1}^{N_0}$。

(7) 输出为

$$\left[\boldsymbol{x}_{j,k|k} \right] = \frac{1}{N_0} \sum_{l=1}^{N_0} \left[\boldsymbol{x}_{j,k|k}^{(l)} \right] \tag{2.104}$$

4) 模型概率更新

模型似然计算如下:

$$\Lambda_{j,k} = \sum_{l=1}^{N} w_{j,k|k-1}^{(l)} \Big/ N' \tag{2.105}$$

有别于标准的交互多模型贝叶斯模型似然计算,按式(2.105)所示,模型 j 的似然函数为量测更新后的箱粒子权重之和与采样前的箱粒子数量之间的比值。显然,由式(2.105)可以看出,若某个模型符合当前目标的运动状态,则该模型相应的箱粒子权值会相对大于其他模型的箱粒子权值;反之,模型不能正确描述当前目标运动状态,预测偏差就会变大,进而就会导致似然函数偏小。这样,通过式(2.106)就可以正确计算出更新后的模型概率,达到模型的选择,即

$$\mu_{i,k|k} = \frac{\Lambda_{j,k} \sum\limits_{i=1}^{M} \pi_{ij} \mu_{i,k-1|k-1}}{\sum\limits_{j=1}^{M} \Lambda_{j,k} \sum\limits_{i=1}^{M} \pi_{ij} \mu_{i,k-1|k-1}} \tag{2.106}$$

5) 滤波交互输出

$$\boldsymbol{x}_{k|k} = \sum_{j=1}^{M} \mu_{j,k|k} \cdot \mathrm{mid}\left[\boldsymbol{x}_{j,k|k}\right] \tag{2.107}$$

$$\boldsymbol{P}_{k|k} = \sum_{j=1}^{M} \mu_{j,k|k} \left\{ \sum_{i=1}^{N_S} w_k^i \left(x_{k|k,m} - \mathrm{mid}\left[x_{k|k,m}^i\right]\right) \cdot \left(x_{k|k,m} - \mathrm{mid}\left[x_{k|k,m}^i\right]\right)^{\mathrm{T}} \right.$$
$$\left. + \left(x_{k|k,m} - \sum_{i=1}^{N_S} w_k^i \mathrm{mid}\left[x_{k|k,m}^i\right]\right) \cdot \left(\hat{x}_{k|k,m} - \sum_{i=1}^{N_S} w_k^i \mathrm{mid}\left[x_{k|k,m}^i\right]\right)^{\mathrm{T}} \right) \tag{2.108}$$

2.3.4　仿真与分析

为了验证变结构交互多模-箱粒子滤波(VSAIMM-BPF)算法连续跟踪弹道目标飞行全阶段的能力，分别设定主动段与自由段交替、自由段与再入段交替的两个实验场景，选用变结构交互多模-不敏卡尔曼滤波(VSAIMM-UKF)算法、变结构交互多模-粒子滤波(VSAIMM-PF)算法与本节算法进行比较分析。

1) 仿真实验场景一

仿真飞行射程为 1000km 的弹道导弹，飞行时间为 486.5s，关机点时间为 48s，发射点坐标为(0, 0, 0)m，雷达站的坐标为(169420, 19480, 0)m。假定雷达的量测距离标准差 $\sigma_r = 100\mathrm{m}$，方位角和仰角的量测噪声为 $\sigma_E = 0.01°$（在执行 VSAIMM-BPF 算法时，噪声区间取 99%的置信区间，即建模时采用 $3\sigma_r$ 和 $3\sigma_E$；而量测的间隔长度 $\Delta = [\Delta r, \Delta E] = [150\mathrm{m}, 0.4°]$，设置 $\lambda_1 = 0.6, \lambda_2 = 0.4$），量测采样间隔 $T=0.5\mathrm{s}$，并且雷达第一次截获跟踪的距离为 170.54km，跟踪时长为 20～160s(目标飞行的时间)，具体如图 2.14 和图 2.15 所示。仿真平台采用 Matlab 2010b(需要使用 INTLAB 工具箱)，在主频为 3.10 GHz、内存为 2.0GB 的 PC 上运行。在同等仿真条件下分别采用 VSAIMM-UKF、VSAIMM-PF 和 VSAIMM-BPF 进行仿真实验。

(1) 算法模型转换概率仿真结果。

各算法的模型转换概率仿真结果如图 2.16 所示。

从图 2.16 可以看出，三种算法下的三个模型都在特定的时间内各自起作用。从雷达截获目标(采样时刻 0s，对应目标飞行时间第 20s)到雷达采样时刻 28s(对应目标飞行时间第 48s)主要起作用的是主动段模型。此阶段下，模型集为主动段模型和自由段模型，而再入段模型的概率为 0。当目标处于自由段飞行时(采样时刻大于 28s)，起主要作用的是自由段模型。此阶段下，模型集为自由段模型和再入段模型，而主动段模型的概率为 0。在主动段与自由段的交替处(采样时刻 28s 前后)，清晰地划分出了目标飞行阶段的转换时刻。一方面，主动段模型起的作用在减小，其概率逐渐下降到门限 0.8 以下，系统判定处于未知阶段(模型集中的模型

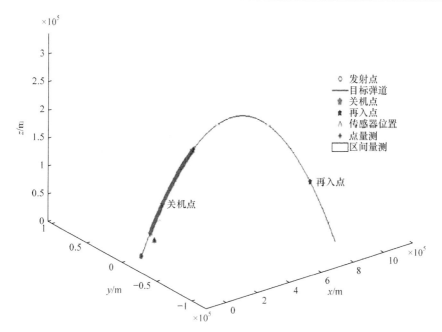

图 2.14　仿真实验场景一

图 2.15　仿真实验场景一的局部放大(区间量测)

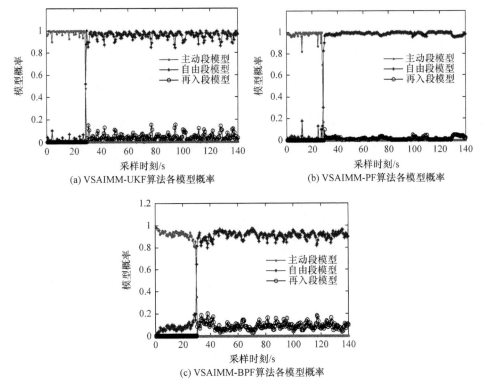

(a) VSAIMM-UKF算法各模型概率　　　　　　(b) VSAIMM-PF算法各模型概率

(c) VSAIMM-BPF算法各模型概率

图 2.16　仿真实验场景一中三种模型对应的转换概率仿真结果

概率都没有达到门限)。另一方面，自由段的模型起的作用在增加，一旦其概率上升到门限 0.8 以上，则使得系统判断处于自由段飞行阶段，主动段模型则不再起作用。

　　三种算法下，目标处于主动段飞行阶段时，主动段模型的概率分别约占 96%(VSAIMM-UKF)、97%(VSAIMM-PF)和 90%(VSAIMM-BPF)；而目标处于自由段飞行阶段时，自由段模型的概率则分别约占 93%(VSAIMM-UKF)、95%(VSAIMM-PF) 和 91%(VSAIMM-BPF)，与实际相符。也就是说采用 VSAIMM-BPF 算法，一方面,针对弹道目标飞行的阶段性特点设计的变结构模型，解决了 IMM 算法下模型集选择的难题，有效降低了计算的复杂度；另一方面，模型之间的切换可以快速地反应出目标飞行阶段状态的变化，具有一定的飞行阶段识别能力，进而可实现对目标的自适应状态估计。

　　(2) 状态估计误差结果。

　　在仿真实验场景一中，VSAIMM-UKF 算法、VSAIMM-PF 算法和 VSAIMM-BPF 算法分别在 x、y 和 z 方向上估计目标位置的均方根误差曲线如图 2.17 所示；VSAIMM-UKF 算法、VSAIMM-PF 算法和 VSAIMM-BPF 算法分别在 x、y 和 z 方向上估计目标跟踪的速度均方根误差曲线如图 2.18 所示。

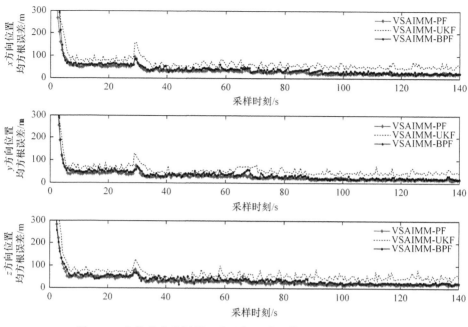

图 2.17　在仿真实验场景一中目标跟踪的位置均方根误差对比

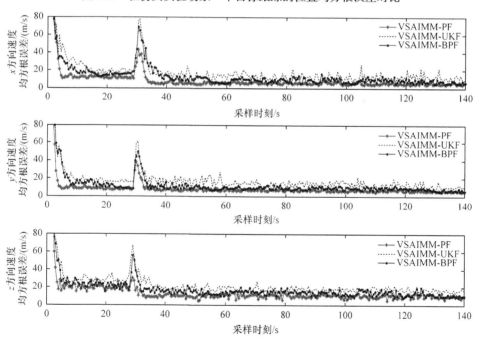

图 2.18　在仿真实验场景一中目标跟踪的速度均方根误差对比

从图 2.17 和图 2.18 可以看出，VSAIMM-BPF 算法与 VSAIMM-PF 算法总体跟踪性能相当，在跟踪后期，算法收敛后，VSAIMM-BPF 算法有时甚至稍好于 VSAIMM-PF 算法。另外，在弹道目标飞行阶段的交替处，无论是 VSAIMM-UKF 算法、VSAIMM-BPF 算法还是 VSAIMM-PF 算法跟踪误差都有所增大。对比图 2.17 和图 2.18，可以从中看到在目标飞行阶段交替处的几秒内，VSAIMM-BPF 算法的速度误差相对其他算法而言较大，而位置误差却相对较小(收敛也较快)，即两者存在着不一致性。这是由于跟踪误差是由 VSAIMM 滤波器中起主要作用的模型所决定的，在飞行阶段交替处，当前模型与目标运动状态不相符，误差较大，而 BPF 采用均匀分布来拟合，需要通过几个采样时刻的重采样和模型概率来修正、减少误差。虽然在速度维上的误差较大，但是通过箱粒子滤波的收缩步骤(CP 算法)，在状态转移后的箱粒子是包含了量测的，也就是说收缩后的箱粒子是与量测重合的，最后也是取收缩后的箱粒子的中心作为状态，因此实际上所存在的误差是较小的。

三种算法的性能如表 2.6 所示。

表 2.6　三种算法性能对比

算法类型	观测时间内状态估计平均误差		(箱)粒子		单次运行时间/s
	位置/m	速度/(m/s)	持续(箱)粒子	新生(箱)粒子	
VSAIMM-UKF	93.6821	15.8817	—	—	18.9815
VSAIMM-PF	48.5593	8.1428	1000	500	105.1189
VSAIMM-BPF	53.0643	8.9668	50	10	33.1660

从表 2.6 可以看出，VSAIMM-BPF 算法采用 50 个箱粒子的跟踪精度就相当于采用了 1000 个粒子的 VSAIMM-PF 算法的跟踪精度，并且在计算效率上提高了将近 3 倍。

2) 仿真实验场景二

同样的目标特性场景和仿真实验条件，雷达站位置改为(729420, −59482, 0)m，再入点的时间为目标飞行时间第 368s，假定雷达在距离 540.51km 处第一次截获跟踪目标，跟踪时长为 314～425s(目标飞行时间)。仿真实验场景如图 2.19 和图 2.20 所示，

(1) 算法模型转换概率仿真结果。

各算法的模型转换概率仿真结果如图 2.21 所示。

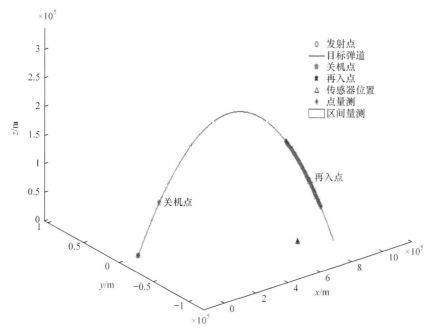

图 2.19 仿真实验场景二

图 2.20 仿真实验场景二的局部放大(区间量测)

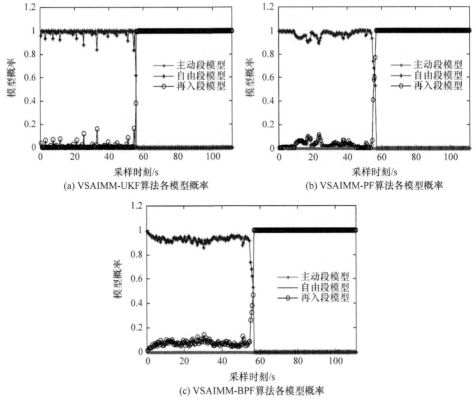

图 2.21　在仿真实验场景二下三种模型对应的转换概率仿真结果

可以看出，由于目标已经处于自由段(或者是再入段)飞行阶段，根据本书的 VSAIMM 算法模型集策略，主动段模型不再起作用，即主动段模型概率为 0。当目标处于自由段飞行时(采样时刻 0～55s)，主要起作用的是自由段模型，模型集为自由段模型和再入段模型。在目标进入再入段后(采样时刻大于 55s)，再入段模型起主要作用，再入段模型概率一旦高于设定的门限，则模型集转化为自由段模型，即自由段模型概率为 1。

(2) 状态估计误差结果。

在仿真实验场景二下，三种算法分别在 x、y 和 z 方向上估计目标位置的均方根误差曲线如图 2.22 所示；三种算法在 x、y 和 z 方向上相应的估计目标跟踪的速度均方根误差曲线如图 2.23 所示。

从图 2.22 和图 2.23 可以看出，VSAIMM-BPF 算法远好于 VSAIMM-UKF 算法，与 VSAIMM-PF 算法总体跟踪性能相当。在弹道目标飞行阶段的交替处，三种算法的跟踪误差都有所增大，其中 VSAIMM-UKF 算法有着较大的起伏。

三种算法具体的性能对比统计结果如表 2.7 所示。

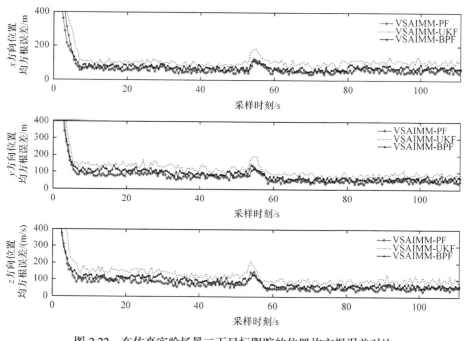

图 2.22　在仿真实验场景二下目标跟踪的位置均方根误差对比

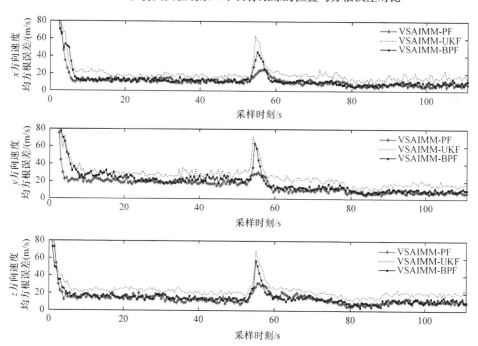

图 2.23　在仿真实验场景二下目标跟踪的速度均方根误差对比

表 2.7　三种算法性能对比

算法类型	观测时间内状态估计平均误差		(箱)粒子		单次运行时间/s
	位置/m	速度/(m/s)	持续(箱)粒子	新生(箱)粒子	
VSAIMM-UKF	73.8532	11.1203	—	—	14.3107
VSAIMM -PF	34.8218	5.8435	1000	500	85.1496
VSAIMM -BPF	40.6317	6.5981	50	10	27.3211

通过仿真实验，可以看出：根据弹道目标在不同飞行阶段的受力情况构建与之相适应的模型，并通过 VSAIMM-BPF 算法得到的跟踪效果优于 VSAIMM-UKF 算法，与 VSAIMM-PF 算法总体上滤波效果相当。区间量测下的 VSAIMM-BPF 算法相比于点量测虽然牺牲了一点跟踪精度，但是它在分布式多传感器网络中更加符合当前系统的实际状态，有效地减小了模型切换时产生的跟踪误差，与传统跟踪算法相比能较平稳地连续跟踪弹道目标飞行的全阶段。尤其是在计算效率方面，在达到相似精度条件下，VSAIMM-BPF 算法比 VSAIMM-PF 算法的效率提高了近 3 倍。

参 考 文 献

刘昌云. 2014. 雷达机动目标运动模型与跟踪算法研究[D]. 西安: 西安电子科技大学.

刘永兰. 2012. 高精度弹道预测与跟踪滤波算法研究[D]. 西安: 空军工程大学.

倪鹏, 刘进忙, 刘昌云. 2016. 基于箱粒子滤波的再入弹道目标跟踪[J]. 现代防御技术, 44(5): 76-80.

汪云, 张纳温, 刘昌云. 2013. 基于 IAUKF 的再入弹道目标跟踪算法研究[J]. 科学技术与工程, 13(20): 6029-6033.

张纳温, 汪云, 刘昌云, 等. 2014. 基于极大后验估计的 STUKF 算法跟踪再入弹道目标[J]. 空军工程大学学报(自然科学版), 15(5): 25-29.

张毅, 杨辉耀, 李俊莉. 1999. 弹道导弹弹道学[M]. 长沙: 国防科技大学出版社.

周政, 刘进忙, 郭相科. 2014. 基于随机模型近似的再入目标自适应跟踪算法[J]. 北京航空航天大学学报, 40(5): 651-657.

Liu C Y, Shui P L, Li S. 2011. Unscented extended Kalman filter for target tracking[J]. Systems Engineering and Electronics, 22(2): 188-192.

Liu C Y, Shui P L, Wei G. 2014. Modified unscented Kalman filter using modified filter gain and variance scale factor for highly maneuvering target tracking[J]. Systems Engineering and Electronics, 25(3): 380-385.

第3章 弹道综合信息处理

弹道综合信息处理是反导指挥控制与作战管理系统进行指挥控制、任务规划的前提与基础,通过弹道综合信息处理,获取弹道导弹目标的轨迹预测、关机点、目标识别等特征数据。本章从弹道信息处理的基本过程出发,分析和介绍了弹道目标关机点及参数估计、弹道轨迹预测、弹道轨迹预测误差分析、弹道目标综合识别等关键过程的基本理论和方法。

3.1 弹道目标关机点及参数估计

弹道导弹的飞行阶段可分为:主动段、自由段和再入段,特别是主动段转为自由段的过程中,其飞行轨迹和速度特性都会有所不同,因而,可以利用这些不同的特性估计弹道目标是否关机、关机后的关机参数等。

3.1.1 关机点参数与椭圆几何参数的关系

关机点的估计参数直接影响椭圆弹道的轨道根数,而轨道根数会直接影响落点的估计精度。也就是说,关机时间的估计对落点预报影响很大,但又无法避免。同时,关机时的状态矢量也影响着自由段椭圆弹道的建立及其准确度。其中,关机点的运动状态矢量包括导弹的位置和速度等元素。

设关机点的位置矢量和速度矢量分别为 (X_g, Y_g, Z_g) 和 (V_{xg}, V_{yg}, V_{zg}),则由基本的椭圆弹道理论(杜广洋等,2018)可得

$$
\begin{cases}
p_g = \dfrac{r_g^2 v_g^2 \cos^2 \theta_g}{f_M} \\[3mm]
e_g = \sqrt{1 + \dfrac{v_g^2 r_g}{f_M}\left(\dfrac{v_g^2 r_g}{f_M} - 2\right)\cos^2 \theta_g} \\[3mm]
a_g = \dfrac{p_g}{1 - e_g^2}
\end{cases}
\tag{3.1}
$$

进一步,可推出:

$$\begin{cases} f_g = \arccos\left(\dfrac{p_g - r_g}{r_g e_g}\right) \\ E_g = \dfrac{r_g - a_g}{a_g e_g} \end{cases} \tag{3.2}$$

其中，$r_g = \sqrt{X_g^2 + Y_g^2 + Z_g^2}$；$v_g = \sqrt{V_{xg}^2 + V_{yg}^2 + V_{zg}^2}$；$\theta_g = \arccos((X_g V_{xg} + Y_g V_{yg} + Z_g V_{zg})/r_g v_g)$。

对式(3.1)中的三个轨道根数求一阶微分，可得全微分公式为

$$\begin{aligned} \Delta p_g &= \frac{\partial p_g}{\partial r_g}\Delta r_g + \frac{\partial p_g}{\partial v_g}\Delta v_g + \frac{\partial p_g}{\partial \theta_g}\Delta\theta_g \\ &= \frac{2 r_g v_g^2 \cos^2\theta_g}{f_{\mathrm{M}}}\Delta r_g + \frac{2 r_g^2 v_g \cos^2\theta_g}{f_{\mathrm{M}}}\Delta v_g \\ &\quad - \frac{r_g^2 v_g^2 \sin(2\theta_g)}{f_{\mathrm{M}}}\Delta\theta_g \end{aligned}$$

$$\begin{aligned} \Delta e_g &= \frac{\partial e_g}{\partial r_g}\Delta r_g + \frac{\partial e_g}{\partial v_g}\Delta v_g + \frac{\partial e_g}{\partial \theta_g}\Delta\theta_g \\ &= \frac{\dfrac{v_g^2}{f_{\mathrm{M}}}\left(\dfrac{v_g^2 r_g}{f_{\mathrm{M}}}-1\right)\cos^2\theta_g}{\sqrt{1+\dfrac{v_g^2 r_g}{f_{\mathrm{M}}}\left(\dfrac{v_g^2 r_g}{f_{\mathrm{M}}}-2\right)\cos^2\theta_g}}\Delta r_g + \frac{\dfrac{2 v_g r_g}{f_{\mathrm{M}}}\left(\dfrac{v_g^2 r_g}{f_{\mathrm{M}}}-1\right)\cos^2\theta_g}{\sqrt{1+\dfrac{v_g^2 r_g}{f_{\mathrm{M}}}\left(\dfrac{v_g^2 r_g}{f_{\mathrm{M}}}-2\right)\cos^2\theta_g}}\Delta v_g \\ &\quad - \frac{\dfrac{v_g^2 r_g}{f_{\mathrm{M}}}\left(\dfrac{v_g^2 r_g}{f_{\mathrm{M}}}-2\right)\sin(2\theta_g)}{2\cdot\sqrt{1+\dfrac{v_g^2 r_g}{f_{\mathrm{M}}}\left(\dfrac{v_g^2 r_g}{f_{\mathrm{M}}}-2\right)\cos^2\theta_g}}\Delta\theta_g \end{aligned} \tag{3.3a}$$

$$\begin{aligned} \Delta a_g &= \frac{\partial a_g}{\partial r_g}\Delta r_g + \frac{\partial a_g}{\partial v_g}\Delta v_g + \frac{\partial a_g}{\partial \theta_g}\Delta\theta_g \\ &= \frac{2}{\left(\dfrac{v_g^2 r_g}{f_{\mathrm{M}}}-2\right)^2}\Delta r_g + \frac{2 r_g^2 v_g}{fM\left(\dfrac{v_g^2 r_g}{f_{\mathrm{M}}}-2\right)^2}\Delta v_g \\ &\quad - \frac{2 r_g \sin\theta_g}{\left(\dfrac{v_g^2 r_g}{f_{\mathrm{M}}}-2\right)\cos\theta_g}\Delta\theta_g \end{aligned} \tag{3.3b}$$

其中，a_g 的全微分求解过程比较复杂，具体推导如下：

$$\Delta a_g = \frac{\partial a_g}{\partial r_g}\Delta r_g + \frac{\partial a_g}{\partial v_g}\Delta v_g + \frac{\partial a_g}{\partial \theta_g}\Delta \theta_g$$

$$= \left(\frac{\partial a_g}{\partial p_g}\frac{\partial p_g}{\partial r_g} + \frac{\partial a_g}{\partial e_g}\frac{\partial e_g}{\partial r_g}\right)\Delta r_g + \left(\frac{\partial a_g}{\partial p_g}\frac{\partial p_g}{\partial v_g} + \frac{\partial a_g}{\partial e_g}\frac{\partial e_g}{\partial v_g}\right)\Delta v_g + \left(\frac{\partial a_g}{\partial p_g}\frac{\partial p_g}{\partial \theta_g} + \frac{\partial a_g}{\partial e_g}\frac{\partial e_g}{\partial \theta_g}\right)\Delta \theta_g$$

$$= \left(\frac{2r_g v_g^2 \cos^2\theta_g}{f_M(1-e_g^2)} + \frac{2p_g\frac{v_g^2}{f_M}\left(\frac{v_g^2 r_g}{f_M}-1\right)\cos^2\theta_g}{(1-e_g^2)^2}\right)\Delta r_g$$

$$+ \left(\frac{2r_g^2 v_g \cos^2\theta_g}{f_M(1-e_g^2)} + \frac{2p_g\frac{2v_g r_g}{f_M}\left(\frac{v_g^2 r_g}{f_M}-1\right)\cos^2\theta_g}{(1-e_g^2)^2}\right)\Delta v_g$$

$$- \left(\frac{r_g^2 v_g^2 \sin(2\theta_g)}{f_M(1-e_g^2)} + \frac{p_g\frac{v_g^2 r_g}{f_M}\left(\frac{v_g^2 r_g}{f_M}-2\right)\sin(2\theta_g)}{(1-e_g^2)^2}\right)\Delta \theta_g$$

$$= \frac{2}{\left(\frac{v_g^2 r_g}{f_M}-2\right)^2}\Delta r_g + \frac{2r_g^2 v_g}{f_M\left(\frac{v_g^2 r_g}{f_M}-2\right)^2}\Delta v_g - \frac{2r_g \sin\theta_g}{\left(\frac{v_g^2 r_g}{f_M}-2\right)\cos\theta_g}\Delta \theta_g \tag{3.4}$$

式(3.2)中两个轨道根数的全微分求解过程与 a_g 相似。上述全微分公式反映了轨道根数与关机点参数的关系，用矩阵的形式表示如下：

$$\begin{bmatrix}\Delta p_g\\\Delta e_g\\\Delta a_g\\\Delta f_g\\\Delta E_g\end{bmatrix} = \begin{bmatrix}\frac{\partial p_g}{\partial r_g}&\frac{\partial p_g}{\partial v_g}&\frac{\partial p_g}{\partial \theta_g}\\\frac{\partial e_g}{\partial r_g}&\frac{\partial e_g}{\partial v_g}&\frac{\partial e_g}{\partial \theta_g}\\\frac{\partial a_g}{\partial r_g}&\frac{\partial a_g}{\partial v_g}&\frac{\partial a_g}{\partial \theta_g}\\\frac{\partial f_g}{\partial r_g}&\frac{\partial f_g}{\partial v_g}&\frac{\partial f_g}{\partial \theta_g}\\\frac{\partial E_g}{\partial r_g}&\frac{\partial E_g}{\partial v_g}&\frac{\partial E_g}{\partial \theta_g}\end{bmatrix}\begin{bmatrix}\Delta r_g\\\Delta v_g\\\Delta \theta_g\end{bmatrix} = A_f\cdot\begin{bmatrix}\Delta r_g\\\Delta v_g\\\Delta \theta_g\end{bmatrix} \tag{3.5}$$

式(3.5)的 15 个偏导数可以通过数值计算方法估计得到，假设仿真计算 N 次，得到

$$
\begin{bmatrix}
\Delta p_{g1} & \cdots & \Delta p_{gN} \\
\Delta e_{g1} & \cdots & \Delta e_{gN} \\
\Delta a_{g1} & \cdots & \Delta a_{gN} \\
\Delta f_{g1} & \cdots & \Delta f_{gN} \\
\Delta E_{g1} & \cdots & \Delta E_{gN}
\end{bmatrix} = A_f \cdot
\begin{bmatrix}
\Delta r_{g1} & \cdots & \Delta r_{gN} \\
\Delta v_{g1} & \cdots & \Delta v_{gN} \\
\Delta \theta_{g1} & \cdots & \Delta \theta_{gN}
\end{bmatrix}
\tag{3.6}
$$

令 $G = \begin{bmatrix}
\Delta p_{g1} & \cdots & \Delta p_{gN} \\
\Delta e_{g1} & \cdots & \Delta e_{gN} \\
\Delta a_{g1} & \cdots & \Delta a_{gN} \\
\Delta f_{g1} & \cdots & \Delta f_{gN} \\
\Delta E_{g1} & \cdots & \Delta E_{gN}
\end{bmatrix}$，$M = \begin{bmatrix}
\Delta r_{g1} & \cdots & \Delta r_{gN} \\
\Delta v_{g1} & \cdots & \Delta v_{gN} \\
\Delta \theta_{g1} & \cdots & \Delta \theta_{gN}
\end{bmatrix}$，则由最小二乘法可以

得到

$$
A_f = GM^{\mathrm{T}}(MM^{\mathrm{T}})^{-1}
\tag{3.7}
$$

式(3.7)即为关机点参数对椭圆轨道根数的影响矩阵。

通过 50 次仿真，得到关机点参数与轨道根数的关系矩阵为

$$
A_f = \begin{bmatrix}
0.1450 & 318.7839 & 8.6242 \times 10^5 \\
-1.0426 \times 10^{-8} & -4.6513 \times 10^{-5} & -0.1357 \\
0.5739 & 170.7860 & -5.5901 \\
-1.4195 \times 10^{-8} & -5.3746 \times 10^{-5} & 2.0121 \times 10^{-4} \\
-1.1996 \times 10^{-8} & -5.3684 \times 10^{-5} & 0.1357
\end{bmatrix}
$$

对照 A_f 的解析表达式，可以看出，关机点的速度估计误差和夹角估计误差对轨道参数 p 和 a 的影响很大，而对 e、f、E 产生的影响较小。其中夹角估计误差对 p 的影响要远大于速度估计误差产生的影响，而速度估计误差对 a 所造成的影响要远大于夹角估计误差产生的影响，位置估计对轨道参数产生的影响较小。总之，关机点速度及夹角估计的准确与否对 p 和 a 的影响很大，即对运动目标的椭圆轨道产生重要影响。

3.1.2 基于最近距离搜索的关机点估算

从目标的运动轨迹出发，着重对比发动机关机前后，目标的受力变化引起运动轨迹的变化情况，来进行关机时间及关机参数的估算。

在发动机关机前，弹道导弹受三个力：重力、推力和大气阻力。推力和大气

阻力的合力与目标的速度方向平行，产生的加速度相当于切向加速度。发动机关机后，弹道导弹只受重力的作用。对比发动机关机前后，可以明显地看出，目标的受力情况发生很大的改变，导致运动轨迹发生改变。在关机点前后，目标的运动特性遵循不同的运动规律，很明显，关机点既在弹道主动段的运动轨迹上，又在弹道自由段的运动轨迹上，相当于关机点同时满足两种不同的运动特性。但考虑到实际测量中卫星与预警雷达传感器的测量误差不同，如果直接用各自测量的数据进行外推平滑，可能会出现没有交点的情况，如图 3.1 中弧线 $A'C'$ 与弧线 LE 所示的情况。

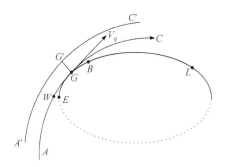

图 3.1　关机点前后运动轨迹示意图

可以引出如下结论。

(1) 假定主动段和自由段飞行的运动模型相对比较准确，则关机时刻是弹道导弹主动段的轨迹点与自由段的轨迹点相距最近的时刻(两段轨迹恰好有交点时也成立)。

(2) 如图 3.1 所示，W 点为卫星探测到弹道导弹的最后时刻的位置，B 点为雷达开始探测到弹道导弹的位置。假设弹道导弹在关机点 $G(G')$ 后保持受力情况不变，依然受三个力，则目标必然沿着速度的切线 V_q 继续向上运动，如图中的弧线 $GC(G'C')$，即等同于将主动段的轨迹往后外推一段 WC；同理将自由段的轨迹往前外推一段，如弧线 EB。可以看出，在关机时刻，两段轨迹距离最近。同样，运用公式推导也可以证明。

利用上述结论，经过搜索，即可以获得关机时刻。搜索的步长与所需结果的精度有关。具体求解过程如下。

假设经过时间对准，卫星探测到目标的最后时刻为 t_{wg}，预警雷达开始探测到目标的时刻为 t_{lg}，则发动机的关机时刻 t_{gj} 所在的区间为 $[t_{wg}, t_{lg}]$。对该区间进行搜索，如精度要求较高，为节省时间，可先进行粗搜索，即步长设置的跨度稍微大一些，确定出大概的小区间后，再根据需求精度，设置小的步长，进行精细搜索。整个搜索过程如下。

(1) 将主动段的轨迹向后外推，外推时间长度为 $\Delta t = t_{lg} - t_{wg}$，获得该区间轨迹点的位置坐标 $\boldsymbol{S}_w(t)$。同理，将自由段的轨迹向前外推，外推相同的时间长度，获得位置坐标 $\boldsymbol{S}_l(t)$。

(2) 设定步长 Δt_1，则 $\Delta S_1(i) = \left| \boldsymbol{S}_w(t_{wg} + i \times \Delta t_1) - \boldsymbol{S}_l(t_{lg} + i \times \Delta t_1) \right|$，求取 $\min[\Delta S_1(i)]$，可获得最小值所在的时间小区间 $[t_{wg} + (i-1) \times \Delta t_1, t_{wg} + (i+1) \times \Delta t_1]$。

(3) 设定步长 Δt_2，则 $\Delta S_2(j) = |\boldsymbol{S}_w(t_{wg} + (i-1) \times \Delta t_1 + j \times \Delta t_2) - \boldsymbol{S}_l(t_{lg} + (i-1) \times \Delta t_1 + j \times \Delta t_2)|$，同理，求取 $\min[\Delta S_2(j)]$，则可以获得更小的时间区间。若结果满足实际精度需求，则关机时刻可取为该区间端点值的平均值。否则，进行更精细的搜索过程，直到得出满足精度需求的时间区间。

(4) 搜索过程结束。

至此，可以得出关机点的时刻，同时可获得关机点的位置矢量和速度矢量。整个过程称为"最近距离搜索法"。由于位置矢量和速度矢量均是连续变化的，在没有误差的情况下，两段轨迹计算出来的结果应该相同。但在有误差的情况下，需要慎重考虑结果的选取。由于卫星与预警雷达进行数据交接时，不可避免地存在误差，而且关机点本身处于主动段的末端，但对椭圆轨道参数的准确度有很大影响，因此选取主动段轨迹上的关机点作为整个弹道的关机点更具有说服力。

3.1.3 算法仿真

仿真环境：假定弹道导弹在主动段和自由段的观测数据由不同传感器获得，且弹道导弹在主动段符合重力转弯运动模型，在自由段的轨道为椭圆轨道的一部分。预警卫星获得数据的最后时刻为 t_{wg}，预警雷达获得数据的起始时刻为 t_{lg}，且两者之间的探测盲区时间假定为 10s。关机时间处于盲区时间段的任意可能时刻。仿真实验中，假定实际的关机时刻为 $t_{gj} = t_{wg} + 3\text{s}$。运用"最近距离搜索法"，对关机时间进行准确估算。

具体参数设置如下：仿真假定射程为 2500km 的弹道导弹。弹道导弹飞行时间为 45s 时的位置为 $(3.78 \times 10^6, 3.78 \times 10^6, 3.48 \times 10^6)\text{m}$，速度为 $(530,510,510)\text{m/s}$。地球同步预警卫星高程为 $3.579417 \times 10^7\text{m}$，经度为 $10°$，纬度为 $0°$，扫描周期 $T = 1\text{s}$。预警卫星探测到的主动段时间为从参考时刻 45s 至 120s。雷达站的位置为 $(2.5 \times 10^6, 5.6 \times 10^6, 1.753 \times 10^6)\text{m}$，海拔大致为 200m。地基雷达探测到的自由段为 130s 以后的目标数据。则在 120~130s 之间存在探测盲区，而且弹道导弹的关机点处于该时间盲区中。如前所述，实际的关机时刻设定为 120s+3s。预警卫星的扫描周期为 1s，雷达的扫描周期为 0.2s。雷达的距离误差为 20m，角度误差为 0.01°。仿真结果如图 3.2 所示，算法估计误差仿真统计结果见表 3.1。

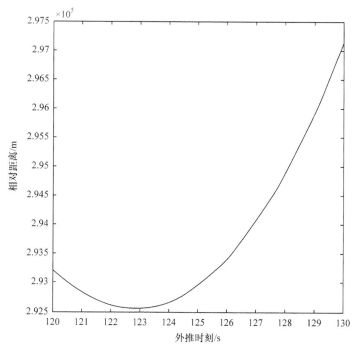

图 3.2 主动段后推弹道与自由段前推弹道的相对距离

表 3.1 最近距离搜索法、一般方法与真实值的对比结果

估计参数	采用方法		
	最近距离搜索法	一般方法	真实值
关机时刻/s	122.8	120.5	123.0
关机点位置/×10³km	(3.899,3.892,3.597)	(3.893,3.886,3.591)	(3.899,3.892,3.597)
位置相对误差率/%	(0.013,0.012,0.014)	(0.163,0.152,0.175)	—
关机点速度/(km/s)	(2.595,2.423,2.579)	(2.479,2.315,2.463)	(2.605,2.432,2.589)
速度相对误差率/%	(0.398,0.395,0.401)	(4.853,4.817,4.889)	—
落点时刻/s	704.8	716.6	703.7
落点位置/×10³km	(2.679,2.610,2.544)	(2.464,2.399,2.339)	(2.699,2.629,2.562)
位置相对误差率/%	(0.720,0.722,0.718)	(8.709,8.724,8.692)	—

由图 3.2 可以看出，主动段后推弹道与自由段前推弹道的相对距离在靠近 123s 的位置达到最小，此处所对应的时刻即为弹道导弹的关机时刻。从表 3.1 中的结果可以看出：最近距离搜索法的关机时刻为 122.8s，一般方法的关机时刻为 120.5s，而真实的关机时刻为 123.0s，可以看出最近距离搜索法的关机时刻与真实关机时刻相差为 0.2s，误差率在 $0.2/10×100\%=2\%$ 左右，而一般方法与真实

关机时刻相差为 2.5s，误差率在 2.5/10×100%＝25% 左右。利用计算获得的关机点数据，计算出导弹的落点时刻与位置，具体结果见于表 3.1 中。利用最近距离搜索法确定的关机点推导出的落点时刻为 704.8s，实际的落点时刻为 703.7s，两者相差 1.1s，而利用一般方法确定的关机点推导出的落点时刻为 716.6s，与真实值相差 12.9s。最近距离搜索法和一般方法与真实值相比，两种方法确定的关机点位置和速度及落点位置的误差率相差一个数量级左右，误差率的具体数值如表 3.1 所示。由此可见，最近距离搜索法明显优于一般方法。

3.2　弹道轨迹预测

弹道导弹在被动段飞行时，如果把弹道目标与地球看作二体问题(所谓二体问题就是把弹道目标视为一个质点，地球视为一个密度均匀的球体来研究弹道目标在地球引力下的运动规律)，则在万有引力的作用下，弹道目标在被动段的飞行轨迹是一条椭圆轨道，其运动规律符合开普勒定律。

3.2.1　开普勒轨道理论

开普勒定律描述了行星运动的基本规律，对于弹道目标，其运动规律可由开普勒定律描述如下。

(1) 弹道目标的运行轨道是一个椭圆，并且椭圆的一个焦点和地球的质心重合，其反映了弹道目标运行轨道的基本形状及其与地心的关系。

(2) 在相同时间内，弹道目标的地心向径扫过的面积相等，其反映了弹道目标运动的动能和势能间的能量转换关系。

(3) 弹道目标运行周期的平方与其运行轨道的椭圆半长轴的立方成正比(其比值等于 $4\pi^2/f_M$，其中 f_M 为地心引力常数，典型值为 $3.986004\times10^{14}\ \mathrm{m^3/s^2}$)，这表明当弹道目标运行轨道的椭圆半长轴确定后，弹道目标运行的平均角速度为一定值并保持不变。

根据开普勒定律，在二体运动条件下，弹道目标的运行轨道是一个平面，并且可以用 6 个基本参数完全确定弹道目标在任何时刻的轨道位置，这 6 个基本参数即为开普勒轨道根数，如图 3.3 所示。

6 个开普勒轨道根数的定义如下。

(1) 半长轴 a：椭圆轨道长轴的一半，大小决定了目标运行轨道的周期。

(2) 轨道偏心率 e：椭圆轨道两焦点间的距离与长轴的比值($e=0$ 时轨道为圆轨道；$0<e<1$ 时轨道为椭圆轨道；$e=1$ 时轨道为抛物线轨道；$e>1$ 时轨道为双曲线轨道)。

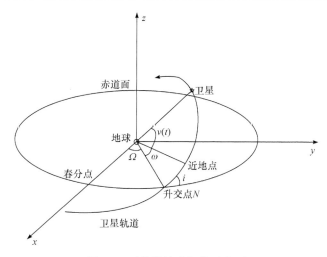

图 3.3 开普勒轨道根数示意图

(3) 轨道倾角 i：地球赤道平面和轨道平面间的夹角，其变化范围为 $0°\sim180°$。

(4) 升交点赤经 Ω：从平春分点沿地球赤道逆时针方向到升交点 N 的夹角，其变化范围为 $0°\sim360°$。

(5) 近地点幅角 ω：轨道近地点和轨道升交点 N 间的夹角，其变化范围为 $0°\sim360°$。

(6) 过近地点的时刻 t_p：弹道目标飞行轨道经过近地点的时刻。

在上述 6 个轨道根数中，半长轴 a 和偏心率 e 决定了轨道的大小和形状；轨道倾角 i 和升交点赤经 Ω 决定了椭圆轨道平面在空间的位置；近地点幅角 ω 决定了弹道目标飞行轨道相对赤道平面的取向；过近地点时刻 t_p 确定了弹道目标经过近地点的时刻，由于半长轴已经决定了弹道目标运行的周期，所以只要知道 t_p，就可确定任意时刻弹道目标所在位置到近地点的角度，该角定义为平近点角 M，表示目标在辅助圆轨道(与目标运行轨道相切的圆)上的位置与轨道中心的连线相对于近地点转过的角度，该角度与时间的关系是线性的。因此，只要已知一组开普勒轨道根数，就可以确定任意时刻弹道目标的运行轨迹。

3.2.2 弹道目标初轨确定

所谓初轨确定，就是根据较少的雷达站观测数据，采用二体运动公式，计算出 t_0 时刻的弹道目标轨道根数或位置、速度状态向量信息。初轨确定主要依赖于部分观测数据和相应的测站坐标，其计算方法主要有两大类：一类是根据某时刻 t_0 的位置 $\boldsymbol{r}_0$、速度 $\boldsymbol{v}_0$ 计算出弹道目标的 6 个轨道根数；另一类是由弹道目标某两个时刻 t_1、t_2 的位置信息 $\boldsymbol{r}_1$、$\boldsymbol{r}_2$ 计算出 6 个轨道根数。

采用第一种计算方法，如果已知运动物体在 t_0 的位置 $\boldsymbol{r}_0$、速度 $\boldsymbol{v}_0$，则 6 个轨道根数的计算过程包括以下 6 个步骤(贺正洪等，2023)。

1. 计算椭圆轨道半通径 p 和半长轴 a

已知目标的位置 $\boldsymbol{r}_0$、速度 $\boldsymbol{v}_0$，计算角动量矢量 $\boldsymbol{h}$ 为

$$\boldsymbol{h} = \boldsymbol{r}_0 \times \boldsymbol{v}_0 \tag{3.8}$$

利用式(3.9)计算半通径 p 为

$$p = h^2 / f_{\mathrm{M}} \tag{3.9}$$

其中，h 为标量。

利用式(3.10)计算半长轴为

$$a = \left(\frac{2}{r_0} - \frac{v_0^2}{f_{\mathrm{M}}} \right)^{-1} \tag{3.10}$$

2. 计算偏心率 e

利用式(3.11)计算偏心率为

$$e = \sqrt{1 - \frac{p}{a}} \tag{3.11}$$

3. 计算轨道倾角 i

利用式(3.12)计算轨道倾角 i 为

$$i = \arccos \frac{\boldsymbol{h} \cdot \boldsymbol{i}_z}{h}, \quad 0 \leqslant i \leqslant \pi \tag{3.12}$$

其中，$\boldsymbol{i}_z = (0,0,1)^{\mathrm{T}}$ 为惯性坐标系中 z 方向的单位矢量。

4. 计算升交点赤经 Ω

利用式(3.13)和式(3.14)计算赤经 Ω 为

$$\Omega = \arccos \left(-\frac{\boldsymbol{h}_p \cdot \boldsymbol{i}_y}{h_p} \right), \quad 0 \leqslant \Omega \leqslant \pi, \quad \text{如果} \sin \Omega \geqslant 0, \quad h_p \neq 0 \tag{3.13}$$

$$\Omega = 2\pi - \arccos \left(-\frac{\boldsymbol{h}_p \cdot \boldsymbol{i}_y}{h_p} \right), \quad \pi \leqslant \Omega \leqslant 2\pi, \quad \text{如果} \sin \Omega < 0, \quad h_p \neq 0 \tag{3.14}$$

其中，$\boldsymbol{h}_p$ 为角动量矢量 $\boldsymbol{h}$ 在惯性基准平面上的投影，即 $\boldsymbol{h}_p = \boldsymbol{h} - (\boldsymbol{h} \cdot \boldsymbol{i}_z)\boldsymbol{i}_z$，$h_p$ 为

反映 $\boldsymbol{h}_p$ 大小的标量。如果 $h_p = 0$，则 $\Omega = 0°$ 或 $\Omega = 180°$，但一般按习惯取 $\Omega = 0°$。

5. 计算近地点幅角 ω

在飞行轨道平面内，运动物体的位置和速度矢量在 $\boldsymbol{i}_h$ 方向的分量始终为零。利用相关公式进行推导，可得目标的位置分量和速度分量为

$$\begin{cases} x_0 = l_1 \xi_0 + l_2 \eta_0 \\ y_0 = m_1 \xi_0 + m_2 \eta_0, \\ z_0 = n_1 \xi_0 + n_2 \eta_0 \end{cases} \quad \begin{cases} \dot{x}_0 = l_1 \dot{\xi}_0 + l_2 \dot{\eta}_0 \\ \dot{y}_0 = m_1 \dot{\xi}_0 + m_2 \dot{\eta}_0 \\ \dot{z}_0 = n_1 \dot{\xi}_0 + n_2 \dot{\eta}_0 \end{cases} \quad (3.15)$$

其中，$l_1 = \cos\Omega\cos\omega - \sin\Omega\sin\omega\cos i$；$l_2 = -\cos\Omega\sin\omega - \sin\Omega\cos\omega\cos i$；$l_3 = \sin\Omega \cdot \sin i$；$m_1 = \sin\Omega\cos\omega + \cos\Omega\sin\omega\cos i$；$m_2 = -\sin\Omega\sin\omega + \cos\Omega\cos\omega\cos i$；$n_1 = \sin\omega\sin i$；$n_2 = \cos\omega\sin i$。

利用 z_0 和 $\dot{z}_0$ 的表达式，可解出 n_1 和 n_2，即

$$\begin{cases} n_1 = \sin\omega\sin i = \dfrac{z_0\dot{\eta}_0 - \dot{z}_0\eta_0}{\xi_0\dot{\eta}_0 - \dot{\xi}_0\eta_0} \\[3mm] n_2 = \cos\omega\sin i = \dfrac{\dot{z}_0\xi_0 - z_0\dot{\xi}_0}{\xi_0\dot{\eta}_0 - \dot{\xi}_0\eta_0} \end{cases} \quad (3.16)$$

若 $h_p \neq 0$，即 $i \neq 0°$ 且 $i \neq 180°$，并令 $A = n_1$，$B = n_2$，可得

$$\sin\omega = A/\sin i, \quad \cos\omega = B/\sin i \quad (3.17)$$

若 $h_p = 0$，即 $i = 0°$ 或 $180°$，$\Omega = 0°$。由公式(3.15)中 l_1、l_2 的表达式，可得

$$\sin\omega = -l_2, \quad \cos\omega = l_1 \quad (3.18)$$

其中，l_1、l_2 可由式(3.15)中 x_0 和 $\dot{x}_0$ 的表达式求出，即

$$l_1 = \frac{x_0\dot{\eta}_0 - \dot{x}_0\eta_0}{\xi_0\dot{\eta}_0 - \dot{\xi}_0\eta_0}, \quad l_2 = \frac{\dot{x}_0\xi_0 - x_0\dot{\xi}_0}{\xi_0\dot{\eta}_0 - \dot{\xi}_0\eta_0} \quad (3.19)$$

可得

$$\begin{cases} \xi_0 = r_0\cos f_0 \\ \eta_0 = r_0\sin f_0 \end{cases}, \quad \begin{cases} \dot{\xi}_0 = -\dfrac{f_M}{h}\sin f_0 \\[3mm] \dot{\eta}_0 = \dfrac{f_M}{h}(e + \cos f_0) \end{cases} \quad (3.20)$$

其中，f_0 为 t_0 时刻的真近点角(表示目标在运行轨道上的位置与轨道焦点的连线相对近地点转过的角度)。

如果 $e = 0$(圆轨道)，则 $f_0 = 0°$，$\cos f_0 = 1$，$\sin f_0 = 0$；如果 $e \neq 0$，则

$$\cos f_0 = \frac{1}{e}\left(\frac{p}{r_0} - 1\right), \quad \sin f_0 = \sqrt{\frac{p}{f_\mathrm{M}}} \frac{\boldsymbol{r}_0 \cdot \boldsymbol{v}_0}{e r_0} \tag{3.21}$$

将式(3.20)、式(3.21)代入式(3.16)，可得 A 和 B ，再代入式(3.17)，可以得到 $h_p \neq 0$ 情况下的近地点幅角 ω 。

6. 计算过近地点的时刻 t_p

仅在假定物体的运动为椭圆轨道情况下考虑时间 t_p 的求解。假设 $0 \leqslant e < 1$ 并且 $a > 0$ 。

如果 $e = 0$ ，运动物体为圆轨道，则有 $t_p = t_0$ ；

如果 $e \neq 0$ ，则有

$$\cos E_0 = \frac{e + \cos f_0}{1 + e\cos f_0}, \quad \sin E_0 = \frac{\sqrt{1 - e^2}\sin f_0}{1 + e\cos f_0} \tag{3.22}$$

进一步可知：

$$t_p = t_0 - \sqrt{\frac{a^3}{f_\mathrm{M}}}(E_0 - e\sin E_0) \tag{3.23}$$

其中， E_0 为 t_0 时刻对应的偏近点角(表示目标在运行轨道上的位置投影在辅助圆轨道上的位置与轨道中心的连线相对于近地点转过的角度)。

3.2.3　基于分段思想的弹道预测算法

在传统基于椭圆弹道预测方法的基础上，为了避免传统椭圆弹道预测法的长时间跨度预测引来的积累误差，在获得椭圆弹道参数后，利用分段思想对整个自由段的弹道进行多次连续预测。

1. 椭圆弹道预测法

弹道导弹在被预警探测系统发现时，有两段基本上处于无动力飞行阶段，其中一个是在真空中的自由飞行段，另一个是在再入大气后的飞行阶段，前者仅有重力作用，其轨道为椭圆曲线；后者受大气的影响较为复杂，暂时不予考虑。弹道导弹处于自由飞行段时，其运动轨迹可认为是椭圆曲线的一部分，从而可根据椭圆弹道法计算，利用弹道目标的椭圆曲线飞行特性进行弹道预测是一种比较典型的弹道预测方法，简称椭圆弹道预测法。

椭圆弹道预测法的处理流程如图 3.4 所示。

椭圆弹道预测法的基本思想是根据目标的运动参数确定其弹道椭圆参数及当

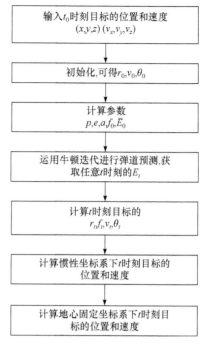

图 3.4　椭圆弹道预测法的处理流程图

时目标在椭圆弹道中的位置，进而明确目标的落地时间，还可以根据地球自转规律确定落点。严格地说，弹道目标的飞行弹道是一条空间曲线，在北半球向右偏，在南半球向左偏，但这种偏差量较小，可以忽略，因而弹道被假定为平面曲线。弹道预测算法的基本过程大致分三大步骤，具体如下。

第一步：获取弹道目标基本位置信息、速度信息。

假设雷达可以探测到弹道导弹的方位角、仰角和距离信息，利用单站雷达的目标跟踪处理，并利用多站雷达的融合处理，可以得到目标在地心惯性(Earth-centered inertial，ECI)直角坐标系下的位置 $\boldsymbol{r} = \{x, y, z\}$ 和速度 $\boldsymbol{v} = \{v_x, v_y, v_z\}$。

第二步：计算弹道目标的初始状态信息，假设 t_0 时刻为初始时刻。

(1) t_0 时刻，目标的极径 r_0、速度 v_0 和速度倾角 θ_0 分别为

$$r_0 = \sqrt{x_{G0}^2 + y_{G0}^2 + z_{G0}^2} \tag{3.24}$$

$$v_0 = \sqrt{v_{xG0}^2 + v_{yG0}^2 + v_{zG0}^2} \tag{3.25}$$

$$\theta_0 = \arccos\left(\frac{x_{G0}v_{xG0} + y_{G0}v_{yG0} + z_{G0}v_{zG0}}{r_0 v_0}\right) \tag{3.26}$$

其中，x_{G0}, y_{G0}, z_{G0} 和 $v_{xG0}, v_{yG0}, v_{zG0}$ 分别为目标在 ECI 直角坐标系中的位置分量和速度分量，均可通过雷达测量坐标系和 ECI 直角坐标系之间的转换进行获取；θ_0 为目标的位置矢量和速度矢量之间的夹角，在 $[0,\pi]$ 区间取值。

(2) 计算椭圆弹道所需的轨道根数，即半通径 p、半长轴 a 和偏心率 e 为

$$p = r_0 V \cos^2 \theta_0 \tag{3.27}$$

$$a = \left(\frac{2}{r_0} - \frac{v_0^2}{f_M} \right)^{-1} \tag{3.28}$$

$$e = \sqrt{1 - \frac{p}{a}} \tag{3.29}$$

其中，$V = (v_0^2 r_0) / f_M$ 为能量参数。

(3) 计算 t_0 时刻的真近点角 f_0 和偏近点角 E_0

$$f_0 = \arccos \left(\frac{p - r_0}{r_0 e} \right) \tag{3.30}$$

$$E_0 = \arccos \left(\frac{r_0 - a}{ae} \right) \tag{3.31}$$

第三步：预测 t_0 时刻以后的任意 t 时刻的状态。

(1) 任意 t 时刻的偏近点角 E_t 由下式通过牛顿迭代法求得：

$$\begin{cases} \sqrt{\dfrac{f_M}{a^3}} \cdot (t_0 - t_p) = E_0 - e \sin E_0 \\ \sqrt{\dfrac{f_M}{a^3}} \cdot (t - t_p) = E_t - e \sin E_t \end{cases} \tag{3.32}$$

(2) t 时刻的极径 r_t、真近点角 f_t、速度 v_t 和速度倾角 θ_t 分别为

$$\begin{cases} r_t = a(1 - e \cos E_t) \\ f_t = \arccos \left(\dfrac{p - r_t}{r_t e} \right) \\ v_t = \sqrt{\dfrac{f_M}{a}} \cdot \dfrac{\sqrt{1 - e^2 \cos^2 E_t}}{1 - e \cos E_t} \\ \theta_t = \arctan \left(\dfrac{e \sin E_t}{\sqrt{1 - e^2}} \right) \end{cases} \tag{3.33}$$

(3) 计算惯性坐标系下的预测状态：

$$
\begin{cases}
x_t = \left[1 - (1 - \cos(E_t - E_0)) \cdot \dfrac{a}{R} \right] \cdot x_{G0} + \left[\Delta t - \sqrt{\dfrac{a^3}{f_M}} \cdot (E_t - E_0 - \sin(E_t - E_0)) \right] \cdot v_{xG0} \\[4mm]
y_t = \left[1 - (1 - \cos(E_t - E_0)) \cdot \dfrac{a}{R} \right] \cdot y_{G0} + \left[\Delta t - \sqrt{\dfrac{a^3}{f_M}} \cdot (E_t - E_0 - \sin(E_t - E_0)) \right] \cdot v_{yG0} \\[4mm]
z_t = \left[1 - (1 - \cos(E_t - E_0)) \cdot \dfrac{a}{R} \right] \cdot z_{G0} + \left[\Delta t - \sqrt{\dfrac{a^3}{f_M}} \cdot (E_t - E_0 - \sin(E_t - E_0)) \right] \cdot v_{zG0}
\end{cases}
$$

$$\text{(3.34)}$$

其中，$\Delta t = t - t_0$ 为预测的时间差。

(4) 计算地心固定坐标系下的位置分量，其中 z_t 保持不变：

$$
\begin{cases}
x_{Gt} = x_t \cdot \cos(w\Delta t) + y_t \cdot \sin(w\Delta t) \\
y_{Gt} = -x_t \cdot \sin(w\Delta t) + y_t \cdot \cos(w\Delta t) \\
z_{Gt} = z_t
\end{cases}
\tag{3.35}
$$

其中，w 为地球自转角速度。

至此，整个预测过程结束。Δt 的取值直接决定预测时间的长短。传统的弹道预测方法经常采用逐次外推方式进行长轨道椭圆预测，直接预测落点。

利用椭圆弹道预测法，能够预测出目标中段的标准椭圆弹道，如果在绝对理想的情况下，即初值的选取与实际弹道导弹的运动一致，基本没有偏差，是绝对可行的，而且节省了计算时间和计算过程。但在实际情况下，是不可能确切地知道弹道目标的位置和速度信息，只能通过预警探测系统来获得关于目标的粗糙信息，因而，即使采用分段思想进行弹道预测，但由于其核心还是基于椭圆的弹道预测，必然存在较大的预测误差。因此，为了提高预测的精度及落点的估算精度，可以从两方面进行预测算法的改进：一方面是初始值的准确选取；另一方面是预测过程的方法改进。

2. 分段弹道预测法

利用椭圆弹道预测法，能够预测出弹道导弹中段飞行的标准椭圆弹道。通过理论分析和仿真，可以发现速度的预测误差通常很小，且对预测时间段的长短不敏感，而位置的预测误差通常随着预测时间段长度的增加而增大。因而，为了减少预测误差，采用分段预测的方式进行弹道预测，即预测一段时间 t 后，重新利用预测点作为初始状态点，再进行一段预测(杨少春等，2012)，基本思想如图3.5所示。

基于分段思想的弹道预测流程如图3.6所示。

分段预测思想就是在初始预测点之后对弹道轨迹进行一小段、一小段的连续

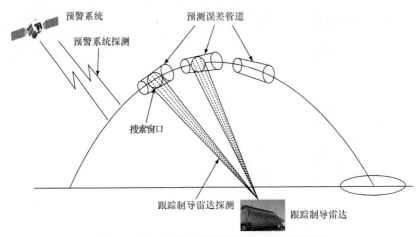

图 3.5　基于分段思想的弹道轨迹预测示意图

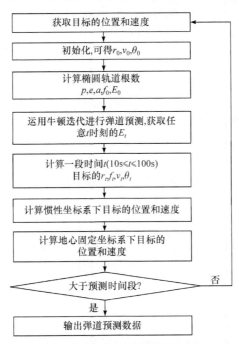

图 3.6　基于分段思想的弹道预测流程

预测，相比传统的一次长时间预测单一的弹道预测椭圆而言，分段预测中的每一小段预测轨迹都属于不同的弹道预测椭圆，随着预测时间的递增，相对一次长预测而言，其误差管道也变得越来越小，大大提高了预测的精度。

3. 算法仿真

主要仿真比较了基本椭圆弹道预测法和分段弹道预测法的预测性能，分段预测采用了每隔 10s 的数据段进行一次预测。仿真结果如图 3.7 所示。

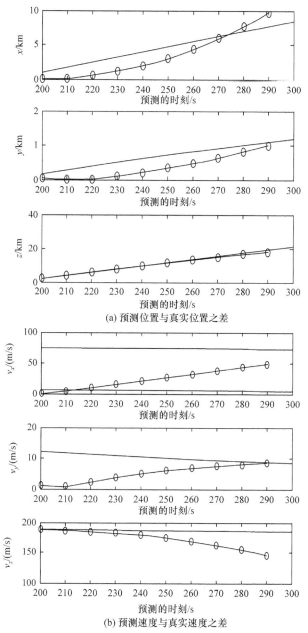

(a) 预测位置与真实位置之差

(b) 预测速度与真实速度之差

图 3.7　基本椭圆弹道预测法与分段弹道预测法的误差对比
——基本椭圆弹道预测法；—○—分段弹道预测法

由图 3.7 可以看出：分段弹道预测法在 x、y 方向的位置误差随着预测时间的积累均小于基本椭圆弹道预测法的位置误差，在 z 方向的位置误差与基本椭圆弹道预测法的基本相同。分段弹道预测法的速度误差比基本椭圆弹道预测法有比较明显的改善。总之，分段弹道预测法在一定程度上降低了基本椭圆弹道预测法长时间预测引起的积累误差的效果，而且分段预测降低了数据的存储量，节省了预测过程中的存储空间。

3.3　弹道轨迹预测误差分析

3.3.1　引言

目前，弹道轨迹预测技术主要有解析几何法和数值积分法两种(李晓宇等，2014；孙瑜等，2016a；孙瑜等，2016b；赵锋等，2008)。其中，解析几何法基于椭圆弹道理论，由于弹道导弹在自由段的飞行时间占整个弹道的90%以上，在这个阶段，可以忽略空气阻力和各种摄动力，导弹仅受地心引力作用，并按照关机点的速度和弹道倾角做惯性运动，所以其飞行轨迹可近似为椭圆弹道，利用椭圆弹道理论实现对弹道目标的轨迹预测。数值积分则是在充分考虑各种摄动因素，建立导弹动力学方程的基础上，采用一定的积分准则，利用数值逼近的方法计算弹道。因此，主要对使用这两种方法进行弹道轨迹预测的误差传播特性进行分析。

3.3.2　基于解析几何法的弹道预测误差分析

弹道导弹关机后进入自由段依靠惯性飞行，而自由段的高度一般在 200 km 以上，此时忽略空气阻力和各种摄动力，导弹仅受地心引力作用，可以将导弹绕地球的运动视为二体运动，从理论上可以认为其弹道为椭圆弹道，落点为椭圆弹道与地球的交点。解析法通过计算椭圆弹道的 6 个开普勒根数来预报弹道导弹任意时刻的状态。解析几何法计算弹道的流程是：在预警系统观测到导弹的初始状态后，根据椭圆弹道理论计算出弹道的开普勒轨道根数，则弹道随之确定，然后给出后续时刻点，即可计算出弹道导弹在落地前任意时刻的状态。解析几何法的弹道轨迹预测框图如图 3.8 所示。

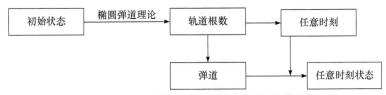

图 3.8　基于解析几何法的弹道轨迹预测框图

1. 解析几何法的弹道轨迹预测

开普勒轨道根数是描述轨道的 6 个独立参数：半长轴 a 和偏心率 e 决定了轨

道的形状，轨道倾角 i、升交点赤经 Ω 和近地点幅角 ω 确定了轨道在空间的定向，近地点的时刻 t_p 确定了弹道目标飞行轨道经过近地点的时刻。基于解析几何法的弹道轨迹预测具体计算步骤见 3.2 节。

2. 误差传播分析

解析几何法中的误差传播经过 3 个过程：首先是已知初始状态矢量计算轨道根数的误差，其次是当前时刻轨道根数到任意时刻轨道根数的转移误差，最后是已知轨道根数计算该时刻状态矢量的误差。

设在 ECI 坐标系中的状态矢量为 $(\boldsymbol{r},\dot{\boldsymbol{r}})$，$(\boldsymbol{r},\dot{\boldsymbol{r}})$ 可以由式(3.36)和式(3.37)求得。

由式(3.32)可求得真近点角 f_t，则可以得到目标任意 t 时刻近焦点坐标系的位置 $\boldsymbol{r}_{xyz}$ 和速度 $\dot{\boldsymbol{r}}_{xyz}$ 为

$$
\begin{aligned}
\boldsymbol{r}_{xyz} &= a(1-e^2)\frac{1}{1+e\cos f_t}\begin{bmatrix} \cos f_t \\ \sin f_t \\ 0 \end{bmatrix} \\
\dot{\boldsymbol{r}}_{xyz} &= \frac{f_{\mathrm{M}}}{\sqrt{fMaa(1-e^2)}}\begin{bmatrix} -\sin f_t \\ e+\cos f_t \\ 0 \end{bmatrix}
\end{aligned}
\tag{3.36}
$$

则 ECI 坐标系下的状态矢量为 $(\boldsymbol{r},\dot{\boldsymbol{r}})$，即

$$
\begin{aligned}
\boldsymbol{r} &= \boldsymbol{Q}\boldsymbol{r}_{xyz} \\
\dot{\boldsymbol{r}} &= \boldsymbol{Q}\dot{\boldsymbol{r}}_{xyz}
\end{aligned}
\tag{3.37}
$$

其中，$\boldsymbol{Q}$ 为近焦点坐标系至 ECI 坐标系的正交变换矩阵，并设初始时刻 t_0 的初始协方差矩阵为 $\boldsymbol{P}_{t_0}$，状态矢量对轨道根数的雅可比矩阵为

$$
\boldsymbol{F} = \begin{bmatrix} \dfrac{\partial \boldsymbol{r}}{\partial a} & \dfrac{\partial \boldsymbol{r}}{\partial e} & \dfrac{\partial \boldsymbol{r}}{\partial i} & \dfrac{\partial \boldsymbol{r}}{\partial \Omega} & \dfrac{\partial \boldsymbol{r}}{\partial \omega} & \dfrac{\partial \boldsymbol{r}}{\partial M} \\[2mm] \dfrac{\partial \dot{\boldsymbol{r}}}{\partial a} & \dfrac{\partial \dot{\boldsymbol{r}}}{\partial e} & \dfrac{\partial \dot{\boldsymbol{r}}}{\partial i} & \dfrac{\partial \dot{\boldsymbol{r}}}{\partial \Omega} & \dfrac{\partial \dot{\boldsymbol{r}}}{\partial \omega} & \dfrac{\partial \dot{\boldsymbol{r}}}{\partial M} \end{bmatrix}
\tag{3.38}
$$

其中，$\boldsymbol{r}$ 和 $\dot{\boldsymbol{r}}$ 关于 a、e 和 M 的偏导数可由椭圆公式求得：

$$
\frac{\partial \boldsymbol{r}}{\partial a} = \frac{1}{a}\boldsymbol{r}
$$

$$
\frac{\partial \boldsymbol{r}}{\partial e} = -\frac{a}{p}(\cos E + e)\boldsymbol{r} + \sin E\sqrt{\frac{a^3}{f_{\mathrm{M}}}}\left(1+\frac{r}{p}\right)\dot{\boldsymbol{r}}
$$

$$
\frac{\partial \boldsymbol{r}}{\partial M} = \sqrt{\frac{a^3}{f_{\mathrm{M}}}}\dot{\boldsymbol{r}}
$$

$$\frac{\partial \dot{\boldsymbol{r}}}{\partial e} = \frac{\sqrt{fMa}}{p}\frac{\sin E}{r}\left(1 - \frac{a}{r}\left(1 + \frac{p}{r}\right)\right)\boldsymbol{r} + \frac{a}{p}\cos E\dot{\boldsymbol{r}}$$

$$\frac{\partial \dot{\boldsymbol{r}}}{\partial M} = -\sqrt{\frac{f_{\mathrm{M}}}{a^3}}\left(\frac{a}{r}\right)^3 \boldsymbol{r}$$

(3.39)

$\boldsymbol{r}$ 和 $\dot{\boldsymbol{r}}$ 关于 i、Ω 和 ω 的偏导数可直接由矢量旋转法确定为

$$\frac{\partial \boldsymbol{r}}{\partial i} = \boldsymbol{\Omega} \times \boldsymbol{r}, \quad \frac{\partial \boldsymbol{r}}{\partial \Omega} = \boldsymbol{Z} \times \boldsymbol{r}, \quad \frac{\partial \boldsymbol{r}}{\partial \omega} = \boldsymbol{W} \times \boldsymbol{r}$$

$$\frac{\partial \dot{\boldsymbol{r}}}{\partial i} = \boldsymbol{\Omega} \times \dot{\boldsymbol{r}}, \quad \frac{\partial \dot{\boldsymbol{r}}}{\partial \Omega} = \boldsymbol{Z} \times \dot{\boldsymbol{r}}, \quad \frac{\partial \dot{\boldsymbol{r}}}{\partial \omega} = \boldsymbol{W} \times \dot{\boldsymbol{r}}$$

(3.40)

其中，$\boldsymbol{\Omega}$、$\boldsymbol{Z}$ 和 $\boldsymbol{W}$ 分别是升交点方向轴、Z 轴和角动量的单位矢量，即

$$\boldsymbol{\Omega} = \begin{bmatrix} \cos\Omega \\ \sin\Omega \\ 0 \end{bmatrix}, \quad \boldsymbol{Z} = \begin{bmatrix} 0 \\ 0 \\ 1 \end{bmatrix}, \quad \boldsymbol{W} = \frac{\boldsymbol{r} \times \dot{\boldsymbol{r}}}{|\boldsymbol{r} \times \dot{\boldsymbol{r}}|} = \begin{bmatrix} \sin i \sin\Omega \\ -\sin i \cos\Omega \\ \cos i \end{bmatrix}$$

(3.41)

则 t_0 时刻轨道根数的协方差矩阵为

$$\boldsymbol{P}_{\delta_{t_0}} = \boldsymbol{F}_0^{-1}\boldsymbol{P}_{t_0}\left(\boldsymbol{F}_0^{-1}\right)^{\mathrm{T}}$$

(3.42)

其中，$\boldsymbol{F}_0$ 是 t_0 时刻状态矢量对轨道根数的雅可比矩阵。则 t 时刻轨道根数的协方差矩阵为

$$\boldsymbol{P}_{\delta_t} = \boldsymbol{\Phi}_\delta \boldsymbol{P}_{\delta t_0} \boldsymbol{\Phi}_\delta^{\mathrm{T}}$$

(3.43)

其中，$\boldsymbol{\Phi}_\delta$ 是轨道根数的转移矩阵。则 t 时刻 ECI 坐标系的协方差矩阵为

$$\boldsymbol{P}_t = \boldsymbol{F}_t \boldsymbol{P}_{\delta t}\left(\boldsymbol{F}_t\right)^{\mathrm{T}}$$

(3.44)

其中，$\boldsymbol{F}_t$ 是 t 时刻状态矢量对轨道根数的雅可比矩阵。

3.3.3　基于数值积分法的弹道预测误差分析

数值积分法是在二体问题的基础上，充分考虑各种摄动因素，建立导弹的动力学方程。导弹的动力学方程属于变系数非线性常微分方程，所以可以用数值积分的方法计算弹道。数值积分法计算弹道的流程是在得到导弹的初始状态后，根据事先建立的动力学方程，选取适当的数值积分方法按照一定的步长进行数值积分，即可得到导弹任意时刻的状态。图 3.9 所示为基于数值积分法的弹道轨迹预测框图。

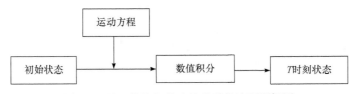

图 3.9　基于数值积分法的弹道轨迹预测框图

1. 数值积分法的弹道预测

当目标处于自由段时，由于在大气层外自由飞行，故可以考虑仅受到地球引力，如在非惯性系下描述还将受到非惯性附加力，因此可以精确构建自由段的目标动力学方程。

设目标在 ECEF 坐标系下的状态矢量为 $(X,Y,Z,\dot{X},\dot{Y},\dot{Z})$，考虑地球非球形摄动、科里奥利加速度以及牵连加速度，则目标的动力学方程为

$$\frac{\mathrm{d}}{\mathrm{d}t}\begin{bmatrix} X \\ Y \\ Z \\ \dot{X} \\ \dot{Y} \\ \dot{Z} \end{bmatrix} = \begin{bmatrix} \dot{X} \\ \dot{Y} \\ \dot{Z} \\ -f_{\mathrm{M}}\dfrac{X}{r^3}\left(1+\dfrac{3}{2}J_2\left(\dfrac{a}{r}\right)^2\left(1-5\sin^2\varphi\right)\right)+\omega_{\mathrm{e}}^2 X+2\omega_{\mathrm{e}}\dot{Y} \\ -f_{\mathrm{M}}\dfrac{Y}{r^3}\left(1+\dfrac{3}{2}J_2\left(\dfrac{a}{r}\right)^2\left(1-5\sin^2\varphi\right)\right)+\omega_{\mathrm{e}}^2 Y+2\omega_{\mathrm{e}}\dot{X} \\ -f_{\mathrm{M}}\dfrac{Z}{r^3}\left(1+\dfrac{3}{2}J_2\left(\dfrac{a}{r}\right)^2\left(1-5\sin^2\varphi\right)\right)-3\dfrac{f_{\mathrm{M}}}{r^2}J_2\left(\dfrac{a}{r}\right)^2\sin\varphi \end{bmatrix} \tag{3.45}$$

其中，$a=6378140\mathrm{m}$，为地球的长半轴；$\omega_{\mathrm{e}}=7292115\times10^{-11}\mathrm{rad/s}$，为地球自转角速度；$J_2=1.08263\times10^{-3}$，为地球重力场二阶带谐系数；$r=\sqrt{X^2+Y^2+Z^2}$；$\varphi=\arcsin\left(\dfrac{Z}{r}\right)$。

式(3.43)描述的动力学方式为时变的非线性微分方程，无法获得解析解，通常采用数值积分法获得其数值解。

记 $\boldsymbol{x}_k=(X,Y,Z,\dot{X},\dot{Y},\dot{Z})$，则式(3.45)可以简化为

$$\frac{\mathrm{d}}{\mathrm{d}t}(\boldsymbol{x}_k) = \begin{bmatrix} \dot{X} \\ \dot{Y} \\ \dot{Z} \\ -f_{\mathrm{M}}\dfrac{X}{r^3}\left(1+\dfrac{3}{2}J_2\left(\dfrac{a}{r}\right)^2\left(1-5\sin^2\varphi\right)\right)+\omega_{\mathrm{e}}^2 X+2\omega_{\mathrm{e}}\dot{Y} \\ -f_{\mathrm{M}}\dfrac{Y}{r^3}\left(1+\dfrac{3}{2}J_2\left(\dfrac{a}{r}\right)^2\left(1-5\sin^2\varphi\right)\right)+\omega_{\mathrm{e}}^2 Y+2\omega_{\mathrm{e}}\dot{X} \\ -f_{\mathrm{M}}\dfrac{Z}{r^3}\left(1+\dfrac{3}{2}J_2\left(\dfrac{a}{r}\right)^2\left(1-5\sin^2\varphi\right)\right)-3\dfrac{f_{\mathrm{M}}}{r^2}J_2\left(\dfrac{a}{r}\right)^2\sin\varphi \end{bmatrix} \tag{3.46}$$

数值积分法的过程描述：已知目标在 k 时刻的状态 $\boldsymbol{x}_k$，那么目标在 $k+1$ 时刻的状态 $\boldsymbol{x}_{k+1}$ 可表述如下：

$$\boldsymbol{x}_{k+1} = \boldsymbol{x}_k + \int_{t_k}^{t_{k+1}} \dot{\boldsymbol{x}}_k \mathrm{d}t \tag{3.47}$$

然后选择合适的数值积分方法，根据式(3.46)的动力学方程，数值积分计算弹道。

2. 误差传播分析

数值积分法中结合协方差分析描述函数法进行误差传播分析，首先对系统进行拟线性化，然后利用线性化系统协方差分析原理计算随机状态变量协方差。

设初始状态向量为 $(\boldsymbol{r}, \dot{\boldsymbol{r}})$，则根据动力学方程可得整个系统的拟线性化函数为

$$\boldsymbol{f}(m) = \begin{pmatrix} \dot{m}_1 \\ \dot{m}_2 \\ \dot{m}_3 \\ f_1 \\ f_2 \\ f_3 \end{pmatrix} = \begin{pmatrix} \dot{m}_1 \\ \dot{m}_2 \\ \dot{m}_3 \\ -f_{\mathrm{M}} \dfrac{m_1}{r^3}\left(1 + \dfrac{3}{2}J_2\left(\dfrac{a}{r}\right)^2 (1 - 5\sin^2\varphi)\right) + \omega_{\mathrm{e}}^2 \dot{m}_1 + 2\omega_{\mathrm{e}} \dot{m}_2 \\ -f_{\mathrm{M}} \dfrac{m_2}{r^3}\left(1 + \dfrac{3}{2}J_2\left(\dfrac{a}{r}\right)^2 (1 - 5\sin^2\varphi)\right) + \omega_{\mathrm{e}}^2 \dot{m}_2 + 2\omega_{\mathrm{e}} \dot{m}_1 \\ -f_{\mathrm{M}} \dfrac{m_3}{r^3}\left(1 + \dfrac{3}{2}J_2\left(\dfrac{a}{r}\right)^2 (1 - 5\sin^2\varphi)\right) - 3\dfrac{f_{\mathrm{M}}}{r^2}J_2\left(\dfrac{a}{r}\right)^2 \sin\varphi \end{pmatrix} \tag{3.48}$$

其中，m 为位置矢量 $\boldsymbol{r}$ 的均值；r 为矢量 $\boldsymbol{r}$ 的模，则拟线性系统动态矩阵描述函数为

$$\boldsymbol{N}_{\delta x} = \begin{bmatrix} \boldsymbol{O} & \boldsymbol{I} \\ \boldsymbol{N} & \boldsymbol{O} \end{bmatrix} \tag{3.49}$$

其中，$\boldsymbol{I}$ 为 3×3 的单位矩阵；$\boldsymbol{N} = \begin{bmatrix} \dfrac{\partial f_1}{\partial m_1} & \dfrac{\partial f_1}{\partial m_2} & \dfrac{\partial f_1}{\partial m_3} \\ \dfrac{\partial f_2}{\partial m_1} & \dfrac{\partial f_2}{\partial m_2} & \dfrac{\partial f_2}{\partial m_3} \\ \dfrac{\partial f_3}{\partial m_1} & \dfrac{\partial f_3}{\partial m_2} & \dfrac{\partial f_3}{\partial m_3} \end{bmatrix}$，则应用协方差分析描述函

数法得到协方差的传播方程为

$$dP = N_{\delta x}(t)P(t) + P(t) \cdot N_{\delta x}^{T}(t) \tag{3.50}$$

3.4　弹道目标综合识别

弹道目标综合识别是 C2BMC 系统的关键环节，主要涉及两个方面：①目标类型识别，②真假弹头识别。通过目标类型识别，分类出弹道类目标、空气动力学类目标等，并对空气动力学类目标进行进一步类型识别，如：大型目标、小型目标、直升机等；弹道类目标分类识别出弹道导弹、轨道类目标等。真假弹头识别主要是针对弹道导弹目标，从大量的诱饵、弹体碎片等构成的群目标中识别出真弹头。真假弹头识别主要分为两个层面，即装备级目标识别和系统级目标识别。目前，可以利用的真假弹头识别的特征数据主要包括：①雷达截面积(radar cross section，RCS)特征数据；②一维距离像特征数据；③逆合成孔径雷达(inverse synthetic aperture radar，ISAR)成像特征数据；④极化特征数据；⑤弹道运动特征数据；⑥微动特征数据；等等(李松，2013；李松等，2011)。每一个特征数据都提供了关于目标的某个识别的特征量，因而单部雷达可以实现弹道导弹的目标识别。而利用多部雷达得到的目标识别特征数据更丰富，通过融合进行系统级目标识别将获得更可靠的识别结果。

3.4.1　目标类型识别

1. 基于动态贝叶斯网络的特征级目标类型识别

1) 识别特征要素

通过多源信息的综合处理，可以获得关于目标的更为可信的运动特征信息，运动特征信息的类型可能包括：目标位置、飞行速度、飞行高度、高度变化率、速度倾角等。不同类型的目标，由于其任务属性、结构特征等方面的不同，必然在运动特征信息上有所不同。表 3.2 列出了弹道导弹与空气动力学目标的识别要素。

表 3.2　弹道导弹与空气动力学目标的识别要素

目标类型		识别要素	举例	备注
弹道导弹		速度：>1000m/s 高度：>30km 航迹具备可预测性、再入航迹俯冲	飞毛腿 B、长矛、潘兴-1A 等	射程小于 3500km
空气动力学目标	大型目标	速度：200～1000m/s 高度：50～30000m RCS 大 航迹平直或爬升、俯冲，航迹预测性较差	F-16、幻影-2000 等	非隐身目标

续表

目标类型		识别要素	举例	备注
空气动力学目标	小型目标	速度、高度与大型目标基本相同，RCS 小	AGM-88、B-2 等	隐身目标或精确制导类弹药
	直升机	速度：<150m/s 高度：50～2000m 航迹平直、爬升、俯冲，方向机动，雷达回波有调制特性	AH-64、AH-1 等	无

(1) 空气动力学目标在大气层内飞行，而弹道类目标除了主动段和再入段之外，大部分时间都在大气层外飞行，这两类目标在飞行速度、高度、加速度、速度倾角等方面有差异，因而可以利用这些运动特征量进行目标类型识别。

(2) 弹道类目标包括弹道导弹和卫星类轨道目标，它们基本上都是沿椭圆轨迹飞行，椭圆近地点与地心的距离称为最小矢径。由于弹道导弹要返回地面，其最小矢径小于地球半径，而卫星的最小矢径大于地球半径。因此，可利用雷达、预警卫星跟踪目标定轨后估计的最小矢径来实现区分弹道导弹和卫星。

通过上述分析可知，虽然可以利用速度、高度、加速度等进行目标类型识别，但往往这些参数具有一定的模糊性。

(1) 目标速度。弹道导弹速度为 1000～5000m/s(3500km 内的弹道导弹)，作战飞机的速度为 200～1000m/s。即使是同一类型目标，速度也具有模糊性；而不同类型的目标在速度上具有一定的重叠。

(2) 目标高度。除了弹道导弹之外，空气动力学目标飞行高度相对比较灵活，用这一要素判断目标类型也具有模糊性。

(3) 目标加速度。在目标的不同飞行阶段，加速度是不同的，弹道导弹、空气动力学目标在不同的飞行阶段其模糊度更大。

2) 识别模型

利用雷达获取的关于目标的速度、高度、加速度等运动特征数据，采用动态贝叶斯网络对目标类型进行推理识别。

(1) 贝叶斯网络的基本理论。

贝叶斯网络(Bayesian network, BN)是以贝叶斯公式为基础的一种概率推理数学模型，常被用于解决存在不确定因素时的概率推理问题，具有强大的不确定性问题处理能力。贝叶斯网络可以看作一种带有概率注释的有向无环图(directed acyclic graph，DAG)，与规则库、神经网络相比，贝叶斯网络具有模型表示形式图形化、推理直观、学习机制分布式等优点。

假设存在一个随机变量的集合 $U = \{X_1, X_2, \cdots, X_n\}$，集合中的每一个变量 X_i

都具有有限个状态。一个贝叶斯网络可以表示成 $R = \langle G, P \rangle$，其中，G 是一个有向无环图，图中的节点代表着随机变量 $X_1, X_2, \cdots, X_n$，即战场环境中表示一个个事件，有向边则代表事件之间的因果、推理、预测关系；P 代表网络的参数，是网络中所有条件概率的集合。在贝叶斯网络 T 中，每一个节点 X_i 都有一个条件概率表，可以表示其与父节点之间的关系，条件概率的大小标志着事件之间关系的强弱。一个简单的贝叶斯网络如图 3.10 所示。

其中，节点 X_1, X_2, X_3, X_4, X_5 表示不同的事件。$P(X_3 \mid X_1, X_2)$、$P(X_4 \mid X_3)$、$P(X_5 \mid X_3)$ 分别表示事件 X_1 和 X_2 发生的条件下事件 X_3 发生的条件概率、事件 X_3 发生的条件下事件 X_4 发生的条件概率、事件 X_3 发生的条件下事件 X_5 发生的条件概率，这些条件概率表明了事件 X_1, X_2, X_3, X_4, X_5 之间的关系强弱。

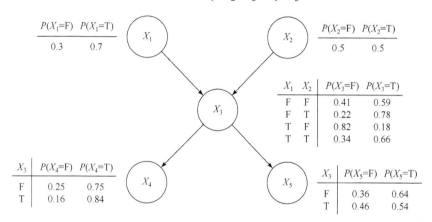

图 3.10 贝叶斯网络示意图

(2) 贝叶斯网络目标类型推理流程。

利用贝叶斯网络进行目标类型推理识别时，首先需要明确影响目标类型识别的态势要素及其相关状态，对应于贝叶斯网络结构中的事件节点及其对应的状态，各要素之间的因果、推理关系对应于网络中的有向弧；然后需要确定网络模型中的参数，即各节点的先验概率或条件概率；最后选取合适的推理算法进行计算，实现目标类型推理。贝叶斯网络目标类型推理的流程如图 3.11 所示。

(3) 网络模型结构。

依据上述分析，利用指挥员及专家经验的先验知识可以构建静态贝叶斯网络模型，之后将静态贝叶斯网络按照时间序列展开为动态贝叶斯网络，可以得到动态贝叶斯网络目标类型推理模型，如图 3.12 所示。需要注意的是，为了做到实时性与准确性，动态贝叶斯网络中各个时间片段的循环周期一般与传感器的数据更新周期相同。

上述模型中每一个时刻的子网络都可以简化为如图 3.13 所示的目标类型推理识别贝叶斯网络拓扑结构。

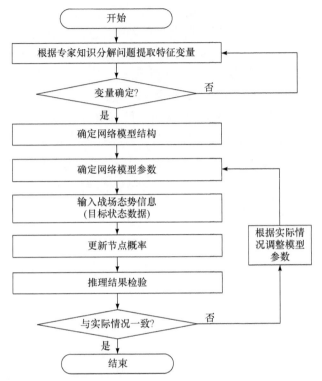

图 3.11　贝叶斯网络目标类型推理流程图

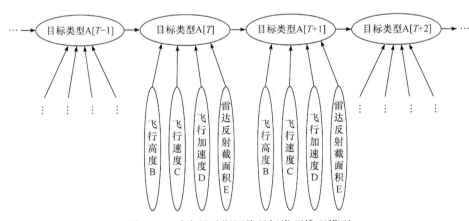

图 3.12　动态贝叶斯网络目标类型推理模型

图 3.13 中各节点表示一种推理变量，分别标记为大写字母 A，B，…，其中每一个节点的状态值用相应的小写字母标记。依据以上规则，节点 A 表示目

标类型，有五个值：a_1=导弹，a_2=轰炸机、歼轰机、歼击机，a_3=预警机、侦察机，a_4=加油机、干扰机，a_5=运输机、民用飞机；节点 B 表示飞行高度，有四个值：b_1=高空，b_2=中空，b_3=低空，b_4=超低空；节点 C 表示飞行速度，有四个值：c_1=低速，c_2=中速，c_3=高速，c_4=超高速；节点 D 表示飞行加速度，有三个值：d_1=一般，d_2=中等，d_3=明显；节点 E 表示雷达反射截面积，有三个值：e_1=小，e_2=中，e_3=大。图 3.12 相图 3.13 中的目标类型识别变量及其状态集合如表 3.3 所示。

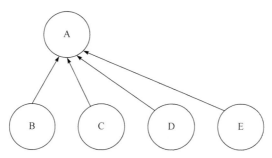

图 3.13　目标类型推理识别贝叶斯网络拓扑结构

表 3.3　目标意图推理变量状态表

变量名称	状态 1	状态 2	状态 3	状态 4	状态 5
目标类型 (Type)	导弹 (TBM)	轰炸机、歼轰机、歼击机(Bomber、Fighter bomber、Fighter plane)	预警机、侦察机(AEW、Scout)	加油机、干扰机(Tanker、Jammer)	运输机、民用飞机(Aerotransport、Civil aircraft)
飞行高度 (Height)	高空 (HH)	中空 (MH)	低空 (LH)	超低空 (SH)	—
飞行速度 (Speed)	低速 (LS)	中速 (MS)	高速 (FS)	超高速 (SS)	—
飞行加速度 (Acceleration)	一般 (CA)	中等 (MA)	明显 (DA)	—	—
雷达反射截面积 (RCS)	小 (Small)	中 (Medium)	大 (Big)	—	—

(4) 网络模型参数。

目标类型推理贝叶斯网络中条件概率矩阵可以反映专家的经验知识，体现了意图问题中关系变量之间的因果、推理关系。例如，雷达辐射截面积较小的一般是隐身飞机或反辐射导弹，速度较快的一般是对地导弹或歼击机。依据专家经验知识可以得到如图 3.13 所示贝叶斯网络中节点的条件概率，如表 3.4 所示。

表 3.4　目标类型推理条件概率

目标类型 A	变量状态	a_1	a_2	a_3	a_4	a_5
飞行高度 B	b_1	0	0.25	0.5	0.5	0.6
	b_2	0.1	0.3	0.3	0.3	0.25
	b_3	0.4	0.35	0.15	0.15	0.1
	b_4	0.5	0.1	0.05	0.05	0.05
飞行速度 C	c_1	0.1	0.2	0.4	0.3	0.4
	c_2	0.2	0.3	0.4	0.5	0.5
	c_3	0.3	0.4	0.2	0.2	0.1
	c_4	0.4	0.1	0	0	0
飞行加速度 D	d_1	0.2	0.3	0.8	0.8	0.9
	d_2	0.3	0.5	0.2	0.2	0.1
	d_3	0.5	0.2	0	0	0
雷达反射截面积 E	e_1	0.7	0.5	0.2	0.2	0.1
	e_2	0.2	0.3	0.4	0.4	0.2
	e_3	0.1	0.2	0.4	0.4	0.7

需要注意的是，以上条件概率由专家依据经验知识给出，其中难免会掺杂主观因素。在进行样本测试时，可以对样本数据进行反复调试，依据结果比较对条件概率与状态转移概率适度调整，以此实现网络参数的优化，提高模型推理结果的可信度。

(5) 状态数据离散化。

获取得到的目标运动特征数据一般是连续的，如速度、加速度等。由前面分析可知每个因素的状态都应该是离散的，因此需要将数值连续的数据进行离散化处理，得到可以输入贝叶斯网络的离散化数据。

对于飞行高度、飞行速度、飞行加速度、雷达反射截面积数据，一般通过设定临界值加以区分，其离散化结果如表 3.5 所示。

表 3.5　部分变量离散化方法

目标类型	状态 1	状态 2	状态 3	状态 4
飞行高度 B	>7000 (高空 b_1)	1000～7000 (中空 b_2)	100～1000 (低空 b_3)	<100 (超低空 b_4)
飞行速度 C	<100 (低速 c_1)	110～250 (中速 c_2)	250～340 (高速 c_3)	>340 (超高速 c_4)

续表

变量名称	状态 1	状态 2	状态 3	状态 4
飞行加速度 D	<1 (一般 d_1)	1~2 (中等 d_2)	2~6 (明显 d_3)	—
雷达反射截面积 E	<0.05 (小 e_1)	0.05~1 (中 e_2)	1~10 (大 e_3)	—

(6) 仿真分析。

假设雷达对某观测目标获得了 8 个时刻的直接观测数据。利用上述方法对数据进行离散化之后，可以得到 8 个时刻目标状态的观测值，如表 3.6 所示。

表 3.6　不同时刻目标状态的观测值

时刻 T	飞行高度 B	飞行速度 C	飞行加速度 D	雷达反射截面积 E
1	(0,0.403,0.597,0)	(0,0,0.683,0.317)	(0.406,0.594,0)	(0.632,0.368,0)
2	(0,0.321,0.679,0)	(0,0,0.683,0.317)	(0.252,0.748,0)	(0.709,0.291,0)
3	(0,0.193,0.817,0)	(0,0,0.421,0.679)	(0.252,0.748,0)	(0.782,0.218,0)
4	(0,0,0.765,0.235)	(0,0,0.421,0.679)	(0.198,0.802,0)	(0.698,0.302,0)
5	(0,0,0.610,0.390)	(0,0,0.421,0.679)	(0.198,0.802,0)	(0.814,0.186,0)
6	(0,0,0.438,0.562)	(0,0,0.365,0.635)	(0.198,0.802,0)	(0.715,0.285,0)
7	(0,0,0.325,0.675)	(0,0,0.252,0.748)	(0,0.365,0.635)	(0.783,0.217,0)
8	(0,0,0.296,0.704)	(0,0,0.202,0.798)	(0,0.391,0.609)	(0.801,0.199,0)

根据图 3.12 所示的动态贝叶斯网络目标类型推理模型以及表 3.4 所列的条件概率，利用动态贝叶斯网络推理机制，对这个单一目标 8 个时刻的意图进行分析。其中，在初始时刻由于不知道目标的类型，故设定初始时刻目标为五种类型的概率均为 0.2。

各个时刻的目标类型推理仿真结果如图 3.14 所示。

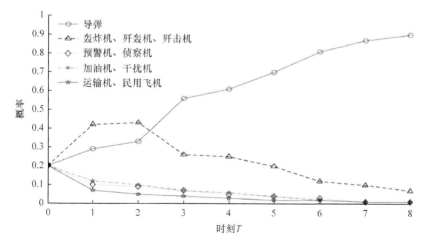

图 3.14　目标类型推理结果变化曲线

从图 3.14 可以看出，在推理初始时刻由于缺少证据，目标的不同类型的先验概率相同，之后随着多个时刻数据的逐渐输入，目标不同类型的推理情况发生变化，最终在第 8 个时刻推理目标类型很大概率是导弹。

2. 基于证据理论的决策级目标类型识别

1) 决策级目标类型识别框架

决策级目标类型融合识别是高层次的融合识别方法，各传感器先在本地进行预处理、特征提取和目标类型识别，融合中心对各传感器输出的目标类型识别结果再进行关联和决策融合处理。决策级目标类型识别框架如图 3.15 所示。

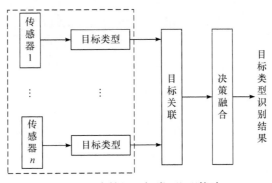

图 3.15　决策级目标类型识别框架

传感器输出关于目标类型的识别结果和度量值(如识别概率、可信度等)，在融合处理中心，利用其他传感器输出目标类型的识别结果和度量值，先对目标进行关联处理，对同一目标进行决策级融合处理，最终得到目标类型的综合识别结果。

在融合系统中，来自不同来源的信息通常是不精确、不确定甚至是矛盾的。目前，决策级融合处理的常用方法有贝叶斯推理、神经网络、D-S(Dempster-Shafer)证据理论、模糊逻辑等。D-S 证据理论由于其在处理不确定性问题方面的灵活性而被广泛应用于数据融合。而传感器提供的信息的可靠性并不是完全相同的，这可能是由传感器特有的许多因素造成的，并且传感器得到的证据可靠性不仅与传感器自身属性密切相关，而且受其工作状态、工作环境等动态因素的影响，前者称为传感器的静态可靠性，是传感器的固有属性，后者则称为传感器的动态可靠性。显然，证据的可靠性是传感器静态可靠性和动态可靠性的综合反映。在基于证据理论的决策层信息融合中，传感器的静态可靠性与动态可靠性共同影响证据的可靠性。为了正确评估证据的可靠性，应充分考虑传感器的静态可靠性及其动态输出的影响，从证据理论和直觉模糊集的关系中得到启示，对基于证据理论和直觉模糊集的传感器可靠性评价方法进行改进，将基本概率赋值(basic probability assignment，BPA)转换为直觉模糊集，基于直觉模糊运算和相似度测量计算出 BPA 之间的支持度。

2) 证据理论

辨识框架(discernment frame)是证据理论中进行证据建模和证据组合的基础，也正是通过辨识框架将命题与集合对应起来，实现从抽象逻辑概念向直观集合概念的转化。在证据理论中对于一个判决问题而言，其所有互不相容的结果组成的完备集合 $\Theta = \{\theta_1, \theta_2, \cdots, \theta_n\}$ 称为辨识框架。由辨识框架 Θ 的所有子集组成的集合称为 Θ 的幂集，记作 2^Θ ，它的基数为 $2^{|\Theta|}$ 。也就是说，证据理论是基于辨识框架用集合来表示命题的，例如，盒子中共有红、黄、蓝三种颜色的球，用 x 代表任意取出一个球的颜色，那么该问题的辨识框架为 $\Theta = \{红, 黄, 蓝\}$ ，则 $A = \{红\}$ 表示命题"取出的球是红色"，$A = \{红, 蓝\}$ 则表示命题"取出的球可能是红色或蓝色"。

辨识框架 Θ 确定以后，该问题的决策者可以根据可用信息对其命题所对应的子集赋予相应的信任度，具体表现为基本概率分配函数、信任函数、似真度函数等信任量化函数，这些函数分别从不同角度对信任度进行量化，各函数之间均存在对应关系。因此，通过其中一个函数可以同时获取其他所有函数。下面对证据理论中用来量化信任度的函数进行说明。

定义 3-1　基本概率分配函数：设 $\Theta = \{\theta_1, \theta_2, \cdots, \theta_n\}$ 为辨识框架，若函数 $m : 2^\Theta \to [0,1]$ 满足以下条件：

(1) $m(\varnothing) = 0$ ；

(2) $0 \leqslant m(A) \leqslant 1$ ，$\forall A \subseteq \Theta$ ；

(3) $\sum\limits_{A \subseteq \Theta} m(A) = 1$ 。

则称之为基本概率分配函数。

基本概率分配函数也被称为基本信任分配(basic belief assignment，BBA)函数或 mass 函数。由于基本概率分配函数反映了证据对各子集的支持程度，通常将 BPA 与证据对应起来。$\forall A \subseteq \Theta$ ，$m(A)$ 称为 A 的基本概率质量(basic probability mass, BPM)，表示证据对命题 A 的支持度。$m(\varnothing) = 0$ 表示空集的基本概率为 0。$\sum\limits_{A \subseteq \Theta} m(A) = 1$ 表示所有子集(命题)赋予的 BPM 之和为 1。

定义 3-2　焦元：m 为辨识框架 $\Theta = \{\theta_1, \theta_2, \cdots, \theta_n\}$ 上的基本概率分配函数，$\forall A \subseteq \Theta$ ，若 $m(A) > 0$ ，则称 A 为 m 的焦元。

如果 $|A| = 1$ ，则 A 为单元素焦元；若 $|A| \geqslant 2$ ，则 A 为复合焦元。所有焦元的并集称为 m 的核(core)，记为 $\mathbb{C}$ ，并称 m 聚焦在 $\mathbb{C}$ 上。

定义 3-3　信任函数(belief function)：m 为辨识框架 $\Theta = \{\theta_1, \theta_2, \cdots, \theta_n\}$ 上的基本概率分配函数，Θ 上的信任函数定义为函数 $\mathrm{Bel} : 2^\Theta \to [0,1]$ ，使得 $\forall A \subseteq \Theta$ 且 $A \neq \varnothing$ ，有

$$\text{Bel}(A) = \sum_{X \subseteq A} m(X) \tag{3.51}$$

且满足 $\text{Bel}(\varnothing) = 0$ 。

$\text{Bel}(A)$ 的数值表示证据对 A 为真的信任程度。

定义 3-4　似真度函数(plausibility function)：m 为辨识框架 $\Theta = \{\theta_1, \theta_2, \cdots, \theta_n\}$ 上的基本概率分配函数，Θ 上的似真度函数定义为函数 $\text{Pl}: 2^{\Theta} \to [0,1]$ ，使得 $\forall A \subseteq \Theta$ 有

$$\text{Pl}(A) = \sum_{X \cap A \neq \varnothing} m(X) = 1 - \text{Bel}(\overline{A}) \tag{3.52}$$

$\text{Pl}(A)$ 的取值称为 A 上的似真度，表示了 A 为非假的信任度。

从信任函数和似真度函数的定义可知，$\text{Bel}(A)$ 和 $\text{Pl}(A)$ 分别代表了证据对 A 的支持度的最小值和最大值，通常用 $[\text{Bel}(A), \text{Pl}(A)]$ 来表示 A 的信任度区间，$\text{Pl}(A) - \text{Bel}(A)$ 在某种程度上反映了 A 的不确定程度。

定义 3-5　Pignistic 概率转换：对辨识框架 $\Theta = \{\theta_1, \theta_2, \cdots, \theta_n\}$ 上的 BPA m，$\forall A \subseteq \Theta$，其 Pignistic 概率转换定义为

$$\text{Bet}P_m(A) = \sum_{B \subseteq \Theta} \frac{|A \cap B|}{|B|} \cdot \frac{m(B)}{1 - m(\varnothing)} \tag{3.53}$$

其中，$\text{Bet}P_m(\cdot)$ 称为 Pignistic 概率函数，在数学形式上与一般的概率函数相同。

特别地，对于单元素子集而言，$\forall \theta \in \Theta$，$\{\theta\}$ 的 Pignistic 概率为

$$\text{Bet}P_m(\{\theta\}) = \sum_{\theta \in B} \frac{1}{|B|} \cdot \frac{m(B)}{1 - m(\varnothing)} \tag{3.54}$$

定义 3-6　Dempster 组合规则：设 m_1 和 m_2 是辨识框架 $\Theta = \{\theta_1, \theta_2, \cdots, \theta_n\}$ 上两个相互独立的基本概率分配函数，二者组合后得到新的 BPA 为：$m = m_1 \oplus m_2$，简记为 $m_{1 \oplus 2}$，对 $\forall \theta \in \Theta$ 满足：

$$m_{1 \oplus 2}(A) = \begin{cases} \dfrac{1}{1-k} \sum_{B \cap C = A} m_1(B) m_2(C), & A \neq \varnothing \\ 0, & A = \varnothing \end{cases} \tag{3.55}$$

其中，

$$k = \sum_{B \cap C = \varnothing} m_1(B) m_2(C) \tag{3.56}$$

表示两个证据间的冲突度，$k = 1$ 表示 m_1 和 m_2 完全冲突，二者不能通过 Dempster 组合规则进行组合。

Dempster 组合规则可以推广到多组证据组合的情形，对于辨识框架 $\Theta = \{\theta_1, \theta_2, \cdots, \theta_n\}$ 上的 p ($p \geqslant 2$)组独立证据 $m_1, m_2, \cdots, m_p$，运用 Dempster 组合规

则将它们组合后得到的证据为 $m_{1\oplus2\oplus\cdots\oplus p}$，对 $\forall A\subseteq\Theta$，$m_{1\oplus2\oplus\cdots\oplus p}$ 满足：

$$m_{1\oplus2\oplus\cdots\oplus p}(A)=\begin{cases}\dfrac{1}{1-k_{1p}}\displaystyle\sum_{\cap A_i=A}\prod_{i=1}^{p}m_i(A_i), & A\neq\varnothing \\ 0, & A=\varnothing\end{cases} \tag{3.57}$$

其中，A_i 表示 m_i 的焦元；k_{1p} 是 p 个证据之间的冲突度，也叫全局冲突系数，表示为

$$k_{1p}=\sum_{\cap A_i=\varnothing}\prod_{i=1}^{p}m_i(A_i) \tag{3.58}$$

通常将 $\cap A_i=\varnothing$ 条件下的 $\displaystyle\prod_{i=1}^{p}m_i(A_i)$ 称为局部冲突系数，显然，全局冲突系数是所有局部冲突系数之和。

Dempster 证据组合规则满足交换律和结合律，这为多个证据的组合提供了方便，既可以串行计算，将各个证据依次组合，也可以并行处理，将若干个证据分别合成，然后再将它们的合成结果进行组合。而且，对若干个相同的证据进行组合时，Dempster 规则表现出较强的聚焦性，即元素少的焦元的基本概率质量会增加，元素多的焦元的基本概率质量会减少，而且证据数量越多该现象越明显。

在基于证据理论的目标融合识别系统中，当获得各传感器的可靠性因子后，通常可基于此对传感器提供的证据对应的 BPA 进行折扣运算，实现对原始证据的修正，其中，最经典的证据折扣运算为 Shafer 折扣准则，设辨识框架 $\Theta=\{\theta_1,\theta_2,\cdots,\theta_n\}$ 上的证据对应的 BPA 为 m，该证据源的可靠性因子为 α，$\alpha\in[0,1]$，由于证据源的可靠性因子与其对应的折扣因子成反比关系，通常采用折扣因子等于 1 减可靠性因子的形式，因此 Shafer 折扣准则可以表示为

$$m^{\alpha}(A)=\begin{cases}\alpha\cdot m(A), & A\in\Theta \\ \alpha\cdot m(A)+1-\alpha, & A=\alpha\end{cases} \tag{3.59}$$

显然，在该式中，折扣因子为 $1-\alpha$。

3) 直觉模糊框架内的证据动态可靠性评估

(1) 基于支持度评估动态可靠性。

在多传感器融合系统中，环境噪声、递增效应和相反的干扰可能导致传感器退化或失效，因此必须能够对传感器进行动态监测和评估。否则，变化较大的数据会对结果产生巨大的影响，降低系统的性能，甚至可能会引发证据理论的冲突问题。动态折扣因子是反映传感器动态性能的代表性指标之一。传感器的折扣系数是根据待分类目标对传感器的整体支持度来确定的，而折扣系数的大小取决于其他传感器对传感器的整体支持度。

根据证据理论与直觉模糊集间的关系，基于辨识框架 $\Theta=\{\theta_1,\theta_2,\cdots,\theta_n\}$ 中的

BPA m 可以得到单元素集合 $\{\theta_i\}$ 的支持度为 $\left[\mathrm{Bel}(\theta_i), \mathrm{Pl}(\theta_i)\right]$，等价于直觉模糊数 $\langle \mathrm{Bel}(\theta_i), 1-\mathrm{Pl}(\theta_i) \rangle$，因此，BPA m 可以转化为论域 $\Theta = \{\theta_1, \theta_2, \cdots, \theta_n\}$ 上的直觉模糊集 M，M 可表示为

$$
\begin{aligned}
M &= \left\{ \langle \theta, \mu_M(\theta), \nu_M(\theta) \rangle \,\middle|\, \theta \in \Theta \right\} \\
&= \left\{ \langle \theta_1, \mathrm{Bel}(\theta_1), 1-\mathrm{Pl}(\theta_1) \rangle, \cdots, \langle \theta_n, \mathrm{Bel}(\theta_n), 1-\mathrm{Pl}(\theta_n) \rangle \right\}
\end{aligned}
\tag{3.60}
$$

证据理论中的 BPA 与直觉模糊集之间的关系可以通过模式识别的应用来解释。假设辨识框架 $\Theta = \{\theta_1, \theta_2, \theta_3\}$，传感器表示的 BPA m 转化为直觉模糊集 A，其中：

$$
M = \left\{ \langle \theta_1, \mathrm{Bel}(\theta_1), 1-\mathrm{Pl}(\theta_1) \rangle, \langle \theta_2, \mathrm{Bel}(\theta_2), 1-\mathrm{Pl}(\theta_2) \rangle, \langle \theta_3, \mathrm{Bel}(\theta_3), 1-\mathrm{Pl}(\theta_3) \rangle \right\}
$$

特别地，如果传感器识别对象作为独立的子集，以 $\{\theta_1\}$ 为例，BPA 可以写为：$m\{\theta_1\} = 1$，$m\{\theta_2\} = 0$，$m\{\theta_3\} = 0$。那么对应的直觉模糊集为 $A = \left\{ \langle \theta_1, 1, 0 \rangle, \langle \theta_2, 0, 1 \rangle, \langle \theta_3, 0, 1 \rangle \right\}$。

如果物体对传感器来说是完全未知的，即传感器不能提供任何关于对象的信息，BPA 为 $m(\Theta) = 0$。因此，可以得到

$$
\mathrm{Bel}(\theta_1) = \mathrm{Bel}(\theta_2) = \mathrm{Bel}(\theta_3) = 0, \quad \mathrm{Pl}(\theta_1) = \mathrm{Pl}(\theta_2) = \mathrm{Pl}(\theta_3) = 1
$$

所以直觉模糊集可以表示为 $A = \left\{ \langle \theta_1, 0, 0 \rangle, \langle \theta_2, 0, 0 \rangle, \langle \theta_3, 0, 0 \rangle \right\}$。这说明传感器将目标识别为完整的集合 Θ，这与传感器对目标的完全无知是一致的。

上述分析可以很容易地应用于多传感器数据融合的其他领域，并且底层模式非常普遍。因此，从传感器读数得到的每一个 BPA 都可以转换成识别框架上定义的直觉模糊集。

在一些修改后的证据组合规则中，提出了 BPA 之间支持度的概念。支持度通常被认为是一种对称的度量，与 BPA 之间的相似性和距离有关。因此，用 Sup 作为两个 BPA m_1 与 m_2 之间的支持度，得到 $\mathrm{Sup}(m_1, m_2) = \mathrm{Sup}(m_2, m_1)$。这说明了两个 BPA 之间的支持度是相同的。假设 Sim 和 Dis 分别是 BPA 之间的相似性测度和距离测度，下列关系已被广泛接受：

$$
\mathrm{Sup}(m_1, m_2) \propto \mathrm{Sim}(m_1, m_2)
$$

$$
\mathrm{Sup}(m_1, m_2) \propto 1 - \mathrm{Dis}(m_1, m_2)
$$

换句话说，两个 BPA 之间的相似度越高或距离度越小，就表示它们之间的支持度越高。因此，支持度通常被认为等价于 BPA 的相似度。

仔细研究这些度量可以发现，相似度描述了两个对象之间的相似程度，反映了它们之间的距离。如果两个对象很接近，就可以说它们的相似度很高。然而，支持度不是两个物体之间的对称度量。对象 o_1 可能在很大程度上支持 o_2，但是，

这并不意味着 o_2 应该在相同程度上支持 o_1。o_1 对 o_2 的支持度是由 o_1 与 o_1、o_2 交集的相似程度决定的，记为 $o_1 \cap o_2$。也就是说，o_1 与 $o_1 \cap o_2$ 一致，所以 o_1 支持 o_2。这种理念可以很容易地扩展到 BPA 之间的支持度。对于两个 BPA m_1 和 m_2，支持度 Sup 满足 $\mathrm{Sup}(m_1, m_2) \propto \mathrm{Sim}(m_1, m_1 \cap m_2)$。并且，$\mathrm{Sup}(m_1, m_2) \neq \mathrm{Sup}(m_2, m_1)$ 在大多数情况下都成立。为了清楚起见，我们可以将 m_1 与 $m_1 \cap m_2$ 之间的相似度作为 m_1 支持 m_2 的程度，即 $\mathrm{Sup}(m_1, m_2) = \mathrm{Sim}(m_1, m_1 \cap m_2)$。同样，也可以得到 $\mathrm{Sup}(m_2, m_1) = \mathrm{Sim}(m_2, m_1 \cap m_2)$。

考虑到 BPA 和 IFS 之间的关系，可以在 IFS 框架下计算出 BPA 的支持度，这将为定义 BPA 上的交集运算提供很大的方便。因此，支持度 $\mathrm{Sup}(m_1, m_2)$ 可由支持度 $\mathrm{Sup}(A_1, A_2)$ 计算得到，其中 A_1 和 A_2 分别为由 m_1 和 m_2 推导出的 IFS。所以可以得到

$$\mathrm{Sup}(m_1, m_2) = \mathrm{Sup}(A_1, A_2) = \mathrm{Sim}(A_1, A_1 \cap A_2) \tag{3.61}$$

对于定义在 $X = \{x_1, x_2, \cdots, x_n\}$ 上的直觉模糊集 A 和 B，二者的交集运算为

$$A \cap B = \left\{ \left\langle x, \mu_A(x) \wedge \mu_B(x), \nu_A(x) \vee \nu_B(x) \right\rangle \big| x \in X \right\} \tag{3.62}$$

近年来，研究人员提出了许多方法来定义 IFS 的相似性度量。在计算支持度时，采用了基于欧几里得距离的 IFS 相似度测度。

定义 3-7(基于欧几里得距离的直觉模糊集相似度)　对于论域 $X = \{x_1, x_2, \cdots, x_n\}$ 中的直觉模糊集 $A = \left\{ \left\langle x, \mu_A(x), \nu_A(x) \right\rangle \big| x \in X \right\}$ 和 $B = \left\{ \left\langle x, \mu_B(x), \nu_B(x) \right\rangle \big| x \in X \right\}$，它们之间的相似度定义为

$$S_E(A, B) = 1 - \frac{1}{n} \sum_{i=1}^{n} \sqrt{\frac{\left(\mu_A(x_i) - \mu_B(x_i)\right)^2 + \left(\nu_A(x_i) - \nu_B(x_i)\right)^2}{2}} \tag{3.63}$$

可以证明 $S_E(A, B)$ 满足直觉模糊集之间相似性度量的所有期望性质。基于以上分析，可以通过下列步骤来构建两个 BPA m_1 和 m_2 间的支持度：

① 根据式(3.61)、式(3.62)计算 m_1 和 m_2 对应单子集的信任函数和似真度函数；

② 根据 m_1 和 m_2 通过式(3.63)得到两个直觉模糊集 A_1 和 A_2；

③ 根据式(3.62)计算 A_1 和 A_2 的交集，记为 $A_1 \cap A_2$；

④ 根据式(3.63)计算相似度 $S_E(A_1, A_1 \cap A_2)$ 和 $S_E(A_2, A_1 \cap A_2)$。

最后，得到 m_1 对 m_2 的支持程度为 $\mathrm{Sup}(m_1, m_2) = S_E(A_1, A_1 \cap A_2)$，$m_2$ 对 m_1 的支持程度为 $\mathrm{Sup}(m_2, m_1) = S_E(A_2, A_1 \cap A_2)$。考虑到 $S_E(A, B)$ 的性质，可以得到 $m_1 = m_2 \Rightarrow \mathrm{Sup}(m_1, m_2) = \mathrm{Sup}(m_2, m_1) = 1$。

假设传感器数量为 N，每个传感器提供的 BPA 为 m_N。在得到各 BPA 支持度后，我们可以构造一个支持度矩阵(support degree matrix，SDM)。SDM 表示为

$$\text{SDM} = \begin{bmatrix} \text{Sup}(m_1,m_1) & \text{Sup}(m_1,m_2) & \cdots & \text{Sup}(m_1,m_N) \\ \text{Sup}(m_2,m_1) & \text{Sup}(m_2,m_2) & \cdots & \text{Sup}(m_2,m_N) \\ \vdots & \vdots & & \vdots \\ \text{Sup}(m_N,m_1) & \text{Sup}(m_N,m_2) & \cdots & \text{Sup}(m_N,m_N) \end{bmatrix} \quad (3.64)$$

注意到,第 j 列中的元素表示 m_j 受其他 BPA 支持的程度。因此, m_j 从其他所有 BPA 得到的总支持度可以定义为

$$\text{Sup}_T(m_j) = \sum_{i=1,i\neq j}^{N} \text{Sup}(m_i,m_j) \quad (3.65)$$

一般来说,一个传感器的支持度越大,则传感器的可靠性越高;否则,传感器被认为是不可靠的。与传感器相关的可靠性是传感器与其他传感器兼容性的函数,显然,每个传感器的相对可靠性可以定义为它所提供的 BPA 的相对总支持度。因此得到

$$R'(S_j) = \frac{\text{Sup}_T(m_j)}{\sum_{j=1}^{N} \text{Sup}_T(m_j)} \quad (3.66)$$

对于 N 个传感器,将相对可靠性最高的一个传感器作为主要传感器,其动态可靠性因子为 1。因此,传感器 $S_i(i=1,2,\cdots,N)$ 的绝对动态可靠度可表示为

$$R(S_i) = \frac{R'(S_i)}{\max\limits_{j=1,2,\cdots,N}\{R'(S_j)\}} \quad (3.67)$$

对比式(3.65)和式(3.66),可进一步得到传感器 $S_i(i=1,2,\cdots,N)$ 的绝对动态可靠度为

$$R(S_i) = \frac{\text{Sup}_T(m_i)}{\max\limits_{j=1,2,\cdots,N}\{\text{Sup}_T(m_j)\}} \quad (3.68)$$

(2) 基于动态可靠性评估的证据组合方法。

得到了传感器的动态可靠度,采用基于证据折扣运算和 Dempster 组合规则,提出一种新的证据组合规则:将动态可靠性因子代入折扣规则,然后用 Dempster 组合规则组合折扣后的信任函数。因此,可以将动态可靠性因子与证据折扣运算结合起来,来融合来自多个传感器的不确定信息。给定 N 个传感器 $S_i(i=1,2,\cdots,N)$ 输出的不确定信息,对各传感器的不确定信息进行处理的过程如下。

步骤 1:使用 BPA 进行不确定数据建模。

在实际应用中,信息或数据可以是任何类型的,因此在证据理论框架下信息

处理的第一步主要是利用 BPA 证据理论对不确定信息建模。传感器 $S_1, S_2, \cdots, S_N$ 的不确定输出用 BPA $m_1, m_2, \cdots, m_N$ 表示。

步骤 2：计算 BPA m_k 的支持度。

① 根据式(3.61)、式(3.62)分别得到各 BPA $m_i (i = 1, 2, \cdots, N)$ 对应的单子集的信任函数和似真度函数；

② 根据式(3.60)得到每个 BPA 对应的 IFS；

③ 根据式(3.62)计算 A_k 与 A_i 的交集，记为 $A_k \cap A_i$，$i = 1, 2, \cdots, N$；

④ 根据式(3.63)计算相似度 $S_E(A_i, A_k \cap A_i)$，$i = 1, 2, \cdots, N$；

⑤ 最后，得到 m_i 对 m_k 的支持程度为 $\mathrm{Sup}(m_i, m_k) = S_E(A_i, A_k \cap A_i)$。

步骤 3：计算各传感器的动态可靠性。

根据各 BPA 之间的支持度，可以构造支持度矩阵为式(3.64)。然后根据式(3.65)和式(3.68)得到各传感器的动态可靠性。

步骤 4：修正所有传感器的原始 BPA。

基于证据折扣运算，对原始 BPA $m_1, m_2, \cdots, m_N$ 进行修正。折扣运算后的 BPA 表示为 $m_1^R, m_2^R, \cdots, m_N^R$。

步骤 5：采用 Dempster 组合规则进行数据融合。

将折扣后的 BPA $m_1^R, m_2^R, \cdots, m_N^R$ 按照 Dempster 组合规则进行组合。

为了更加直观，来自多个传感器的不确定数据的融合过程如图 3.16 所示。

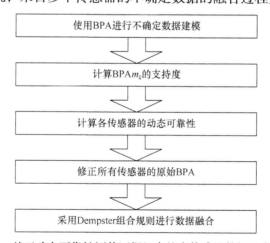

图 3.16　基于动态可靠性评估证据组合的多传感器数据融合流程图

4）目标类型识别应用

假设雷达探测到一个未知的空中目标。三种可能的目标类型分别是弹道目标、大型目标和直升机，表示为 A、B 和 C。因此在证据理论框架下识别框架为 $\Theta = \{A, B, C\}$。为了识别目标的类别，采用三个传感器 S_1、S_2 和 S_3 对目标进行连续跟踪和识别。这三个传感器分别在 t_1、t_2、t_3 三个时间节点输出识别信息。表 3.7 给出了各传感器在各识别时间节点的输出结果对应的 BPA。

表 3.7　各传感器在各识别时间节点的输出结果

	t_1	t_2	t_3
S_1	$m(\{A\})=0.3666$	$m(\{B\})=0.8176$	$m(\{B\})=0.6229$
	$m(\{B\})=0.4563$	$m(\{C\})=0.0003$	$m(\{\Theta\})=0.3771$
	$m(\{A,B\})=0.1185$	$m(\{A,B\})=0.1553$	
	$m(\{\Theta\})=0.0586$	$m(\{\Theta\})=0.0268$	
S_2	$m(\{A\})=0.2793$	$m(\{B\})=0.5658$	$m(\{B\})=0.7660$
	$m(\{B\})=0.4151$	$m(\{C\})=0.0009$	$m(\{\Theta\})=0.2340$
	$m(\{A,B\})=0.2652$	$m(\{A,B\})=0.0646$	
	$m(\{\Theta\})=0.0404$	$m(\{\Theta\})=0.3687$	
S_3	$m(\{A\})=0.2897$	$m(\{B\})=0.2403$	$m(\{B\})=0.6229$
	$m(\{B\})=0.4331$	$m(\{C\})=0.0004$	$m(\{\Theta\})=0.3771$
	$m(\{A,B\})=0.2470$	$m(\{A,B\})=0.0141$	
	$m(\{\Theta\})=0.0302$	$m(\{\Theta\})=0.7452$	

根据提出的非对称支持度，可以得到各时间节点的支持度矩阵如下：

$$\text{SDM}_{t_1} = \begin{bmatrix} 1 & 0.9654 & 0.9697 \\ 0.9697 & 1 & 0.9909 \\ 0.9764 & 0.9933 & 1 \end{bmatrix}, \quad \text{SDM}_{t_2} = \begin{bmatrix} 1 & 0.9407 & 0.8639 \\ 0.8603 & 1 & 0.9232 \\ 0.6946 & 0.8342 & 1 \end{bmatrix},$$

$$\text{SDM}_{t_3} = \begin{bmatrix} 1 & 0.9325 & 0.8883 \\ 0.9663 & 1 & 0.9558 \\ 0.9442 & 0.9779 & 1 \end{bmatrix}$$

计算各时间节点各传感器的动态可靠性。各传感器的动态可靠性为

$$w_{S_1}^{t_1} = 0.9926, \quad w_{S_2}^{t_1} = 0.9990, \quad w_{S_3}^{t_1} = 1$$

$$w_{S_1}^{t_2} = 0.8701, \quad w_{S_2}^{t_2} = 0.9931, \quad w_{S_3}^{t_2} = 1$$

$$w_{S_1}^{t_3} = 1, \quad w_{S_2}^{t_3} = 1, \quad w_{S_3}^{t_3} = 0.9653$$

通过证据折扣运算对原 BPA 进行修正，得到修正后的 BPA 如表 3.8 所示。

表 3.8　证据折扣运算修正后的 BPA

	t_1	t_2	t_3
S_1	$m'(\{A\})=0.3639$	$m'(\{B\})=0.7114$	$m'(\{B\})=0.6229$
	$m'(\{B\})=0.4529$	$m'(\{C\})=0.0003$	$m'(\{\Theta\})=0.3771$

续表

	t_1	t_2	t_3
S_1	$m'(\{A,B\})=0.1176$	$m'(\{A,B\})=0.1351$	
	$m'(\{\Theta\})=0.0656$	$m'(\{\Theta\})=0.1532$	
S_2	$m'(\{A\})=0.2790$	$m'(\{B\})=0.5619$	$m'(\{B\})=0.7660$
	$m'(\{B\})=0.4147$	$m'(\{C\})=0.0009$	$m'(\{\Theta\})=0.2340$
	$m'(\{A,B\})=0.2649$	$m'(\{A,B\})=0.0642$	
	$m'(\{\Theta\})=0.0414$	$m'(\{\Theta\})=0.3731$	
S_3	$m'(\{A\})=0.2897$	$m'(\{B\})=0.2403$	$m'(\{B\})=0.8300$
	$m'(\{B\})=0.4331$	$m'(\{C\})=0.0004$	$m'(\{\Theta\})=0.1700$
	$m'(\{A,B\})=0.2470$	$m'(\{A,B\})=0.0141$	
	$m'(\{\Theta\})=0.0302$	$m'(\{\Theta\})=0.7452$	

在每个时间节点，利用 Dempster 组合规则融合所有传感器的信息。由此可以得到三个时间节点的融合结果，如表 3.9 所示。

表 3.9　所有时间节点的融合结果

t_1	t_2	t_3
$m(\{A\})=0.3375$	$m(\{B\})=0.8998$	$m(\{B\})=0.9850$
$m(\{B\})=0.6308$	$m(\{C\})=0.0002$	$m(\{\Theta\})=0.0150$
$m(\{A,B\})=0.0315$	$m(\{A,B\})=0.0581$	
$m(\{\Theta\})=0.0002$	$m(\{\Theta\})=0.0419$	

从表 3.9 所示的融合结果可以看出，三个传感器在所有时间节点的融合结果说明未知空中目标是大型目标。不仅如此，从时间节点 t_1 到 t_2，在最终结果中，分配给 $\{B\}$ 的基本概率在增加。这说明在连续识别过程中，决策的可靠性随着最新信息的收集而提高，这种现象与对目标识别的直观分析相吻合。

3.4.2　基于时空域证据融合的决策级融合识别

1. 融合识别框架

决策级融合识别是高层次的融合识别方法，各传感器先在本地进行预处理、特征提取和综合目标识别，融合中心对各传感器输出的综合识别结果再进行关联和决策融合处理。决策级融合识别框架如图 3.17 所示。

跟踪识别雷达经过特征提取、模式分类和综合识别后，输出关于弹道目标的识别结果和度量值(如识别概率、可信度等)。在融合处理中心，利用其他跟踪识别雷达输出弹道目标的识别结果和度量值，先对目标进行关联处理，再对同一目标进行决策级融合处理，得到目标的综合识别结果。目前，决策级融合处理的常用方法有贝叶斯推理、神经网络、D-S 证据理论、模糊逻辑等。

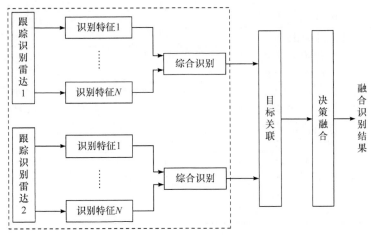

图 3.17　决策级融合识别框架

2. 基于时空域证据融合的目标识别模型

在分布式协同作战目标识别中，各个协同信息处理单元先根据自身传感器信息得到目标的独立判别结果，之后通过信息交互，将各自的判别结果传输给网络中其他节点，各节点在接收到其他节点判别结果之后再进行融合，得到最终判别结果。但是传感器会受到干扰且自身性能不稳定，使得单周期的传感器信息不一定准确，因此往往需要进行多周期的信息融合，即时域信息融合。

根据时域信息融合的过程不同，可以将时空域融合模型分为递归集中式、递归分布式无反馈、递归分布式有反馈等三类(宋亚飞等，2016)。

在递归集中式模型中(图 3.18)，先对 N 个传感器的独立判别结果进行空域信

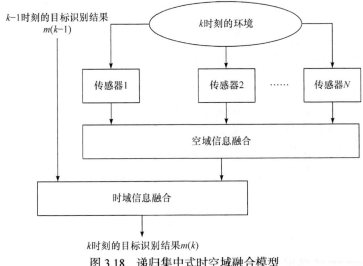

图 3.18　递归集中式时空域融合模型

息融合，之后再和系统 $k-1$ 时刻的目标识别结果 $m(k-1)$ 进行时域信息融合，最终得到 k 时刻的目标识别结果 $m(k)$。

在递归分布式无反馈模型中(图 3.19)，将每个传感器当前时刻的判别结果和传感器在 $k-1$ 时刻的时域目标识别结果 $m^i(k-1)(i=1,2,\cdots,N)$ 进行时域信息融合，得到每个传感器当前时刻的融合结果 $m^i(k)(i=1,2,\cdots,N)$，将 N 个传感器当前时刻的融合结果进行融合得到 k 时刻的时空域融合结果 $m(k)$。

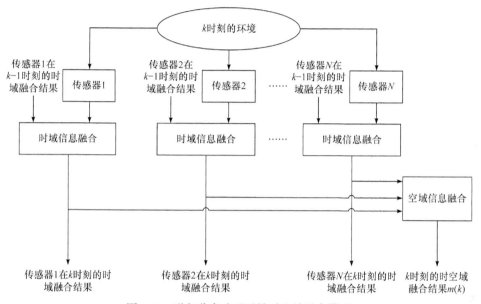

图 3.19　递归分布式无反馈时空域融合模型

在递归分布式有反馈模型中(图 3.20)，将每个传感器当前判别结果和 $k-1$ 时刻的融合结果 $m(k-1)$ 进行时域信息融合，得到该传感器 k 时刻的时域融合结果，之后将 N 个传感器时域融合的结果进行融合得到 k 时刻的时空域融合结果 $m(k)$。

对三种模型进行数学分析。

递归集中式：

$$
\begin{aligned}
m(k) &= m(k-1)\oplus[m_1(k)\oplus m_2(k)\oplus\cdots\oplus m_N(k)]\\
&= m(k-2)\oplus[m_1(k-1)\oplus m_2(k-1)\oplus\cdots\oplus m_N(k-1)]\\
&\quad \oplus\cdots\oplus[m_1(k)\oplus m_2(k)\oplus\cdots\oplus m_N(k)]\\
&= \cdots\cdots\\
&= [m_1(1)\oplus m_2(1)\oplus\cdots\oplus m_N(1)]\oplus\cdots\oplus[m_1(k)\oplus m_2(k)\oplus\ldots\oplus m_N(k)]
\end{aligned}
$$

(3.69)

递归分布式无反馈：

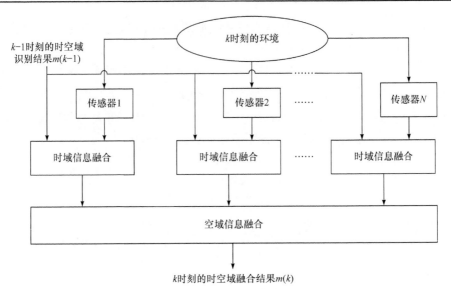

图 3.20　递归分布式有反馈时空域融合模型

$$
\begin{aligned}
m(k) &= m^1(k) \oplus m^2(k) \oplus \cdots \oplus m^N(k) \\
&= [m^1(k-1) \oplus m_1(k)] \oplus [m^2(k-1) \oplus m_2(k)] \oplus \cdots \oplus [m^N(k-1) \oplus m_N(k)] \\
&= \cdots\cdots \\
&= [m^1(1) \oplus m_1(2) \oplus \cdots \oplus m_1(k)] \oplus \cdots \oplus [m^N(1) \oplus m_N(2) \oplus \cdots \oplus m_N(k)] \\
&= [m_1(1) \oplus m_1(2) \oplus \cdots \oplus m_1(k)] \oplus \cdots \oplus [m_N(1) \oplus m_N(2) \oplus \cdots \oplus m_N(k)]
\end{aligned}
$$

$$(3.70)$$

递归分布式有反馈：

$$
\begin{aligned}
m(k) &= m^1(k) \oplus m^2(k) \oplus \cdots \oplus m^N(k) \\
&= [m(k-1) \oplus m_1(k)] \oplus [m(k-1) \oplus m_2(k)] \oplus \cdots \oplus [m(k-1) \oplus m_N(k)] \\
&= Y(k) \oplus m(k-1)^N = Y(k) \oplus [Y(k-1) \oplus m(k-2)^N]^N \\
&= \cdots\cdots \\
&= Y(k) \oplus Y(k-1)^N \oplus Y(k-2)^{N^2} \oplus \cdots \oplus Y(2)^{N^{k-2}} \oplus m(1)^{N^{k-1}} \\
&= Y(k) \oplus Y(k-1)^N \oplus Y(k-2)^{N^2} \oplus \cdots \oplus Y(2)^{N^{k-2}} \oplus Y(1)^{N^{k-1}}
\end{aligned}
$$

$$(3.71)$$

其中，$Y(k) = m_1(k) \oplus m_2(k) \oplus \cdots \oplus m_N(k)$；$m(k)^N = \underbrace{m(k) \oplus m(k) \oplus \cdots \oplus m(k)}_{N\text{个}}$ 表示证据与自身融合 $N-1$ 次。

由式(3.69)、式(3.70)、式(3.71)可以得出：在进行时空域信息融合时，递归集中式时空域融合模型、递归分布式无反馈时空域融合模型能够将每个时刻的证据等权重地融合入 k 时刻融合结果中，三种时空域融合模型特点如表 3.10 所示。而递归分布式有反馈时空域融合模型，由于每个传感器进行时域融合时是和 $k-1$ 时刻的累积目标信息 $m(k-1)$ 进行融合，当递归次数不断增加时，同一个证据被融合的次数也将急速增加，这就使得时刻越靠前的证据被融合的次数也就越多，对结果产生的影响也就更大。

表 3.10 三种时空域融合模型对比

时空域融合模型	优点	缺点
递归集中式	实时性高，精度高	处理数据多
递归分布式无反馈	计算效率和错误容限较高	精度和实时性比递归集中式低
递归分布式有反馈	计算效率和错误容限高	并行性差，时刻靠前证据对结果影响大

在分布式协同作战中，为了提高各个节点对目标识别的时效性和准确性，采用递归集中式融合模型。

D-S 证据理论的关键是对冲突证据的处理，通常对证据进行可靠性评估，根据证据的可靠性对其进行加权组合。在目标识别问题中，目标类型、身份等属于固有属性，在初始阶段，由于目标和传感器的距离较远，传感器获得的目标信息较少，得到的信息准确性较差。随着时间推移，获得的信息量增大，信息准确度也在提高。时间推移到一定程度时，过去时刻获取的信息时效性逐渐降低，当前时刻获取的信息能够提供最大的信息量。在进行时域证据融合时，需要通过数学模型体现出随时间推移，信息可靠性不断衰减的过程，即需要对证据进行实时可靠性评估。

实时可靠性评估描述的是证据随着时间的推移可靠度降低的过程，在此过程中没有考虑当传感器受到外部干扰，出现判别失误的情况。因此需要对时域信息的相对可靠性进行评估，体现因传感器受到干扰或者其自身性能不稳定造成的识别结果失真的情况。

时空域证据融合的目标识别处理流程(高晓阳等，2018)见图 3.21。

在 k 时刻，分布式传感器网络中的多个传感器对目标进行独立识别，形成本地识别结果。各个节点进行信息交互，将本地识别结果传输给网络中其他节点，节点在收到其他节点的信息之后，再进行空域融合。由于每个节点的算法一致，在这里以一个节点的融合过程为例进行说明。在得到空域融合结果之后，将该时刻的空域融合结果与上一时刻的时空域融合结果进行实时可靠性评估，确定实时可靠性折扣因子 α；之后再进行相对可靠性评估，确定相对可靠性折扣因子 β，进行折扣之后再融合，实现时域证据融合。根据此融合模型进行的时空域证据融合能够实现对证据的实时、动态融合，体现出了时空域融合的动态性和序贯性。从图 3.21 中的分析可知，基于时空域证据融合的目标识别主要包括两个重要的评估过程：①实时可靠性评估；②相对可靠性评估。

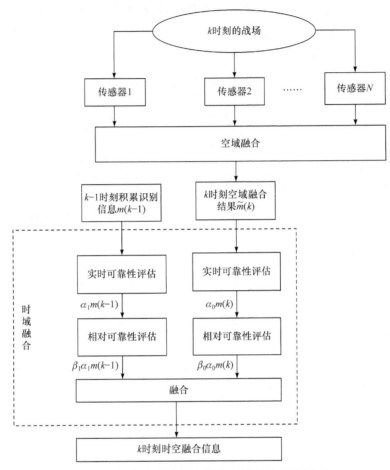

图 3.21　多传感器时空域信息融合的目标识别流程

1) 基于可信度衰减模型的实时可靠性评估(宋亚飞等，2015；吴文华等，2018)

为了表示出目标识别时，证据可信度随时间不断衰减的过程，采用可信度衰减模型。

设 m_j 是系统在 t_j 时刻获得的证据，$\alpha(t_i-t_j)$ 是 m_j 在 $t_i(i>j)$ 时刻的动态可信度，且有 $\alpha(t)\in[0,1]$。当传感器性能稳定，不受干扰时，认为最新获得的证据是最可靠的，即当前时刻的可信度为 1。

系统在 i 时刻获得的证据 m_i 在 j 时刻 $(i<j)$ 的实时可信度为

$$\alpha_{ij}=\mathrm{e}^{-\lambda(j-i)} \tag{3.72}$$

当 $\lambda-0.15$ 时，可信度衰减模型如图 3.22 所示。

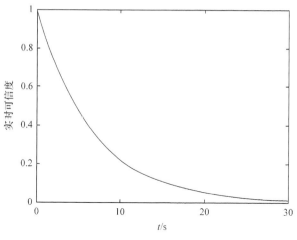

图 3.22　可信度衰减模型 ($\lambda = 0.15$)

由图 3.22 可以看出，实时可信度随时间的推移不断衰减；当 $t = 0$ 即 $i = j$ 时，i 时刻的证据 m_i 的实时可靠度为 1；当 $t \to \infty$ 时，实时可靠度为 0。

2) 基于滑窗理论的证据相对可靠性评估

可信度衰减模型很好表示了证据随时间推移衰减的过程。由于未来战争都是未知的，传感器在战场环境中的性能很可能由于其自身原因或战场环境因素受到严重影响，导致某个时刻的证据失真。而可信度衰减模型只分析了可信度随时间变化的过程，没有分析不同时刻证据之间的相互关系。因此，需要对不同时刻的证据进行相对可靠性评估，将证据理论中的基本概率赋值(BPA)与直觉模糊集相联系，提出基于复合可靠度的时域证据组合方法(temporal evidence combination based on composite reliability factor, TEC-CRF)，依据基于可靠度的直觉模糊排序方法确定权重估计方法，实现相邻时刻证据的相对可靠度评估。

在目标识别问题中，由于目标属性是目标固有属性不会发生变化，在正常情况下，随着时间的推移，融合中心对目标的判别应该是对目标是某类型的支持度越来越高，可见历史信息仍有助于进行目标识别。而 TEC-CRF 只是比较了相邻两个时刻证据的相对可靠度，缺乏对历史信息的利用，使得算法的鲁棒性较差。本节将滑窗理论引入相对可靠性评估中，通过比较 $k-1$ 时刻时空域融合结果 m_{k-1}、k 时刻空域融合结果 $\tilde{m}_k$ 分别与 n 个最新时刻的时空域融合结果 $m_{k-1}, \cdots, m_{k-n}$ 的冲突度定义相对可靠度。

(1) 预处理。

当传感器受到干扰时，可能会导致时空域融合结果与实际结果相违背，出现误判的情况。为评估相邻时刻的证据的相对可靠性，先引入信任度与虚假度的概念，对积累的时空域信息进行预处理，确定时空域证据加权平均的权重。

设 Θ 是辨识框架，由识别框架 Θ 所有子集构成的子空间记为 Γ ，该识别框架中证据的 BPA 可以用子空间 Γ 中行向量 $\boldsymbol{m}$ 表示为

$$\boldsymbol{m} = [m(A_1), m(A_2), \cdots, m(A_{2^M})] \tag{3.73}$$

且有 $m(A_i) \geqslant 0, \sum m(A_i) = 1, A_i \in \Gamma$ 。

两个证据 BPA 分别是 $\boldsymbol{m}_1$ 、 $\boldsymbol{m}_2$ ，证据的焦元中不包含非单子集，那么两者之间的相关系数表示为

$$\mathrm{cor}(\boldsymbol{m}_1, \boldsymbol{m}_2) = \frac{<\boldsymbol{m}_1, \boldsymbol{m}_2>}{|\boldsymbol{m}_1, \boldsymbol{m}_2|} \tag{3.74}$$

当证据的焦元包含非单子集时，利用 Jousselme 距离中的矩阵 $\boldsymbol{D}$ ，将行向量定义为

$$\boldsymbol{D}_k = \left[\frac{\theta_1 \bigcap \theta_k}{\theta_1 \bigcup \theta_k}, \cdots, 1, \cdots, \frac{\theta_n \bigcap \theta_k}{\theta_n \bigcup \theta_k} \right] \tag{3.75}$$

用矩阵 $\boldsymbol{D}$ 对其进行修正，即

$$\boldsymbol{m}_1' = \boldsymbol{m}_1 \boldsymbol{D} \tag{3.76}$$

$$\boldsymbol{m}_2' = \boldsymbol{m}_2 \boldsymbol{D} \tag{3.77}$$

修正后的相关系数为

$$\mathrm{cor}(\boldsymbol{m}_1, \boldsymbol{m}_2) = \frac{<\boldsymbol{m}_1', \boldsymbol{m}_2'>}{|\boldsymbol{m}_1', \boldsymbol{m}_2'|} \tag{3.78}$$

对 m 个证据体 $\boldsymbol{m}_1, \boldsymbol{m}_2, \cdots, \boldsymbol{m}_m$ ，其相关矩阵为

$$\boldsymbol{CM} = \begin{bmatrix} \mathrm{cor}(\boldsymbol{m}_1, \boldsymbol{m}_1) & \mathrm{cor}(\boldsymbol{m}_1, \boldsymbol{m}_2) & \dots & \mathrm{cor}(\boldsymbol{m}_1, \boldsymbol{m}_m) \\ \mathrm{cor}(\boldsymbol{m}_2, \boldsymbol{m}_1) & \mathrm{cor}(\boldsymbol{m}_2, \boldsymbol{m}_2) & \dots & \mathrm{cor}(\boldsymbol{m}_2, \boldsymbol{m}_m) \\ \vdots & \vdots & & \vdots \\ \mathrm{cor}(\boldsymbol{m}_n, \boldsymbol{m}_1) & \mathrm{cor}(\boldsymbol{m}_n, \boldsymbol{m}_2) & \dots & \mathrm{cor}(\boldsymbol{m}_n, \boldsymbol{m}_m) \end{bmatrix} \tag{3.79}$$

设有 m 个证据体 $\boldsymbol{m}_1, \boldsymbol{m}_2, \cdots, \boldsymbol{m}_m$ ，则每个证据 $\boldsymbol{m}_i$ 的信任度为

$$\mathrm{Crd}_i = \frac{1}{n-1} \sum_{\substack{j=1 \\ j \neq i}} \mathrm{cor}(\boldsymbol{m}_i, \boldsymbol{m}_j) \tag{3.80}$$

证据 $\boldsymbol{m}_j$ 的虚假度为

$$F(\boldsymbol{m}_j) = \frac{k_0 - k_j}{1 - k_j} \tag{3.81}$$

k_0 是多个证据源 $\boldsymbol{m}_1, \boldsymbol{m}_2, \cdots, \boldsymbol{m}_m$ 按照 Dempster 规则融合时它们之间的全局冲突

$$k_0 = \sum_{\bigcap_{i=1}^{n} A_i = \phi} \left(\prod_{i=1}^{n} \boldsymbol{m}_i(A_i) \right) \tag{3.82}$$

k_j 是从证据源中剔除 $\boldsymbol{m}_j$，剩余证据之间的局部冲突

$$k_i = \sum_{\bigcap_{i=1, i \neq j}^{n} A_i = \phi} \left(\prod_{i=1, i \neq j}^{n} \boldsymbol{m}_i(A_i) \right) \tag{3.83}$$

根据信任度和虚假度可以定义证据的权重系数为

$$w_i = 1 + \mathrm{Crd}_i - F(\boldsymbol{m}_j) \tag{3.84}$$

对其进行归一化可以得到：

$$\overline{w}_i = \frac{w_i}{\sum_{i=1}^{n} w_i} \tag{3.85}$$

以此作为权重系数对融合中心积累的 n 个时刻的空域融合结果 $m_{k-1}, \cdots, m_{k-n}$ 加权得到 $\overline{m}$。

(2) 基于 Einstein 算子改进冲突度度量的证据相对可靠性评估。

对时空域融合结果与 $\overline{m}$ 的冲突度进行度量，从而对 k 时刻的空域融合结果与 $k-1$ 时刻的时空域融合结果进行相对可靠性评估。

进行冲突度量的方法主要有 Jousselme 距离、Pignistic 概率距离、最小奇异值方法、二元算数均值等。

① Jousselme 距离。

假设有两个互相独立的证据 $\boldsymbol{m}_i$、$\boldsymbol{m}_j$，均从属于目标识别框架 Θ，定义二者间的 Jousselme 距离为

$$d(\boldsymbol{m}_i, \boldsymbol{m}_j) = \sqrt{\frac{(\boldsymbol{m}_i - \boldsymbol{m}_j)^{\mathrm{T}} \boldsymbol{D}(\boldsymbol{m}_i - \boldsymbol{m}_j)}{2}} \tag{3.86}$$

其中，$\boldsymbol{D}$ 是正定系数矩阵，其中的元素为

$$\boldsymbol{D}(\theta_i, \theta_j) = \frac{|\theta_i \cap \theta_j|}{|\theta_i \cup \theta_j|}, \quad \theta_i, \theta_j \in P(\Theta) \tag{3.87}$$

② Pignistic 概率距离。

对于识别框架 $\Theta = \{\theta_1, \theta_2, \cdots, \theta_n\}$ 上的基本概率分配函数 m，$\forall A \subseteq \Theta$。Pignistic 概率计算公式为

$$\mathrm{Bet}P_m(A) = \sum_{B \subseteq \Theta} \frac{|A \cap B|}{|B|} \times \frac{m(B)}{1 - m(\phi)} \tag{3.88}$$

对于单子集元素，$\forall A \subseteq \Theta$，有

$$\mathrm{Bet}P_m(\{\theta\}) = \sum_{\theta \in B} \frac{1}{|B|} \times \frac{m(B)}{1 - m(\phi)} \tag{3.89}$$

其中，$m(\phi) \neq 1$；$|B|$ 是集合 B 的势。

Pignistic 概率距离表示为

$$\mathrm{difBet}P_{m_i}^{m_j} = \max_{A \subseteq \Theta}(|\,\mathrm{Bet}P_{m_i}(A) - \mathrm{Bet}P_{m_j}(A)\,|) \tag{3.90}$$

③ 最小奇异值方法。

$\boldsymbol{m}_i$、$\boldsymbol{m}_j$ 是识别框架 Θ 上的两个 BPA，其对应的焦元集合分别为 F_i 和 F_j，$F = F_i \bigcup F_j = \{\theta_1, \theta_2, \cdots, \theta_m\}$，定义矩阵

$$\boldsymbol{M} = \begin{bmatrix} m_1(\theta_1) & \cdots & m_1(\theta_m) \\ m_2(\theta_1) & \cdots & m_2(\theta_m) \end{bmatrix} \tag{3.91}$$

则有最小奇异值

$$\mathrm{diSV} = \min(\sigma(\boldsymbol{MD})) \tag{3.92}$$

其中，$\boldsymbol{D}$ 如 Jousselme 距离中定义；σ 表示取奇异值。

④ 二元算数均值。

$\boldsymbol{m}_i$、$\boldsymbol{m}_j$ 是识别框架 Θ 上两个相互独立的证据，定义两者之间的冲突因子为

$$K_{ij}^d = \frac{K_{ij} + d(\boldsymbol{m}_i, \boldsymbol{m}_j)}{2} \tag{3.93}$$

其中，K_{ij} 是证据理论中的经典冲突因子；$d(\boldsymbol{m}_i, \boldsymbol{m}_j)$ 是 Jousselme 距离。

这些冲突度量方法各有优缺点，但无法全面表征证据之间的冲突度，基于 Einstein 算子的冲突度量方法，取得了较好的效果。

根据证据冲突定义，用证据之间的向量差的绝对值表示各焦元置信指派的差异，将证据中所有焦元差异进行累加构成两个证据之间的差异性程度。对于非单子集的焦元而言，冲突不单考虑相同焦元置信指派的差异，还要考虑证据之间不同焦元交集不为空集部分的支持程度，对于焦元 $\theta_k(1 \leqslant k \leqslant n)$ 其差异信息行向量 $\boldsymbol{M}_k$ 表示为

$$\boldsymbol{M}_k = [-\boldsymbol{m}_1(\theta_k)\boldsymbol{m}_2(\theta_1), \cdots, |\,\boldsymbol{m}_1(\theta_k) - \boldsymbol{m}_2(\theta_k)\,|, \cdots, -\boldsymbol{m}_1(\theta_k)\boldsymbol{m}_2(\theta_n)] \tag{3.94}$$

根据 Jousselme 距离中 $\boldsymbol{D}$ 的定义，可得将行向量定义为

$$\boldsymbol{D}_k = \left[\frac{\theta_1 \bigcap \theta_k}{\theta_1 \bigcup \theta_k}, \cdots, 1, \cdots, \frac{\theta_n \bigcap \theta_k}{\theta_n \bigcup \theta_k}\right] \tag{3.95}$$

构建列向量

$$\boldsymbol{N} = [\boldsymbol{D}_1, \boldsymbol{D}_2, \cdots, \boldsymbol{D}_n]^{\mathrm{T}} \tag{3.96}$$

$\boldsymbol{m}_i$、$\boldsymbol{m}_j$ 是识别框架 Θ 上的两个 BPA，其对应的焦元集合分别为 F_i 和 F_j，$F = F_i \bigcup F_j = \{\theta_1, \theta_2, \cdots, \theta_m\}$，定义证据之间的差异度为

$$\boldsymbol{MN} = \sum_{k=1}^{n} \boldsymbol{M}_k \boldsymbol{D}_k^{\mathrm{T}} \tag{3.97}$$

根据不确定性度量熵，定义对数形式的证据之间差异因子为

$$\mathrm{df} = \log_a(a - 2 + \boldsymbol{MN}) \tag{3.98}$$

假设 $\boldsymbol{m}_i$、$\boldsymbol{m}_j$ 是辨识框架 Θ 上的两个 BPAF，采用模糊理论中的最大最小法则，证据之间的相关系数 cp 可以定义为

$$\mathrm{cp}(\boldsymbol{m}_i, \boldsymbol{m}_j) = \begin{cases} 0, & (\theta_k)_{\max}^{\boldsymbol{m}_i} \bigcap (\theta_k)_{\max}^{\boldsymbol{m}_j} \neq \varnothing \\ \dfrac{\sum\limits_{k=1}^{n} \min(\boldsymbol{m}_i(\theta_k), \boldsymbol{m}_j(\theta_k))}{\sum\limits_{k=1}^{n} \max(\boldsymbol{m}_i(\theta_k), \boldsymbol{m}_j(\theta_k))}, & \text{其他} \end{cases} \tag{3.99}$$

利用 Einstein 算子构建 m_1 和 m_2 之间的冲突因子

$$\mathrm{cf}(\boldsymbol{m}_i, \boldsymbol{m}_j) = \frac{\mathrm{df}(\boldsymbol{m}_i, \boldsymbol{m}_j) + \mathrm{cp}(\boldsymbol{m}_i, \boldsymbol{m}_j)}{1 + \mathrm{df}(\boldsymbol{m}_i, \boldsymbol{m}_j)\mathrm{cp}(\boldsymbol{m}_i, \boldsymbol{m}_j)} \tag{3.100}$$

基于冲突度的证据权重为

$$\beta_i^c = \frac{1 - \mathrm{cf}_{i0}}{\sum\limits_{i=1}^{n} 1 - \mathrm{cf}_{i0}} \tag{3.101}$$

经过改进的时空域证据融合流程见图 3.23。

由于各节点算法相同，以其中任意一个节点在 k 时刻时空域融合为例对时空域证据融合进行说明。在 k 时刻各节点根据本地信息，形成本地目标识别结果。之后将本地目标识别结果传输至其他节点。在接收到来自其他节点的信息之后，通过融合，形成 k 时刻的空域融合结果。依据可信度衰减模型对 k 时刻空域融合结果及 $k-1$ 时刻的时空域融合结果进行折扣，得到 $\alpha_0 \tilde{m}(k)$ 与 $\alpha_1 m(k-1)$。依据虚假度与信任度模型对历史时空域融合结果进行加权，得到 $\bar{m}$。通过基于 Einstein 算子的相对可靠性评估模型，分别评估 $\alpha_0 \tilde{m}(k)$、$\alpha_1 \tilde{m}(k-1)$、$\alpha_1 m(k-1)$ 与 $\bar{m}$ 的冲突度，确定相对可靠性折扣因子，并分别对其进行折扣。最后通过证据组合规则进行融合，得到 k 时刻的时空域融合结果。

3) 仿真分析

在某段时间共有 6 个来自不同平台的传感器对空域中某来袭弹道目标进行了探测，为提高自身突防能力，该目标在飞行中段释放诱饵，需要正确分辨出真弹头。各传感器相互独立，依据自身探测信息，分别对目标类别进行识别。待识别

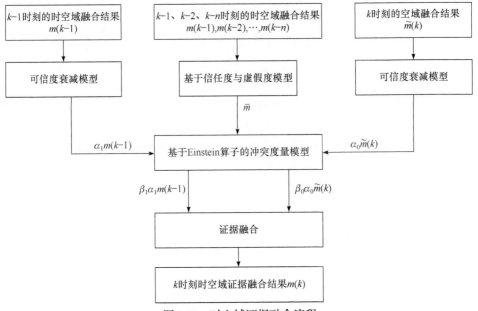

图 3.23　时空域证据融合流程

目标的辨识框架为 $\Theta = \{\theta_1, \theta_2, \theta_3\}$，$\theta_1$ 是真弹头，θ_2 是轻弹头，θ_3 是诱饵(向前等，2021)，各传感器在不同时间节点得到的识别结果见表 3.11。

表 3.11　各传感器在不同时间节点得到的识别结果

时间节点	BPM	传感器 1	传感器 2	传感器 3	传感器 4	传感器 5	传感器 6
	$m(\theta_1)$	0.25	0.30	0.21	0.33	0.63	0.31
$t_1=1$	$m(\theta_2)$	0.30	0.26	0.35	0.27	0.35	0.21
	$m(\theta_3)$	0.45	0.44	0.43	0.39	0.02	0.48
	$m(\theta_1)$	0.44	0.63	0.44	0.35	0.64	0.53
$t_2=3$	$m(\theta_2)$	0.32	0.14	0.33	0.26	0.25	0.12
	$m(\theta_3)$	0.24	0.23	0.23	0.39	0.11	0.35
	$m(\theta_1)$	0.25	0.45	0.27	0.45	0.62	0.12
$t_3=11$	$m(\theta_2)$	0.28	0.24	0.33	0.22	0.14	0.42
	$m(\theta_3)$	0.47	0.31	0.40	0.33	0.24	0.46
	$m(\theta_1)$	0.34	0.32	0.26	0.25	0.44	0.31
$t_4=18$	$m(\theta_2)$	0.30	0.27	0.20	0.26	0.26	0.34
	$m(\theta_3)$	0.36	0.41	0.54	0.49	0.30	0.35
	$m(\theta_1)$	0.34	0.35	0.24	0.37	0.33	0.30
$t_5=21$	$m(\theta_2)$	0.31	0.31	0.26	0.26	0.30	0.39
	$m(\theta_3)$	0.35	0.34	0.50	0.37	0.37	0.31

采用图 3.23 的时空域证据融合流程进行融合识别。首先进行多传感器的空域融合，得到融合结果，见表 3.12。

表 3.12　多传感器空域融合结果

时间节点	$m(\theta_1)$	$m(\theta_2)$	$m(\theta_3)$
$t_1=1$	0.232	0.130	0.638
$t_2=3$	0.951	0.019	0.030
$t_3=11$	0.443	0.099	0.548
$t_4=18$	0.195	0.092	0.713
$t_5=21$	0.255	0.196	0.550

分别采用 TEC-CRF 和本节方法对表 3.12 的空域融合结果进行融合，得到时空域融合结果，见表 3.13。

表 3.13　基于 TEC-CRF 和本节方法的时空域融合结果

时间节点	$BetP_m(\theta_1)$		$BetP_m(\theta_2)$		$BetP_m(\theta_3)$	
	TEC-CRF	本节方法	TEC-CRF	本节方法	TEC-CRF	本节方法
$t_1=1$	0.2320	0.2320	0.1300	0.1300	0.6380	0.6380
$t_2=3$	0.9414	0.9510	0.0168	0.0190	0.0418	0.0300
$t_3=11$	0.7852	0.5693	0.0430	0.0680	0.1752	0.3627
$t_4=18$	0.5112	0.3141	0.0536	0.1617	0.4351	0.5242
$t_5=21$	0.2903	0.2503	0.1275	0.1736	0.5823	0.5760

基于 TEC-CRF 和本节方法进行时域融合所得到的 Pignistic 概率及其变化趋势见图 3.24 及图 3.25。

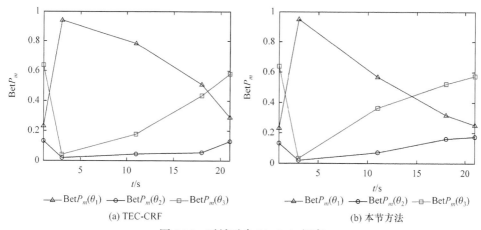

图 3.24　时域融合 Pignistic 概率

　　通过空域融合结果可以知道，系统在 $t_2=3$ 时受到干扰。由图 3.24(a)可以得知，此时 TEC-CRF 中 $BetP_m(\theta_1)>BetP_m(\theta_3)>BetP_m(\theta_2)$，系统出现判别结果错误的情况；之后干扰结束，$BetP_m(\theta_1)$ 开始下降，在 $t_3=11$ 时刻，仍出现 $BetP_m(\theta_1)>BetP_m(\theta_3)>BetP_m(\theta_2)$，系统能够对冲突进行一定的处理，但依然受干扰影响，出现错误的判别结果；随着空域融合结果的不断输入，$BetP_m(\theta_1)$ 不断下降，$BetP_m(\theta_3)$ 不断上升，在 $t_5=21$ 时刻，$BetP_m(\theta_3)>BetP_m(\theta_1)>BetP_m(\theta_2)$，可将目标识别为 θ_3。

　　从图 3.24(b)中可以看出，系统在 $t_2=3$ 时刻受到干扰，此时做出错误判决，在干扰结束后，$t_3=11$ 时刻，$BetP_m(\theta_1)>BetP_m(\theta_3)>BetP_m(\theta_2)$，此时仍是错误结果，但相比于 TEC-CRF，目标 θ_1 的判别概率 $BetP_m(\theta_1)$ 下降明显，在 $t_4=18$ 时刻 $BetP_m(\theta_3)>BetP_m(\theta_1)>BetP_m(\theta_2)$，系统从干扰中恢复，得出正确的判别结果，为更好表示判别概率的变化，图 3.25 给出了在两种方法下，$BetP_m(\theta_1)$、$BetP_m(\theta_2)$、$BetP_m(\theta_3)$ 随时间的变化趋势。

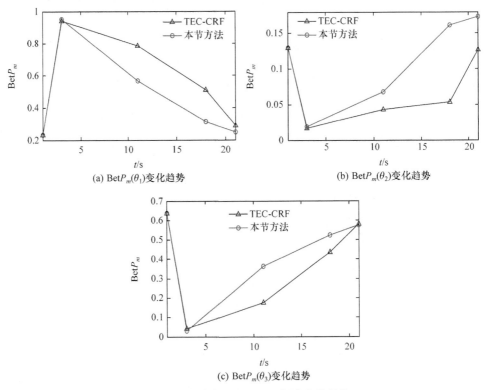

(a) $BetP_m(\theta_1)$ 变化趋势　　　　　　　　(b) $BetP_m(\theta_2)$ 变化趋势

(c) $BetP_m(\theta_3)$ 变化趋势

图 3.25　两种方法 Pignistic 概率变化趋势

　　从图 3.25 可以看出，系统受到干扰后，本节方法恢复得更快，具有良好的抗干扰能力。TEC-CRF 将直觉模糊集和 BPA 相联系，通过对区间数的排序，对相邻时刻的证据进行相对可靠性评估,确定权重。这种方法相对于可信度衰减模型实现了对冲突数据的处理,但是缺少对历史信息的利用,抗干扰能力较弱。而基于具有时空域信息累积的系统进行时空域信息融合,增加了对历史信息的应用,具有良好的抗干扰能力。

参 考 文 献

杜广洋, 郑学合. 2018. 弹道导弹过关机点状态估计方法研究[J]. 现代防御技术, 46(6): 24-29.

高晓阳, 王刚. 2018. 基于改进时域证据融合的目标识别[J]. 系统工程与电子技术, 40(12): 2629-2635.

贺正洪, 刘昌云, 王刚, 等. 2023. 防空反导指挥信息系统信息处理[M]. 北京: 国防工业出版社.

李松. 2013. 基于微多普勒效应的弹道目标特征提取及应用[D]. 西安: 空军工程大学.

李松, 朱丰, 刘昌云. 2011. 基于压缩感知的弹道导弹多普勒提取方法[J]. 电波科学学报, 26(5): 990-996.

李晓宇, 田康生, 郑玉军, 等. 2014. 基于关机点状态的弹道导弹落点估计及误差分析[J]. 舰船电子对抗, 37(5): 71-74.

宋亚飞, 王晓丹, 雷蕾. 2016. 基于直觉模糊集的时域证据组合方法研究[J]. 自动化学报, 42(9): 1322-1338.

宋亚飞, 王晓丹, 雷蕾, 等. 2015. 时域证据融合中的可信度衰减模型[J]. 系统工程与电子技术, 37(7): 1489-1493.

孙瑜, 孟凡坤, 吴楠, 等. 2016a. 基于 J2 摄动的弹道导弹高精度弹道预报和误差传播分析[J]. 弹道学报, 28(2): 18-24.

孙瑜, 孟凡坤, 吴楠, 等. 2016b. 解析几何法和数值积分法的弹道预报性能分析[J]. 信息工程大学学报, 17(5): 635-640.

吴文华, 宋亚飞, 刘晶. 2018. 直觉模糊框架内的证据动态可靠性评估及应用[J]. 计算机科学, 45(12): 160-165, 176.

向前, 王晓丹, 宋亚飞, 等. 2021. 基于代价敏感剪枝卷积神经网络的弹道目标识别[J]. 北京航空航天大学学报, 47(11): 2387-2397.

杨少春, 吴林锋, 王刚, 等. 2012. 弹道导弹中段轨迹预测研究[J]. 空军工程大学学报(自然科学版), 13(4): 39-43.

赵锋, 毕莉, 肖顺平. 2008. 弹道导弹防御预警系统弹道预测误差分析[J]. 弹道学报, 20(4): 49-52, 68.

第4章　多传感器协同探测跟踪任务规划

利用综合航迹和弹道轨迹预测信息进行多传感器探测跟踪任务的规划，从而对传感器资源进行统一的调度与管理，实现传感器探测跟踪资源的一体化运用，从而有效提高对目标的探测跟踪质量。本章首先分析了多传感器协同探测跟踪任务规划的功能定位、特点，然后分析了多传感器引导交接策略，最后分析了集中式与分布式的多传感器探测跟踪任务规划原理。

4.1　概　　述

4.1.1　协同探测跟踪任务规划的功能定位

在反导作战过程中，信息处理主要包括单传感器信息处理、态势处理、指挥控制、多传感器协同探测跟踪任务规划、拦截任务规划等过程(付强等，2014；李志汇，2015；李志汇等，2015a；李志汇等，2016)，其相互关系如图4.1所示。

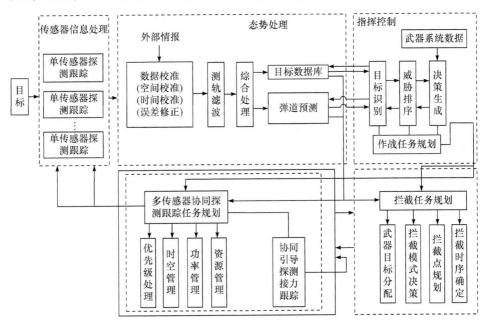

图 4.1　信息处理过程与多传感器协同任务规划的关系

从图 4.1 中可以看出，反导传感器网络包含各种不同类型的传感器，是由天基卫星、空基雷达、地基雷达、武器系统的制导雷达等构成的一体化复杂大规模的传感器网络，在对弹道导弹进行预警、跟踪、识别和拦截过程中，各类传感器相互交链，在不同的阶段发挥不同的作战功能。

在图 4.1 中，多源传感器处理、态势处理中心对应于信息融合模型，主要用于对弹道目标进行不断地探测、跟踪与识别，获取弹道目标的相关信息，如目标的状态(位置、速度、加速度、轨迹等)和属性(威胁度)，其本质上属于低级信息融合过程；而反导多传感器协同探测跟踪任务规划模块作为信息融合模型的反馈部分，与信息融合模型一起构成了具有动态反馈结构的、能够实时融合调整和整体优化的闭环控制模式。由此可知，反导多传感器协同任务规划是为信息融合、传感器协同资源调度服务的，而信息融合则是反导多传感器协同任务规划的基础。

4.1.2　协同探测跟踪任务的特点

由于弹道目标飞行地域跨度大，天基卫星或者地基雷达的探测范围有限，单个传感器不可能完成弹道导弹整个弹道全阶段的探测跟踪任务，因此，需要多个传感器之间进行协同、配合。在多传感器协同探测跟踪弹道目标的作战过程中，多传感器协同探测跟踪弹道目标的任务具有如下特点。

(1) 参与协同探测跟踪弹道目标的传感器资源众多，种类也不同，当弹道目标的数量较多时，传感器与弹道目标之间的可视化关系将十分复杂，另外，传感器只能对处于其探测覆盖范围内的弹道目标执行探测任务。

(2) 弹道目标飞行过程中地域跨度范围大，会不断脱离其中一个传感器的可视化时间段而进入另一个传感器的可视化时间段，因此需要多个传感器进行探测跟踪任务的协同。

(3) 由于弹道目标在自由段很少进行大幅度的变轨，因此，可以对弹道目标的轨迹进行预测，从而获得各个传感器对弹道目标的可视化时间段，便于传感器任务规划的制定。

(4) 弹道目标的出现有很大的不确定性，主要表现为发射时间的随机性、发射地点的随机性和来袭数量的随机性等，所以对其协同探测跟踪任务也是随机的、动态的，存在着新的弹道目标产生和传感器资源发生故障等突发事件。

(5) 当有多个弹道目标同时出现时，需要进行目标的威胁评估，需对威胁度高的目标优先进行探测跟踪，因此，协同探测跟踪任务是有优先级的。

(6) 反导作战的时间短、精度高，具有极强的实时性，需要实时进行协同探测跟踪任务的调度，一旦调度丢失目标就会产生严重后果。

4.2　多传感器引导交接策略

在反导作战体系中，预测探测系统主要由天基预警系统、地基预警系统、地/海基跟踪识别系统等多种不同任务属性、精度特定的传感器所组成，通过 C2BMC 系统实现多传感器的集成调度管理，实现不同传感器之间的目标引导交接，从而大大增强对目标的探测跟踪能力。

4.2.1　多传感器协同预警探测引导交接过程

根据探测预警系统各个预警装备的能力，在 C2BMC 系统的统一调度之下，主要有两种典型的引导交接模式：①天基预警卫星对预警雷达的引导交接；②预警雷达对跟踪识别雷达的引导交接(刘邦朝等，2015)。

1. 天基预警卫星对预警雷达的引导交接

C2BMC 系统利用天基预警卫星的信息，生成预警雷达的探测跟踪任务，实现对预警雷达的引导截获，其引导交接的执行过程如图 4.2 所示。

图 4.2　天基预警卫星对预警雷达引导交接的执行过程

结合弹道导弹目标的飞行过程和图 4.2，可以得到天基预警卫星对预警雷达的引导截获执行过程如下。

(1) 天基预警卫星发现 TBM 的发射，迅速转入对其跟踪，并不断地向 C2BMC 系统发送 TBM 主动段的位置和状态信息。

(2) C2BMC 系统依据天基预警卫星发送来的目标位置和状态，预测 TBM 的飞行轨迹，进行传感器任务规划，并确定引导策略(引导方式和时机)，根据引导策略和信息传输处理时延，确定需用到的预警雷达的搜索空域，并适时下达引导信息。

(3) 预警雷达接到搜索空域的引导信息后，根据引导信息和引导策略，确定搜索方式并对指示空域进行探测搜索，发现(或确认)并跟踪来袭的 TBM 目标。

(4) 预警雷达完成对目标的跟踪之后，不断将目标相关位置信息和状态信息发送回 C2BMC 系统，并等待 C2BMC 系统的下一步指令。

2. 预警雷达对跟踪识别雷达的引导交接

预警雷达对跟踪识别雷达引导交接的执行过程如图 4.3 所示。

图 4.3　预警雷达对跟踪识别雷达引导交接的执行过程

C2BMC 系统根据预警雷达的跟踪信息，生成对跟踪识别雷达的跟踪识别任务，其引导截获执行过程如下。

(1) 预警雷达进行空域搜索时，发现并截获某来袭目标，经初步识别判断为弹道导弹，迅速转入对其跟踪，对其进行连续跟踪测量，并实时向 C2BMC 系统上报目标的位置和状态信息。

(2) C2BMC 系统依据远相雷达发送来的目标位置和状态，预测 TBM 的飞行轨迹、目标在预警雷达空域的飞行时间以及进入跟踪识别雷达威力空域的时间和位置，在此基础上，进行传感器任务规划并确定引导策略(引导方式和时机)，根据引导策略和信息传输处理时延，确定需用到的跟踪识别雷达的搜索空域，并适时下达引导信息。

(3) 跟踪识别雷达接到搜索空域的指示信息后，根据指示信息和引导策略，确定搜索方式并对指示空域进行扫描截获，并捕获目标，从而完成弹道导弹跟踪的雷达交接班过程。

(4) 跟踪识别雷达完成对目标的跟踪之后，不断将目标相关位置信息和状态信息发送回 C2BMC 系统，并等待系统的下一步指令。

4.2.2　引导信息的内容

预警引导信息是跟踪识别雷达对目标进行截获跟踪的前提和依据，有了预警引导信息的指引，跟踪识别雷达方可解决角度测量精度与搜索数据率之间的根本矛盾。从很大程度上来说，预警引导信息的准确与否直接决定了跟踪识别雷达截获跟踪性能的优劣。

预警引导信息来源于预警系统，为跟踪识别雷达所用。一方面，预警引导信息的主要作用是为跟踪识别雷达的截获跟踪提供指引，这就决定了预警引导信息的涵盖内容首先应该根据跟踪识别雷达截获跟踪的需求而定；另一方面，预警引导信息由预警系统产生并提供,因此其涵盖内容也须考虑到预警系统的能力限制。综上所述，预警引导信息的涵盖内容应该综合考虑交接双方的因素而定，应该是在预警系统的能力范围内最大限度地满足跟踪识别雷达截获跟踪的需求。根据上述原则，预警引导信息的涵盖内容主要包括位置信息、速度信息、误差信息和威胁度信息等。

1. 位置信息

位置信息是指目标在现在或将来某个时刻的空间三维坐标矢量。对于目标位置参数的估计和预测是弹道导弹预警系统最基本的功能，考虑到预警雷达系统与跟踪识别雷达在地理部署上的分布性，该三维坐标应当定义在与传感器位置不相关的"公共"坐标系下，如选择地心坐标系。

位置信息是跟踪识别雷达进行搜索时最为重要的先验信息，它解决了跟踪识别雷达"在哪里搜索截获"的问题。根据某一时刻目标的位置信息以及雷达自身的部署位置，跟踪识别雷达不但可以解算出需要搜索的波位编号，即搜索波束的二维指向，还可以解算出目标的径向距离，从而减小检测时的距离分辨单元数，降低因为噪声或杂波引起的虚警发生的概率，同时在时域上可最大限度地抑制可能出现的多假目标干扰。

2. 速度信息

速度信息是指目标在现在或将来某个时刻的空间三维速度矢量，它与位置信息共同构成了目标的空间六维状态矢量，因此也是预警雷达系统估计和预测的基本参数。与位置信息同样的道理，这里的速度矢量也应该在地心坐标系下定义。速度信息对于跟踪识别雷达的搜索和探测是十分必要的，主要体现在以下几个方面。

(1) 首先从搜索波束的角度分析。当目标相对于雷达具有切向速度时，随着时间的推移，目标会穿越初始所在波位进入相邻波位，这种情况下雷达的搜索波束指向应随之改变以保证对目标的持续覆盖,这在目标切向速度很大时尤为突出。如果此时没有引导速度信息的支持，雷达便不可能预知目标的切向运动趋势，也就无法在搜索空域上对其运动进行有效响应。

(2) 其次从雷达信号的角度分析。目前，线性调频(linear frequency modulation, LFM)脉冲和相位编码脉冲是雷达常见的两种信号形式。众所周知，相位编码脉冲信号的模糊函数对多普勒频移非常敏感，其脉冲压缩增益会随着回波信号与匹配信号之间频率差的增大而迅速下降。在无任何速度先验信息的条件下，雷达接收机只有采用多个通道覆盖目标可能的多普勒频移范围以保证脉压增益，而这必然导致雷达处理复杂程度和硬件成本的大幅增加。对于线性调频脉冲来说，虽然其模糊函数对多普勒频移不敏感，但是目标径向速度的存在会使得目标的视在距离与真实距离之间相差一个与径向速度成正比的偏差，该偏差在跟踪识别雷达的短波长条件下取值更大。如果没有径向速度信息的支持，雷达在检测时需要在距离上宽开，以保证目标的落入，这对于干扰环境下的雷达探测来说是极为不利的，因为它很大程度上增加了虚警概率和敌方假目标干扰成功的概率。

(3) 最后从雷达对目标截获的角度分析。通常雷达在搜索发现目标之后，需要经过若干次确认成功才能建立跟踪。由于搜索时的角度测量误差较大，第一次确认照射往往选择在发现目标的波位进行重照，这在高速切向运动目标条件下对雷达数据率的要求极高，否则确认照射时目标很可能已经飞出发现时刻所在的波位。如果确认数据率达不到又缺乏速度先验信息，那么雷达很可能确认不上目标，这会导致雷达处于明明发现目标却无法对其建立跟踪的尴尬境地。

3. 误差信息

对于跟踪识别雷达来说，最理想的情况是上述位置和速度信息均没有偏差，这样雷达使用单个波束、单个检测距离单元即可对目标实现覆盖，即用最少的雷达资源完成对目标最快速的截获和跟踪。但是由于预警系统的观测总是存在误差，对目标的运动规律的建模也达不到完全精确，导致估计和预测的目标位置和速度必然存在偏差。

误差信息来源于对预警系统目标状态估计和预测性能的认识，它说明了目标真实位置在引导位置周围的分布情况，为跟踪识别雷达合理划分搜索空域大小提供了依据，解决了雷达"搜多大范围"的问题。

雷达在划分搜索空域大小时需要面临搜索数据率和目标落入概率之间的矛盾。一方面，在波束宽度一定的条件下，为了提高搜索数据率，希望搜索空域越小越好；但同时，为了使目标能以足够大的概率落入，又希望搜索空域尽可能地大，但这增加了空域的搜索周期。在缺乏目标分布先验信息的情况下，这对矛盾无法有效解决，雷达往往牺牲后者来保证目标的落入概率，具体做法就是以最大可能的误差水平来决定空域大小，这往往是对雷达本来就很有限的搜索资源的浪费。预警系统若能提供可信的误差信息，跟踪识别雷达便可以最小的空域保证足够大的目标落入概率，实现搜索空域划分的最优化。

4. 威胁度信息

当空间出现多批目标进攻的时候，C2BMC 系统也将相应地生成多个探测跟踪任务计划及其引导信息，如果此时跟踪识别雷达的搜索资源不足以同时完成对全部目标的搜索截获，便需要对这些目标进行暂时的取舍，即根据目标的威胁程度对目标的优先级进行排序，并选择威胁度相对较高的目标首先进行搜索截获，当出现搜索资源富余时，再考虑其他目标的搜索截获。

目标威胁等级的判定需要综合多方面的信息，如发射点位置、导弹类型、落点位置、预警时间等。发射点位置根据测量参数估计得到，表明了发射导弹的国家和地区；导弹类型可以根据测量值与弹道模型库的匹配结果得到，表明了导弹的杀伤力；落点位置可以根据估计结果预测得到，表明了受攻击的区域；预警时间为从预警开始到导弹落地的时间，表明了可供反应的剩余时间。这些信息预警系统不一定能够全部提供，要视具体的预警设备功能而定。

4.2.3　协同引导策略

当预警引导信息的内容确定之后，必须考虑如何将其交给跟踪识别雷达，即预警引导信息的引导策略问题，因为引导策略的不同也会给跟踪识别雷达的搜索性能带来影响。具体地，预警引导信息的引导策略可以从引导时机和引导方式两个方面进行分析。

1. 引导时机

与常规的空气动力目标相比，弹道导弹的飞行速度更快，其最快速度可以超过 20 个马赫(1 马赫≈340.3 米/秒)，因此虽然飞行距离动辄几千甚至上万公里，但飞行时间却往往较短，这就使得时间对于弹道导弹防御系统来说是一个非常关键的因素。为了能够为后续的跟踪和拦截争取更多的时间和机会，预警系统必须尽可能早地向跟踪识别雷达提供预警信息。但另一方面，由于跟踪识别雷达的波束窄，而搜索波位数又与搜索空域范围的平方成正比，因此搜索空域的增大会明显降低搜索数据率。

对于飞行速度很快的弹道导弹来说，降低搜索数据率必然导致目标发现距离的损耗，因此预警系统在提供预警引导信息时必须保证一定的精度。下面分别就预警卫星和预警雷达两个具体情况分别讨论。

(1) 预警卫星主要在主动段对 TBM 进行探测，在进行若干次探测获得导弹的到达角测量值之后，预警卫星便可以对导弹的发射点参数以及主动段运动模型参数进行估计。但是跟踪识别雷达一般在弹道导弹的中段才能对其进行探测，而中段飞行弹道完全由主动段关机点的状态决定，在不知道导弹关机点时间的条件下预警系统是无法对关机点时刻的状态进行估计或预测的。对于 TBM 实际的关机点时刻，预警卫星无法进行预测，只能在 TBM 关机后估计得到。因此，预警卫星的引导时机应该是在探测到 TBM 关机之后。

(2) 预警雷达的探测通常在 TBM 发动机关机之后，此时目标已经进入自由飞行段。因此预警雷达发现目标后任意时刻对目标状态的估计值均可用于对弹道的预报，在是否能提供预警的问题上唯一需要考虑的就是状态估计的精度，一旦对目标状态的估计精度达到要求，便可以利用弹道预报信息提供预警信息。

2. 引导方式

预警信息中的目标位置和速度信息是预警系统通过对导弹飞行状态进行观

测、估计和预测得到的。在弹道导弹防御过程中，不同的预警系统在探测方式、估计算法等方面存在明显差异，这必将导致预警引导信息在精度上存在差异，如预警卫星对目标状态的估计精度通常要比预警雷达差；同时，不同的探测方式又会使预警系统在对目标的探测时间上存在局限，如红外预警卫星无法在导弹关机之后进行探测，预警雷达无法对超出其扫描范围的目标进行探测等。针对上述不同情况，应该相应采取不同的预警引导方式，以最大限度地为跟踪识别雷达的搜索提供服务。

1) 单次长预报引导

这里的长预报是指预警系统对 TBM 从当前时刻到落点时刻的整个飞行轨迹进行预测。

当预警系统在某一时刻完成对目标的探测之后，有时会由于探测方式或探测视野等客观因素的限制而再也无法对目标继续进行探测，即无法再获得更多的观测信息来提高目标状态估计的精度，在这种情况下，预警系统只能利用已有的观测信息对目标的状态进行估计，并根据估计的目标位置和速度参数预测将来时刻目标的飞行轨迹，直到落点，并将此作为预警引导信息提供给跟踪识别雷达。到此，预警系统在本次引导过程中的任务已全部结束。

单次长预报引导方式的示意图如图 4.4 所示。

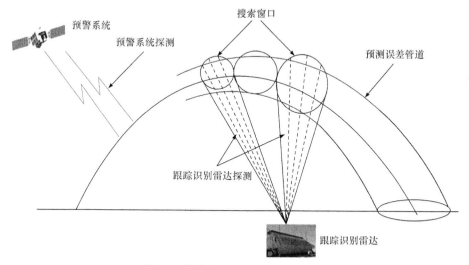

图 4.4　单次长预报引导方式示意图

其中预测误差管道是指以预测位置为中心，以一定的误差水平为半径的椭圆管道，通常情况下，初始估计的位置和速度均存在误差，由于累积效应，随着预测时间的推移，预测误差水平将逐渐增大，使得误差管道随时间由细变粗。从图 4.4 中可以看出，该方式下，预警系统对弹道导弹只进行了一次预报，跟踪识别雷达的所有搜索都是基于该预报结果进行的，随着预报误差的增大，其搜索窗口也在不断增大。

根据以上论述不难看出，单次长预报引导方式的优点是过程简单，预警系统的探测资源占用较少；缺点是随着时间的推进，预报误差会逐渐增大，同时灵活性较差，对机动性弹道导弹的改变无法适应。该引导方式典型的应用场合为红外预警卫星对跟踪识别雷达的预警引导。另外，在多批次导弹饱和攻击情况下，即便在提供预警信息后预警系统(如预警雷达)仍然能够对已预警的目标进行探测，为了节约预警系统的探测资源来对后续的来袭导弹进行探测和预警，也应采用单次长预报引导方式。

2) 分段长预报引导

分段长预报引导主要是考虑预警系统在提供了预警信息之后仍然可以对目标进行跟踪，但是跟踪识别雷达未能及时发现目标的情况。

通常情况下，随着观测次数的增加，预警系统可以不断提高对目标状态估计的精度。因此如果来袭目标数目还不足以对预警系统的探测资源构成挑战的话，预警系统在对导弹进行预警之后应该继续对其进行观测。这样，在经过一段时间之后，如果跟踪识别雷达还未发现目标，而上一次预报的误差范围因为时间的推移已经增大，预警系统便可以根据其更加精确的状态估计值进行弹道预报，为跟踪识别雷达提供精度更高的引导信息，提高其搜索性能。这个过程相当于将整个弹道在时域上分成几段分别进行预测形成引导信息，因此这里称之为分段长预报引导。

分段长预报引导方式的示意图如图 4.5 所示。

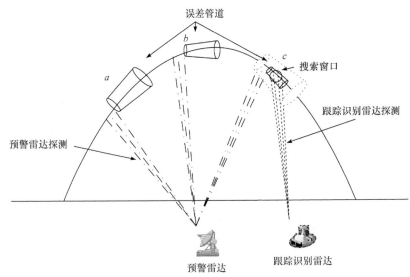

图 4.5　分段长预报引导方式示意图

在弹道初段第一次测量 a 处和中段测量 b 处，跟踪识别雷达未能发现目标，预警雷达需不断观测目标，由于探测次数的增加，误差逐次变小直到某一次测量 c 处，跟踪识别雷达截获目标。c 处的虚线误差管道表示若预警雷达从 a 处只进行一次探测预报时，到达 c 处时的误差管道。预警雷达的多次回测和预报可显著减小误差管道，从而大大降低了跟踪识别雷达的目标搜索范围。

根据上述讨论可以看出，相比于单次长预报引导，分段长预报引导的过程较为复杂，占用的预警系统的探测资源也较多，但是该方式下被引导的跟踪识别雷达的搜索性能要比单次长预报好，即该方式的引导效果要好。分段长预报引导方式的典型应用场合为非饱和进攻条件下早期预警雷达对跟踪识别雷达的预警引导。

3) 一步预测引导

前面两种引导方式的讨论具有一个相同的地方，即根据预警引导信息的引导，跟踪识别雷达需要在一个窗口区域内对目标进行搜索，这是预警系统对目标状态估计和预测误差较大时的必然结果。众所周知，对于远程或者超远程预警雷达来说，其状态测量和估计误差的主要矛盾为切向误差或角度误差，按照雷达精度相关理论，通常雷达对目标的角度估计精度可以达到其波束宽度的 1/10 到 1/15，有时甚至可以达到 1/20，如果跟踪识别雷达的波束宽度与此精度相当，则跟踪识别雷达的少数几个波束即可覆盖误差管道，由于远程相控阵雷达的搜索通常采用多波束方式，因此上述几个波束可以在一个调度间隔内完成。此时的搜索更像是一次确认，预警雷达无须对整条弹道进行预报，只要保持对目标的跟踪滤波，每次通过滤波器对下一时刻的位置和速度进行预测，将其提供给跟踪识别雷达即可，因此这里称之为一步预测引导。当然，上述结论是在预警雷达精度较高且预警雷达和跟踪识别雷达探测区域有足够重叠的条件下成立的。

一步预测引导方式的示意图如图 4.6 所示。

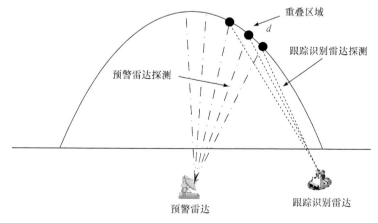

图 4.6　一步预测引导方式示意图

相比于其他两种方式来说，由于预警信息的刷新频率是最高的，因此其引导效率也是最高的，但是该方式对预警系统的估计精度和预警信息传输的要求极高。该方式的典型应用场合是高精度跟踪的预警雷达对跟踪识别雷达的引导，或者是高精度的跟踪识别雷达对制导雷达的引导。

4.3　多传感器任务规划分层决策框架

多传感器任务规划是指针对来袭目标，在有限的传感器资源限制和可视化窗口的约束下，如何动态地确定传感器对目标的探测跟踪任务序列，进而确定探测时机和工作模式，以实现对多目标的探测、跟踪和识别。多传感器任务规划的实质是一类非线性组合优化决策问题，作为作战决策中的关键问题，任务规划方案的及时性、有效性直接影响反导体系作战效能的发挥。

4.3.1　问题求解组成框架

多传感器任务规划从生成到最终被执行是一个不断迭代、更新的过程。因此，根据反导作战体系特点：①多源异类传感器、多种拦截器；②多个可变中心的指控节点分布式的网络连接、采用集中指挥与分布式相结合的指控方式，相应地将反导作战中的多传感器任务规划问题分解为两个层次：集中式决策和分布式调整(倪鹏等，2015；倪鹏等，2016)，如图 4.7 所示。

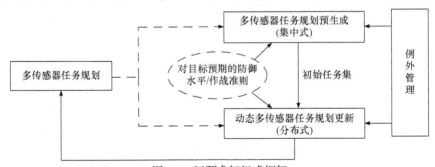

图 4.7　问题求解组成框架

如图 4.7 所示，由集中式决策生成预规划，在确保解的质量的基础上，将部分权力下放，使任务规划涉及的相关各传感器节点能够协同决策，实现动态自同步更新，把不同的组成部分集成到一起，并结合例外管理策略，形成适合于当前战场态势的多种组合的传感网。

1. 传感器任务规划预生成

传感器任务规划预生成是集中式分配问题，是根据问题背景建立模型，并选择合适的求解算法对模型进行求解，力求在较短的时间内得出质量较高的分配方案。这是多传感器分布式网络化结构下产生的新问题，从理论上讲属于非确定性多项式(non-determingistic polynomail，NP)问题；从实际应用上讲，属于任务-资源分配问题。对于集中式分配问题，目前研究成果较多，采用的算法如整数规划、搜索算法、智能优化算法较为成熟。

2. 动态传感器任务规划更新

动态传感器任务规划更新是分布式分配问题，要设计与问题匹配的协同机制，各分配节点以该协同机制作为行为规则，对分配方案进行动态分布式调整。求解该类问题的核心是设计任务执行者之间的协同机制，各执行者以该协同机制作为行为规则，实现作战过程中的动态更新。主要包括确定问题的目标函数和约束条件；分析分布式调整的触发时机；根据问题背景和作战需求，设计合理的协同机制，以实现交战过程中任务规划方案分布式调整后的作战效能最大化。

3. 例外管理

例外管理是系统对外的一个接口，在实时战场中，指挥员认为有必要对某目标实施人工干预：重点拦截目标、重大威胁目标等，则可通过例外管理实时干预，调整传感器任务规划的内容。

4.3.2　问题求解过程机制分析

任务规划序列生成是动态的，既要考虑到空间维度(传感器能力)上的延伸性，又要考虑到时间维度(传感器执行时间)上的时效性。一方面，周期性地以集中式方法生成整体的任务序列方案，确保当前全局最优解；另一方面，动态事件触发执行层传感器进行分布式调整，确保对战场任务动态变化的自适应。如果序列生成的周期过长，随着对目标探测跟踪误差的增加，规划失败的可能性不断增大；周期选取频繁，将显著增加任务共同体内部具体方案求解的工作量。因此，对周期的选取应根据对目标的量测结果和任务的变化趋势进行自适应调整(孙文等，2021)。具体如图 4.8 所示。

1. 周期的确定

周期性序列生成是集中式输出全新序列方案，周期长短的选择对整个序列方案生成的鲁棒性的影响是根本性的。根据任务共同体的划分，在各弹道段内目标的运动轨迹一般具有可预测性，相对稳定。因此，考虑以任务共同体为依据作为一个选取周期。

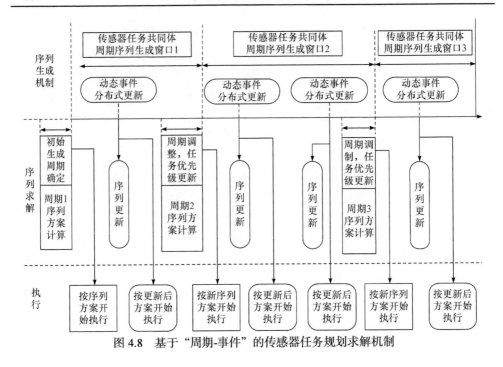

图 4.8 基于"周期-事件"的传感器任务规划求解机制

2. 基于任务共同体的周期调整

周期的调整需要根据前一次周期内对目标的执行情况来进行，考虑问题的求解复杂度以及要符合实际情况的客观要求，以跟踪精度和拦截区确定分别作为探测跟踪任务共同体和识别制导任务共同体周期调整的两个主要因素。

1) 探测跟踪任务共同体

对于探测跟踪任务共同体而言，就是要最优化目标的跟踪性能，因此选择以探测跟踪误差来确定探测跟踪任务共同体下周期序列生成的时机。假设预警任务共同体序列生成初始周期为 T_0，周期终止时刻为 et，对目标跟踪误差的阈值为 $\varepsilon_{\max}$，当前任务共同体下 t 时刻对目标的跟踪协方差为 $\boldsymbol{P}$。那么探测跟踪任务共同体周期开始时刻，以跟踪精度比阈值高一个数量级为依据来确定，具体如下：

$$\begin{cases} st' = et, & \left\| \boldsymbol{P}_t^{-1} \right\|_2 > 0.1\varepsilon_{\max} \\ st' = t, & \left\| \boldsymbol{P}_t^{-1} \right\|_2 \leqslant 0.1\varepsilon_{\max} \end{cases} \tag{4.1}$$

2) 识别制导任务共同体

识别制导是控制整个反导作战过程的关键点，因而，识别制导任务是多传感器任务规划的落脚点。但是，由于识别制导任务与拦截的相互耦合关系，必然要求以拦截成功为最终目标进行优化。因此，选择以拦截区来确定识别制导任务共同体下周期序列生成的时机。首先跟踪任务共同体给出的信息可以确定目标的拦截点，进而来倒推目标识别窗口达到优化序列的目的。

假设拦截点"时间-位置"参数为 $(t_{iHit}, x_{iHit}, y_{iHit}, z_{iHit})$，相应可计算出拦截弹发射时刻目标"时间-位置"参数为 $(t_{iLaun}, x_{iLaun}, y_{iLaun}, z_{iLaun})$，目标发射点到拦截点的时间为 Δt_1，识别时间窗口为 Δt_2。跟踪制导雷达发现目标时刻 t_{1Track} 就是目标开始跟踪识别的时刻，决定着跟踪制导雷达开始跟踪的起始距离。所以调度时机为

$$T_{ident} = [t_{iTrack}, t_{iLaun}] \tag{4.2}$$

只有在这段时间内成功识别目标，才能达到目标的发射条件。

3. 分布式更新

分布式更新问题，要设计与问题匹配的协同机制，各分配节点以该协同机制作为行为规则，对分配方案进行动态分布式调整。

4.3.3　集中式多传感器任务规划方法分析

集中式多传感器任务规划是指对任意来袭目标，在有限的传感器资源限制和可视化窗口的约束下，如何确定传感器对目标的探测跟踪序列、探测时机和工作模式，以实现对多目标的探测、跟踪和识别。影响反导作战多传感器任务规划的因素主要包括：传感器资源的性能、任务的特性与规划目标，体现为不同传感器对不同类型任务的处理能力各不相同，即使针对同一任务各传感器间也有所差异。同时，规划的目标对规划结果的影响是根本性的，不同的目标会有不同的规划结果，它决定了资源与任务按什么原则去匹配。

可以看出，这是一个组合优化问题，存在"维数灾难"的问题。那么，求解该类问题就需要设计一种搜索能力强、收敛速度快的求解算法。在求解算法研究方面，随着计算机技术的发展，智能优化算法被大量应用于传统优化算法难以解决的 NP 问题中，由此发展起来的群智能(swarm intelligence, SI)是目前研究的热点。典型的有遗传算法、差分优化算法、粒子群优化算法、蚁群算法、狼群算法以及混合智能算法等，这类算法在计算复杂度上相对于传统算法表现出的极大优势，使得它们在各个领域都得到了广泛的应用。

4.3.4　分布式多传感器任务规划方法分析

执行分布式多传感器任务规划的目的主要有以下三点：其一若当前传感器任务计划内的某一传感器节点失效，可通过调整体系中的节点关系以保证任务的完成；其二是拓展和保证防御系统的有效感知威胁能力，在有效探测范围内，尽可

能早地实现稳定持续跟踪；其三是提高目标识别和制导精度，减少误差，为拦截打击提供有效的信息支撑。

1. 执行时机分析

在作战过程中可能由于后续约束条件满足、战场节点损耗/失效等情况的改变而使得某个周期内的集中式方案变得不再是最优解，甚至变为不可行解。此时，就需要根据战场的实时态势进行动态的分布式调整。具体执行时机如下。

执行时机1：在 T 时刻，当目标尚未到达传感器节点有效威力范围时(包括新生目标)，融合(处理层)根据体系内的目标综合信息，发现目标实际航迹偏离之前规划时采用的预测弹道，使得处理层根据所辖实体层的部署位置、武器性能、剩余资源等因素的掌握程度，判定"之前由于作战区域、系统资源不满足或其他原因而未能分配到该目标"的传感器节点可对其提前作战，则发出协同交战请求，对相应任务规划方案进行调整。这样做是为了有机会选择更加有效的传感器节点对目标实施探测跟踪，提高作战效能。

执行时机2：在 T 时刻，实体层判定无法成功完成任务(失跟、传感器节点失效、无剩余资源等)或者目标强机动飞出当前传感器节点有效范围，处理层根据当前其他节点的部署位置、武器性能等因素判定其他传感器节点可对目标继续实施作战，则发出协同交战请求，重新调整任务规划序列，尽可能减小目标突防概率。

2. 分布式协同决策方法分析

不同类型的任务共同体共同构成了传感器任务规划，彼此间既存在区别、又存在耦合，因此相对应的求解方法也应当是不尽相同的。具体体现为问题解决的目的、分配对象、任务执行能力需求，如表4.1所示。

表 4.1　不同类型任务体下的求解问题比较

比较因素	预警任务共同体	探测跟踪任务共同体	识别制导任务共同体
目的	根据目标状态变化，动态调整目标和传感器之间的匹配关系	根据目标状态变化，动态调整目标和传感器之间的匹配关系	根据目标、隶属火力节点等状态信息动态调整目标-制导节点-火力节点之间的匹配关系
分配对象	目标-传感器节点	目标-传感器节点	目标-传感器节点-火力节点
任务执行能力需求	根据来袭目标提供尽可能早的预警信息和可视化时间窗口，大空域搜索，为跟踪雷达提供目标指示	截获目标、稳定跟踪形成满足规划需求的弹道估计数据，估计弹道落点，为指挥决策提供依据	形成精确的目标跟踪识别数据，以满足火力点的拦截信息需求，真假弹头识别，拦截制导和杀伤效果评估

一方面，目的和分配对象这两个因素决定了分配问题的建模方式、约束条件

和求解的粒度；另一方面，任务执行能力需求决定了协同决策的依据、机理和过程。从表 4.1 中，可以看出预警与跟踪主要关注目标跟踪性能上的稳定和优化，可以用某个或某些具体特性的最优度量值(检测概率、截获概率、跟踪精度等)作为目标函数，目的是实现目标-传感器之间的动态调整；而识别制导任务共同体是在拦截点规划的基础上对目标-传感器节点-火力节点的进一步动态调整。与前两者相比，在识别制导任务共同体阶段，资源冲突高，约束复杂，实时性要求高。因此，有必要将分布式反导作战多传感器任务规划问题分为预警跟踪协同规划和识别制导协同规划分别进行研究。

在求解算法方面，目前对于分布式分配问题的研究可分为以 Brown 算法为代表的通用算法求解方法和以人工智能为基础的协同机制求解方法。前者可实现全局最优，一致性好，但是对作战计算资源、数据要求以及指控能力的要求极高。一旦对抗体系发生变化(体系中有节点加入或者退出)，就需要全局进行重新优化。而基于人工智能的求解方法具有计算复杂度低，体系结构动态调整速度快，可扩展性好，局部优化能力强等特点，成为目前研究的热点，主要包括了基于行为的方法、基于拍卖和市场机制的方法、基于空闲链的方法以及基于群智能的方法。

4.4　集中式多传感器协同探测任务优化调度

多传感器资源协同探测任务优化调度问题不单是一个非线性的多目标组合优化问题，更是一个算法的实时性问题。当前大多数关于协同探测任务调度的研究偏重于对任务分解方法或者求解算法的设计，并且调度的对象大都针对天基卫星，而多传感器协同探测任务优化调度问题应当是包含天基卫星、地基雷达等多型/多种反导传感器资源的联合调度，同时，任务分解的方法要与所建立的调度模型紧密联系起来。从任务分解方法、调度模型的建立到模型的求解方法等方面考虑，分析了基于混合任务分解和改进二进制粒子群优化(modified binary particle swarm optimization，MBPSO)(Liu et al，2017)的多传感器协同探测任务优化调度方法，主要解决非线性多目标组合优化和算法的实时性问题。

4.4.1　协同探测任务调度思路

研究多传感器协同探测任务调度问题，首先要研究优化调度的策略，即调度的时机和调度的周期。根据协同探测任务的特点，建立基于"滚动周期和动态事件扰动"的混合调度模式(倪鹏等，2017)，如图 4.9 所示。

其基本过程主要包括以下几点。

第一，确定滚动周期调度的调度周期，把对协同探测跟踪任务的整体调度分解为时间片的周期调度。

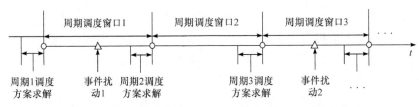

图 4.9　基于"滚动周期和动态事件扰动"的混合调度模式

第二，在每个周期调度时刻到来前，根据当前调度周期内的战场态势(弹道目标的状态估计、弹道预测等)建立下一个调度周期的静态调度模型，并求解下一个调度周期的调度方案，当下一个调度周期时刻到来时，执行本调度周期内求解得到的调度方案。

第三，在当前调度周期内，如果新的弹道目标出现或者传感器资源发生故障或者弹道目标偏离预测弹道，则调整本调度周期剩余时间内的调度模型，求解重调度方案，并按照新的调度方案执行到本调度周期结束。

根据协同探测任务的特点，对调度周期长度的选取非常严格，对后续调度方案的执行具有很大的影响。如果调度周期长度太长，虽然可以减少调度的次数，调度结果的整体优化性能好，但调度模型的建立是在弹道预测的基础上，弹道预测误差随着时间的积累会不断增大，导致调度模型的建立偏离实际情况，调度方案的可执行性大大降低；如果调度周期长度太短，可应对突发事件扰动的能力强，每个调度周期内的调度模型更接近实际情况，调度模型易于求解，调度方案的可执行性强，但调度结果的整体优化性能不高，调度次数较多。综合考虑，选取调度周期长度时应考虑以下因素。

1) 弹道目标的估计和预测信息的精度

调度周期的长度与弹道目标的估计和预测信息的精度有关。要求弹道目标的估计和预测信息的精度应当保持在一定的精度范围之内，在调度周期内，弹道目标的估计和预测信息的精度越高，在此调度周期内进行调度得到的调度方案就具有更高的可靠性和可执行性，从而可以适当地增加调度周期的长度；反之，弹道目标的估计和预测信息的精度越低，在此调度周期内进行调度得到的调度方案的可靠性和可执行性越低，此时应当减小调度周期的长度。

2) 调度计算复杂度

调度周期的长度与调度周期内的调度计算复杂度有关。调度周期内的调度计算复杂度与调度周期内的协同探测任务数量以及可用的传感器资源数量有关，调度周期越长，此周期内协同探测任务数量和可用传感器资源数量越多，从而增加调度计算的复杂度；反之，调度周期越短，调度计算复杂度越小。

3) 新目标出现的随机性

调度周期的长度与弹道目标出现的随机性有关。弹道目标的出现具有很大的随机性，如果在一段时间内，弹道目标出现的随机性较大，那么在这段时间内会有大量的弹道目标集中出现，从而增加调度计算的负载且不断对原调度方案进行动态调整，所以应当减小调度周期的长度；反之，如果弹道目标在一段时间内出现的随机性较小，应适当增加调度周期的长度。

由于任务调度具有较强的实时性且对调度方案的计算需要一定的时间，因此，在确定调度周期长度以后，要求确定何时开始调度，并要求在一个调度周期结束之前或者下一个周期调度开始之前完成下一个周期调度方案的计算并形成可执行的调度方案。

4.4.2　协同探测混合任务分解方法

1. 传感器与目标的可视化关系

根据预警探测系统中传感器的特点可知，传感器对目标的协同探测任务与时间是紧密对应的，因此可以确定在某段时间内传感器对目标的可视化关系。传感器对目标的可视化时间段是指从弹道目标进入传感器的作用范围开始到离开传感器的作用范围为止的时间段。对传感器与目标的可视化关系进行分析，是进行多传感器协同探测任务调度的基础(韦刚等，2016)。

已知传感器的基本性能和威力范围，另外在弹道导弹发动机关机以后，可以获得关机点参数和弹道目标估计等相关信息，通过弹道预测可以获得自由段弹道目标飞行轨迹的大致范围，在此基础上，结合弹道学的基本知识和椭圆弹道理论，通过计算可以确定传感器对弹道目标可视化时间段。传感器对弹道目标的可视化关系示意图如图 4.10 所示。

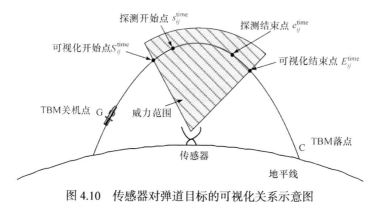

图 4.10　传感器对弹道目标的可视化关系示意图

由图 4.10 可知，传感器 i 对目标 j 的可视化时间段为 $[S_{ij}^{\text{time}}, E_{ij}^{\text{time}}]$，其中，$S_{ij}^{\text{time}}$ 和 E_{ij}^{time} 分别表示弹道目标 j 进入传感器 i 威力范围和离开传感器 i 威力范围的时间点；传感器对目标的探测时间段为 $[s_{ij}^{\text{time}}, e_{ij}^{\text{time}}]$，其中，$s_{ij}^{\text{time}}$ 和 e_{ij}^{time} 分别表示在

传感器开始执行目标探测和结束执行目标探测的时间点。通过分析可知 $[s_{ij}^{\text{time}}, e_{ij}^{\text{time}}] \subseteq [S_{ij}^{\text{time}}, E_{ij}^{\text{time}}]$ ，这是进行多传感器协同探测任务调度的基础和前提。

2. 任务分解的要求

单个协同探测任务不能独立地参与调度，需要对当前调度周期内的所有协同探测任务进行任务分解，分解得到的元任务可以参与调度。

通过任务分解，把多传感器协同探测任务分解为一个个最基本的、独立的、不能再进行分解的任务单元(简称为元任务)。在进行任务分解时，对分解得到的元任务有以下要求(田桂林等，2020)。

(1) 完备性：协同探测跟踪进行任务分解，得到的元任务的并集等于这个协同探测跟踪任务。

(2) 独立性：由于协同探测跟踪任务与时间是紧密对应的，各个元任务之间不能相互代替。

(3) 粒度性：元任务的长度要适中，元任务的长度太长，则会长期占用某个传感器资源，达不到优化的要求；元任务的长度太短，达不到对目标估计和预测的要求，且提高了优化的复杂度；元任务的最长长度为 $D_{\max}$ ，最短长度为 $D_{\min}$ 。

(4) 间隔性：通过任务分解得到的元任务之间允许存在间隔，但间隔的长度有一定的约束，间隔太长弹道预测误差越大，传感器在下一个元任务阶段捕获目标的难度越大，要求间隔不能超过设定的上限值 MaxLong。

(5) 战术性：元任务必须符合传感器资源的探测跟踪条件。

3. 基本任务分解方法

假设在某个调度周期[0s,180s]内，3 个传感器资源与 3 个弹道目标的可视化关系如图 4.11 所示。

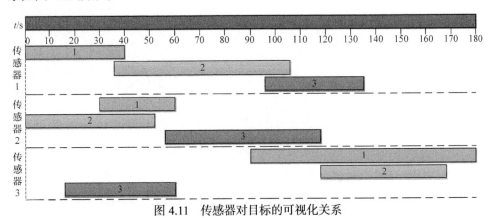

图 4.11　传感器对目标的可视化关系

图 4.12~图 4.14 分别给出了"最长观测时间""均匀分割""起止时间点"的任务分解策略过程示意图。图中 1、2、3 分别表示目标 1、目标 2、目标 3。

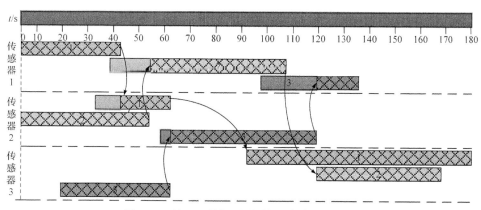

图 4.12　基于"最长观测时间"任务分解方法

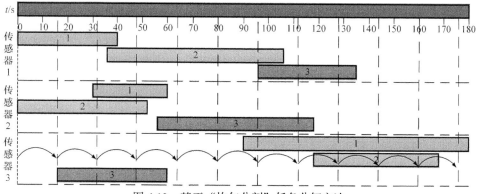

图 4.13　基于"均匀分割"任务分解方法

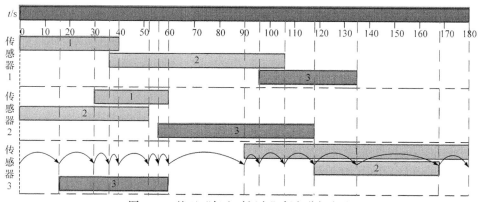

图 4.14　基于"起止时间点"任务分解方法

图 4.12~图 4.14 描述的任务分解方法的特点如下。

(1) 基于最长观测时间的分解方法：优点是每个元任务对应一个传感器资源来执行；缺点是某个传感器资源会被长期占用，既降低了传感器资源的探测效果，又增加了资源冲突。

(2) 基于"均匀分割"任务分解方法：优点是通过任务分解得到的元任务中，每个元任务的长度相同，同时每个元任务将包含多种不同的传感器资源；缺点是元任务的长度不易确定，长度太长容易导致某些任务没有合适的传感器资源来完成，长度太短容易造成传感器资源的频繁切换。

(3) 基于"起止时间点"任务分解方法：优点是通过任务分解得到的元任务中，每个元任务的长度不同，同时每个元任务也包含多种不同的传感器资源；缺点是容易出现某个传感器资源长期对同一个目标探测，降低了探测效果。另外，当目标数量增多时，元任务的规模将大幅度增加。

4. 混合任务分解方法

正是上述基本任务分解方法所存在的问题，使得单一的任务分解方法很难达到任务分解的基本要求，从而使得分解出的元任务冲突性强，进而造成资源调度的局部优化。通过结合"均匀分割"任务分解法和"起止时间点"任务分解法，设计一种针对多传感器多目标的混合任务分解方法，实现多传感器多目标的协同探测任务分解(Liu et al, 2017)。其主要思想是：首先，利用"起止时间"任务分解方法，根据所有传感器对所有目标的可视化时间段的开始时刻和结束时刻，将总的任务分解为时间段上的元任务；然后利用"均匀分割"任务分解方法根据约束条件对元任务进行筛选，对元任务长度较大的继续进行拆分，对元任务长度较小的进行整合。混合任务分解方法的具体示意图如图 4.15 所示。

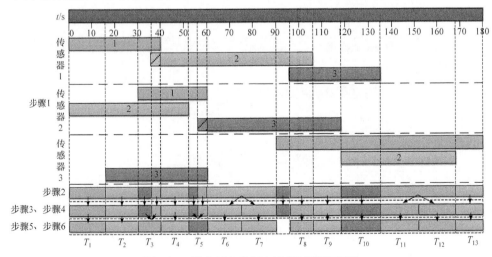

图 4.15　混合任务分解方法的过程示意图

混合任务分解方法的分解过程包括以下步骤。

步骤 1：计算。根据所有传感器与当前所有弹道目标的可视化关系，确定传感器与目标的可视化时间段。

步骤 2：排序。标出各个传感器对各个目标的可视化时间段的开始时刻和结束时刻，根据时间大小把标出的时刻按照从小到大的顺序排列，然后从前往后每两两时刻之间组成一个时间段，从而将总的任务分解为时间段上的元任务。

步骤 3：筛选。根据任务分解的第三条要求，筛选出长度大于 $D_{\max}$ 和小于 $D_{\min}$ 的元任务，对于长度大于 $D_{\max}$ 的元任务，执行步骤 4。

步骤 4：拆分。继续拆分长度大于 $D_{\max}$ 的元任务，保证元任务的长度在 $[D_{\max}, D_{\min}]$ 内，假设此元任务长度为 L，拆分为 N 个长度为 D_z 的元任务，具体方法如下：

$$\begin{cases} N = \begin{cases} \lceil L / D_{\min} \rceil, & L \bmod D_{\min} \neq 0 \\ L / D_{\min}, & L \bmod D_{\min} = 0 \end{cases} \\ D_z = L / N \end{cases} \quad (4.3)$$

其中，$\lceil a \rceil$ 表示不超过 a 的最大整数。

步骤 5：整合。对长度小于 $D_{\min}$ 的元任务进行如下处理：①如果元任务单独存在，即左右相邻的两个元任务的长度都大于 $D_{\min}$，则把此元任务彻底删除；②如果存在相邻的元任务大于 2 个，设第 i 个元任务的开始时刻和结束时刻分别为 t^i_{start} 和 t^i_{end}，合并后元任务的起始时刻和结束时刻分别为 t_{start} 和 t_{end}，合并方法是：

(1) 初始化 $t_{\text{start}} = t^i_{\text{start}}, i = 2$；

(2) 如果 $\left(t^i_{\text{end}} - t_{\text{start}} \right) \notin [D_{\max}, D_{\min}]$，执行(3)；否则，执行(4)；

(3) $i \leftarrow i + 1$，执行(2)；

(4) $k = i$，把相邻的 k 个元任务合并，并删除达不到合并后元任务长度的可视化时间段，如图 4.15 中斜线部分所示。

步骤 6：删除。经过步骤 4 和步骤 5 后，把不满足任务分解的粒度性要求的元任务删除。

4.4.3　协同探测任务优化联合调度建模

1. 调度准则和模型假设

多传感器协同探测跟踪弹道目标的目的，就是在有限的传感器资源和可视化时间段的约束下，确定各个传感器资源对弹道目标的探测序列和探测时间段，从而使整体的探测效能达到最大化，调度准则主要包括以下几个方面(李志汇等，2015b)。

(1) 尽可能保证每一个弹道目标都被探测到，同时优先级高的协同探测跟踪任务要被优先执行。

(2) 尽可能保证对每个弹道目标的探测效果最佳，实现对弹道目标的连续探测和稳定跟踪。

(3) 为了降低目标交接过程中的目标丢失问题，尽可能减少对目标的交接次数。

为了建立多传感器协同探测跟踪调度模型，对多传感器协同探测跟踪弹道目标的场景做如下假设(赵砚等，2011)。

(1) 重点考虑对自由段弹道目标的探测跟踪任务，天基预警卫星仅考虑低轨卫星参与的调度。

(2) 低轨卫星执行对弹道目标的探测任务时必须由两颗以上的低轨卫星来执行探测跟踪任务。

(3) 不考虑数据传输对传感器资源工作能力的影响。

2. 资源与元任务的匹配优化模型

经过任务分解，对多传感器协同探测任务的执行就转化为对每一个元任务的执行。在每个元任务所处的时间段内，传感器与目标存在着两种关系：①目标是否在传感器资源的可视化时间段内；②如果目标在传感器资源的可视化时间段内，传感器资源是否执行对目标的探测(魏文凤，2020；魏文凤等，2021)。通过建立传感器资源与元任务的匹配优化模型，解决多传感器资源的多目标元任务优化问题。

1) 问题描述

为方便问题描述，给出了以下定义。

定义 4.4.3　元任务探测矩阵 D^k。元任务探测矩阵是指在该元任务所处的时间段内，以传感器资源是否可对目标进行探测所形成的关系为元素构成的矩阵。

定义 4.4.4　元任务调度矩阵 E^k。元任务调度矩阵是指在该元任务所处的时间段内，基于元任务的探测矩阵，以传感器资源是否执行对目标探测所形成的关系为元素构成的矩阵。

假设：在时间段 $[T_s, T_e]$ 内，有 m 个来袭的弹道目标，防御系统中有 n_1 个低轨卫星，n_2 个地基雷达，经过任务分解后，得到按时间顺序排列的 TN 个元任务，第 k 个元任务所处的时间段为 $[\text{ST}^k, \text{ET}^k]$，则元任务探测矩阵 D^k 和元任务调度矩阵 E^k 分别为

$$\boldsymbol{D}^k = \begin{bmatrix} d_{1,1}^k & d_{1,2}^k & \cdots & d_{1,m}^k \\ \vdots & \vdots & & \vdots \\ d_{n_1,1}^k & d_{n_1,2}^k & \cdots & d_{n_1,m}^k \\ \vdots & \vdots & & \vdots \\ d_{(n_1+n_2),1}^k & d_{(n_1+n_2),2}^k & \cdots & d_{(n_1+n_2),m}^k \end{bmatrix}, \quad \boldsymbol{E}^k = \begin{bmatrix} e_{1,1}^k & e_{1,2}^k & \cdots & e_{1,m}^k \\ \vdots & \vdots & & \vdots \\ e_{n_1,1}^k & e_{n_1,2}^k & \cdots & e_{n_1,m}^k \\ \vdots & \vdots & & \vdots \\ c_{(n_1+n_2),1}^k & e_{(n_1+n_2),2}^k & \cdots & e_{(n_1+n_2),m}^k \end{bmatrix}$$

$$(4.4)$$

其中，在时间段 $[\mathrm{ST}^k, \mathrm{ET}^k]$ 内，弹道目标 j 处于第 i 个传感器的可视化时间段，则 $d_{ij}^k = 1$，否则 $d_{ij}^k = 0$；同理，在时间段 $[\mathrm{ST}^k, \mathrm{ET}^k]$ 内，传感器 i 对弹道目标 j 执行探测，则 $e_{ij}^k = 1$，否则 $e_{ij}^k = 0$。分析可知 $0 \leqslant e_{ij}^k \leqslant d_{ij}^k$。

则在调度时间段 $[T_s, T_e]$ 内，总探测矩阵 $\boldsymbol{D}$ 和总调度矩阵 $\boldsymbol{E}$ 分别为

$$\boldsymbol{D} = \begin{bmatrix} \boldsymbol{D}^1, \cdots, \boldsymbol{D}^k, \cdots, \boldsymbol{D}^{\mathrm{TN}} \end{bmatrix}$$
$$= \begin{bmatrix} d_{1,1}^1 & \cdots & d_{1,m}^1 & \cdots & d_{1,1}^k & \cdots & d_{1,m}^k & \cdots & d_{1,1}^{\mathrm{TN}} & \cdots & d_{1,m}^{\mathrm{TN}} \\ \vdots & & \vdots & & \vdots & & \vdots & & \vdots & & \vdots \\ d_{n_1,1}^1 & \cdots & d_{n_1,m}^1 & \cdots & d_{n_1,1}^k & \cdots & d_{n_1,m}^k & \cdots & d_{n_1,1}^{\mathrm{TN}} & \cdots & d_{n_1,m}^{\mathrm{TN}} \\ \vdots & & \vdots & & \vdots & & \vdots & & \vdots & & \vdots \\ d_{(n_1+n_2),1}^1 & \cdots & d_{(n_1+n_2),m}^1 & \cdots & d_{(n_1+n_2),1}^k & \cdots & d_{(n_1+n_2),m}^k & \cdots & d_{(n_1+n_2),1}^{\mathrm{TN}} & \cdots & d_{(n_1+n_2),m}^{\mathrm{TN}} \end{bmatrix}$$

$$\boldsymbol{E} = \begin{bmatrix} \boldsymbol{E}^1, \cdots, \boldsymbol{E}^k, \cdots, \boldsymbol{E}^{\mathrm{TN}} \end{bmatrix}$$
$$= \begin{bmatrix} e_{1,1}^1 & \cdots & e_{1,m}^1 & \cdots & e_{1,1}^k & \cdots & e_{1,m}^k & \cdots & e_{1,1}^{\mathrm{TN}} & \cdots & e_{1,m}^{\mathrm{TN}} \\ \vdots & & \vdots & & \vdots & & \vdots & & \vdots & & \vdots \\ e_{n_1,1}^1 & \cdots & e_{n_1,m}^1 & \cdots & e_{n_1,1}^k & \cdots & e_{n_1,m}^k & \cdots & e_{n_1,1}^{\mathrm{TN}} & \cdots & e_{n_1,m}^{\mathrm{TN}} \\ \vdots & & \vdots & & \vdots & & \vdots & & \vdots & & \vdots \\ e_{(n_1+n_2),1}^1 & \cdots & e_{(n_1+n_2),m}^1 & \cdots & e_{(n_1+n_2),1}^k & \cdots & e_{(n_1+n_2),m}^k & \cdots & e_{(n_1+n_2),1}^{\mathrm{TN}} & \cdots & e_{(n_1+n_2),m}^{\mathrm{TN}} \end{bmatrix}$$

$$(4.5)$$

对总的调度问题的求解，就是确定总的元任务调度矩阵 $\boldsymbol{E}$ 内各个元素的值。

2) 目标函数

反导多传感器协同探测的目的是实现弹道目标的连续、稳定跟踪，在进行协同探测任务资源调度时，需要综合考虑目标的属性，又要考虑探测任务对目标的可行性(吴林锋等，2012)。因而，在建立传感器资源与协同探测任务的匹配优化目标函数时，综合考虑协同探测任务的优先级、探测有利度、传感器交接率和传感器资源的总负载率等因素。

(1) 协同探测任务的优先级。协同探测任务的优先级与弹道目标的威胁度紧密相关,弹道目标的威胁度越大,协同探测任务的优先级越高;反之,弹道目标的威胁度越小,协同探测任务的优先级越低。用 Pr_j 表示任务 j 的优先级,且满足 $0 \leqslant \mathrm{Pr}_j \leqslant 1$。

(2) 探测有利度。探测有利度包含两个方面的因素:一个是目标到传感器的距离,目标到传感器的距离越近,越有利于传感器对目标的探测;另一个是传感器资源对目标的探测角度,传感器资源对目标有一个最佳探测角度,越偏离最佳探测角度,探测效果越差。传感器 i 对目标 j 在第 k 个元任务所处的时间段内的距离探测有利度 A_{ij}^k 和角度探测有利度 P_{ij}^k 分别定义为

$$A_{ij}^k = D_{\max}^i - \overline{D}_{ij}^k / D_{\max}^i \tag{4.6}$$

$$P_{ij}^k = \max\left\{\theta_{\mathrm{opt}}^i - \overline{\theta}_{ij}^k\right\} - \left(\theta_{\mathrm{opt}}^i - \overline{\theta}_{ij}^k\right) / \max\left\{\theta_{\mathrm{opt}}^i - \overline{\theta}_{ij}^k\right\} \tag{4.7}$$

其中,$D_{\max}^i$ 为传感器的最远探测距离;$\overline{D}_{ij}^k$ 为时间段 $[\mathrm{ST}^k, \mathrm{ET}^k]$ 内传感器 i 对目标 j 的平均探测距离;θ_{opt}^i 为传感器的最优探测角;$\overline{\theta}_{ij}^k$ 为时间段 $[\mathrm{ST}^k, \mathrm{ET}^k]$ 内传感器 i 对目标 j 的平均探测角。

则调度周期内传感器对目标的归一化距离探测有利度 A 和归一化角度探测有利度 P 分别为

$$A = \sum_{i=1}^{n_1+n_2} \sum_{j=1}^{m} \sum_{k=1}^{\mathrm{TN}} A_{ij}^k \cdot e_{ij}^k \bigg/ \sum_{i=1}^{n_1+n_2} \sum_{j=1}^{m} \sum_{k=1}^{\mathrm{TN}} d_{ij}^k \tag{4.8}$$

$$P = \sum_{i=1}^{n_1+n_2} \sum_{j=1}^{m} \sum_{k=1}^{\mathrm{TN}} P_{ij}^k \cdot e_{ij}^k \bigg/ \sum_{i=1}^{n_1+n_2} \sum_{j=1}^{m} \sum_{k=1}^{\mathrm{TN}} d_{ij}^k \tag{4.9}$$

分析可知,A 和 P 的值越大,探测效果越好;A 和 P 的值越小,探测效果越差。且满足 $0 \leqslant A \leqslant 1$,$0 \leqslant P \leqslant 1$。

(3) 传感器交接率。在调度时间段内,总的目标交接次数越多,说明交接越频繁,越容易造成目标的丢失。计算交接次数 B 采用相邻元任务的资源调度矩阵对应元素进行"异或"运算,最后统计结果中元素"1"的个数作为总的交接次数,则定义调度时间内传感器的交接率为

$$B = \sum_{i=1}^{n_1+n_2} \sum_{j=1}^{m} \sum_{k=1}^{\mathrm{TN}-1} e_{ij}^k \oplus e_{ij}^{k+1} \bigg/ (n_1 + n_2) \cdot m \cdot (\mathrm{TN}-1) \tag{4.10}$$

分析可知,B 的值越大,交接次数越多,交接越频繁;反之,B 的值越小,交接次数越少。其中,$0 \leqslant B \leqslant 1$。

(4) 传感器资源的总负载率。传感器资源的总负载率定义为时间段 $[T_\text{s}, T_\text{e}]$ 内传感器对目标的总探测时长与总可视化时长的比值,记为 L。则有

$$L = \sum_{i=1}^{n_1+n_2} \sum_{j=1}^{m} \sum_{k=1}^{\text{TN}} \left(\text{ET}^k - \text{ST}^k\right) e_{ij}^k \bigg/ \sum_{i=1}^{n_1+n_2} \sum_{j=1}^{m} \sum_{k=1}^{\text{TN}} \left(\text{ET}^k - \text{ST}^k\right) d_{ij}^k \tag{4.11}$$

分析可知,L 的值越小,系统传感器资源的负载越小;L 的值越大,系统传感器资源的负载越大,且满足 $0 \leqslant L \leqslant 1$。

由上述分析可知:资源与任务的匹配优化模型涉及的因素包括 Pr_j、A、P、B 和 L,通过分析可以得到匹配优化模型的目标函数为

$$Z = f\left(\text{Pr}_j, A(E), P(E), B(E), L(E)\right) \tag{4.12}$$

显然,资源与任务的匹配优化问题为一个多目标优化问题,考虑采用线性加权法进行解决,即为每个目标分配权重并将目标函数和权重组合为单一目标,权重系数由决策者自适应调整,则通过对这些因素的线性加权建立目标函数为

$$Z = \alpha_1 \text{Pr}_j + \alpha_2 A + \alpha_3 P - \alpha_4 B - \alpha_5 L \tag{4.13}$$

其中,α_1、α_2、α_3、α_4 和 α_5 为权重系数,且 $\alpha_1 + \alpha_2 + \alpha_3 + \alpha_4 + \alpha_5 = 1$。

3) 约束条件

式(4.12)建立的匹配优化目标函数涉及的因素类型有目标、传感器资源和任务,在进行目标函数优化求解的过程中,要受到相应的约束条件约束,因而对约束条件进行分析,是目标函数优化求解的前提。主要涉及下述 5 个约束条件。

(1) 约束条件 1:传感器目标容量约束。即传感器 i 同一元任务时间段内探测弹道目标的数量不能超过其目标容量的限制,即

$$\sum_{j=1}^{m} e_{ij}^k \leqslant R_i, \quad \forall i, k \tag{4.14}$$

其中,R_i 表示传感器 i 的目标容量。

(2) 约束条件 2:低轨卫星的双星探测约束。在同一元任务时间段内必须是双星同时对某个 TBM 进行探测,即

$$\sum_{i=1}^{n_1} e_{ij}^k = \{0, 2, 4, \cdots\}, \quad \forall j, k \tag{4.15}$$

(3) 约束条件 3:目标探测的传感器数量约束。为了保证对弹道目标探测精度的要求,对每个弹道目标都有对其进行探测的传感器数量的约束,即

$$\left\{ r_j^{\text{s1}} \leqslant \sum_{i=1}^{n_1} e_{ij}^k \leqslant r_j^{\text{e1}} \right\} \bigcap \left\{ r_j^{\text{s2}} \leqslant \sum_{i=n_1}^{n_1+n_2} e_{ij}^k \leqslant r_j^{\text{e2}} \right\}, \quad \forall j, k \tag{4.16}$$

其中，r_j^{s1} 和 r_j^{e1} 分别为对 TBM 探测卫星数量的下限和上限；r_j^{s2} 和 r_j^{e2} 分别为对 TBM 探测雷达数量的下限和上限。

(4) 约束条件 4：可行性约束。传感器要能对弹道目标进行探测，必须满足弹道目标在传感器的可视化时间段内，即

$$0 \leqslant e_{ij}^k \leqslant d_{ij}^k, \quad \forall i, j, k \tag{4.17}$$

(5) 约束条件 5：解空间约束。通过上述分析可知，资源与任务的匹配优化模型的解空间是由二维 0-1 矩阵组成，即

$$d_{ij}^k = \{0,1\}, \quad e_{ij}^k = \{0,1\} \tag{4.18}$$

4) 匹配优化模型

通过上述分析，建立调度周期内传感器资源与任务的匹配优化模型为

$$\text{Max} \quad Z = \alpha_1 \text{Pr}_j + \alpha_2 A + \alpha_3 P - \alpha_4 B - \alpha_5 L$$

$$\text{s.t.} \begin{cases} \sum_{j=1}^{m} e_{ij}^k \leqslant R_i, \quad 1 \leqslant i \leqslant (n_1+n_2), 1 \leqslant k \leqslant \text{TN} \\ \sum_{i=1}^{n_1} e_{ij}^k = \{0,2,4,\cdots\}, \quad 1 \leqslant j \leqslant m, 1 \leqslant k \leqslant \text{TN} \\ \left\{ r_j^{\text{s1}} \leqslant \sum_{i=1}^{n_1} e_{ij}^k \leqslant r_j^{\text{e1}} \right\} \bigcap \left\{ r_j^{\text{s2}} \leqslant \sum_{i=n_1}^{n_1+n_2} e_{ij}^k \leqslant r_j^{\text{e2}} \right\}, \quad 1 \leqslant j \leqslant m, 1 \leqslant k \leqslant \text{TN} \\ 0 \leqslant d_{ij}^k \leqslant e_{ij}^k, 1 \leqslant i \leqslant (n_1+n_2), 1 \leqslant j \leqslant m, 1 \leqslant k \leqslant \text{TN} \\ d_{ij}^k \in \boldsymbol{D}, e_{ij}^k \in \boldsymbol{E} \\ d_{ij}^k = \{0,1\}, e_{ij}^k = \{0,1\} \end{cases} \tag{4.19}$$

4.4.4 基于 MBPSO 算法的多传感器协同探测任务优化调度模型求解

改进的二进制粒子群优化算法(binary particle swarm optimization, BPSO)在基本二进制粒子群优化算法的基础上，对粒子的速度更新方式和位置更新方式进行了改进，并对不符合模型约束条件的粒子进行修正，从而增强了算法的搜索能力并提高了解的精度。

1. 基本 BPSO 算法

基本 BPSO 算法的描述如下：假设一个 D 维的目标搜索空间，每一个粒子看成空间内的一个点，由 m 个粒子构成的群体 $X = \{X_1, X_2, \cdots, X_m\}$，其中粒子 i 的

位置为 $\boldsymbol{X}_i = [x_{i1}, x_{i2}, \cdots, x_{iD}]$，速度为 $\boldsymbol{V}_i = [v_{i1}, v_{i2}, \cdots, v_{iD}]$。在每一次迭代中，每个粒子都要追踪当前的两个已知的最优解：一个是个体历史最优解，另外一个是全局历史最优解，它们分别表示单个粒子和全体粒子迄今为止寻找到的最佳点，分别表示为 $\boldsymbol{P}_{i\text{best}} = [p_{i1}, p_{i2}, \cdots, p_{iD}]$，$\boldsymbol{P}_{g\text{best}} = [p_{g1}, p_{g2}, \cdots, p_{gD}]$。那么粒子的速度和位置迭代更新公式如下：

$$v_{ij}^{k+1} = \omega^k v_{ij}^k + c_1 r_1 \left(p_{ij}^k - x_{ij}^k \right) + c_2 r_2 \left(p_{gj}^k - x_{ij}^k \right) \tag{4.20}$$

$$x_{ij}^{k+1} = x_{ij}^k + v_{ij}^k, \quad i = 1, 2, \cdots, m, j = 1, 2, \cdots, D \tag{4.21}$$

其中，k 为当前进化代数；c_1 和 c_2 为学习因子；r_1 和 r_2 为两个范围在[0,1]内的随机数；ω^k 为惯性权重。一般情况下粒子的速度 v_i 设置在速度区间 $[v_{\min}, v_{\max}]$，当速度超过了最大速度 $v_{\max}$ 时，则设其速度被限制为 $v_{\max}$，同样当速度小于最小速度 $v_{\min}$，则设其速度为 $v_{\min}$。同样，粒子的位置范围设置为 $[x_{\min}, x_{\max}]$。

粒子的位置更新方式示意图如图 4.16 所示。

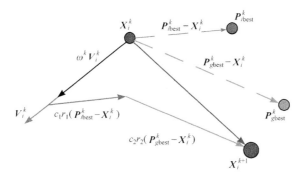

图 4.16　粒子的位置更新方式示意图

上述 PSO 算法是针对连续空间的，而传感器与任务的匹配优化模型中，模型的解 x_{ij} 为 0 或者 1，因此必须对 PSO 算法进行离散化改造。在离散二进制粒子群优化算法中，每个粒子用一个二进制变量来表示，即将每个粒子的状态分量定为 0 或 1 两个状态。BPSO 算法的速度和位置迭代更新公式如下：

$$v_{ij}^{k+1} = \omega^k v_{ij}^k + c_1 r_1 \left(p_{ij}^k - x_{ij}^k \right) + c_2 r_2 \left(p_{gj}^k - x_{ij}^k \right) \tag{4.22}$$

$$x_{ij}^{k+1} = \begin{cases} 1, & \text{random} < S\left(v_{ij}^{k+1} \right) \\ 0, & \text{其他} \end{cases} \tag{4.23}$$

$$S\left(v_{ij}^{k+1} \right) = \frac{1}{1 + \exp\left(-v_{ij}^{k+1} \right)} \tag{4.24}$$

可以看出，BPSO 算法的速度更新公式(4.22)和 PSO 算法的速度更新公式(4.20)

相同,但位置更新公式(4.24)和(4.21)不同。其中 random 为[0,1]区间的一个随机数。$S\left(v_{ij}^{k+1}\right)$ 是一个模糊函数 Sigmoid,它能保证 x_{ij} 的每一个分量都限制在[0,1]之间。v_{ij} 表示的是概率,通过其值确定 x_{ij} 取值为 1 或 0 的概率,其值限制在[0,1]之间,可知,v_{ij} 的值越大,x_{ij} 取 1 的概率就越大;v_{ij} 的值越小,x_{ij} 取 1 的概率就越小。

2. 基于 MBPSO 算法的资源匹配模型快速求解

为实现匹配优化模型的目标函数的快速求解需要进一步完成两步处理。

(1) 由于约束条件将影响对目标函数的优化处理,需要对 4.4.3 节的约束条件进行进一步处理,解决这 5 个约束条件对目标函数优化处理的影响。

(2) 从改进粒子的速度更新方式和位置更新方式两个方面,改进 BPSO 算法。一方面,通过改进粒子速度更新方式解决 PSO 算法本身容易陷入局部最优的问题;另一方面,通过改进位置更新方式解决 BPSO 算法存在的粒子收敛不到最优解的问题。

1) 二进制矩阵编码

根据 4.4.3 节的资源匹配优化模型,首先建立问题的解 E 和粒子的位置 X 之间的映射,对 E 采用二进制矩阵编码,构建 $C \times (\mathrm{TN} \cdot m)$ 的 0-1 二进制矩阵为一个粒子,其中 $C = R_1 + R_2 + \cdots + R_{n_1+n_2}$,如图 4.17 所示。

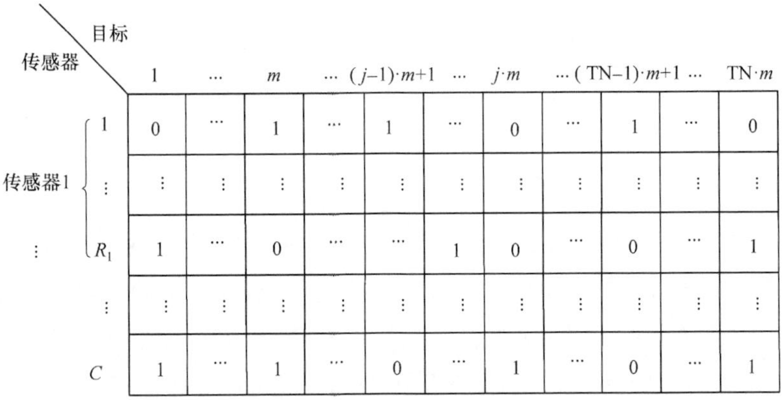

图 4.17 粒子编码示意图

此编码结构将具有多探测能力的传感器转化为具有多个单目标探测能力的传感器。粒子的位置是 $X = \left(x_{ij}\right)_{C \times (\mathrm{TN} \cdot m)}$,$x_{ij}$ 为 1 表示传感器 i 对相应元任务时间段的目标 j 进行探测,x_{ij} 为 0 则表示不进行探测。这种编码方式产生的粒子非常直观,与总调度矩阵 E 达成一一映射,直接表示调度结果,不用进行解码的计算。

通过分析可知,采用二进制矩阵编码方式能够满足资源优化目标函数的约束条件 1 和约束条件 5。

2) 约束条件的进一步处理

为进一步解决约束条件 2、约束条件 3 和约束条件 4 对目标函数优化处理的影响，需要对这 3 个约束条件进行进一步处理，处理方法如下。

(1) 针对约束条件 2 的处理。考虑卫星部署的位置，把位置相近的两个卫星组合为一个传感器进行编码，组合后卫星的目标容量为其中单个卫星目标容量的最小值。

(2) 针对约束条件 4 的处理。采用惩罚函数的方法，即检查总探测矩阵 $\boldsymbol{D}$ 中元素为 0 的位置，把距离探测有利度矩阵和角度探测有利度矩阵相应位置处的元素置为 0，使粒子在寻优过程中自行避开不可行的解。

(3) 针对约束条件 3 的处理。在对粒子进行编码和更新时，对约束条件 3 进行检查，若不符合，则对粒子进行修正，具体步骤如下。

步骤 1：统计粒子本列中 1 的个数，记为 N。

步骤 2：判断 $N < \left(r_j^{s1} + r_j^{s2} \right)$，若符合，从本列 0 元素中随机选择 $\left(r_j^{s1} + r_j^{s2} \right) - N$ 个置 1，执行步骤 4；否则执行步骤 3。

步骤 3：判断 $N > \left(r_j^{e1} + r_j^{e2} \right)$，若符合，从本列中 1 元素中随机选择 $\text{Num} - \left(r_j^{e1} + r_j^{e2} \right)$ 个置 0。

步骤 4：粒子所有列是否得到修正，若不是，执行步骤 1；否则，修正完毕。

3) MBPSO 算法

(1) 粒子速度更新方式的改进。

基本 BPSO 算法速度更新公式(4.20)没有充分利用迭代过程中的有用信息，即仅包含粒子的速度、个体历史最优解和全局历史最优解，当全局最优解在某个时刻失效或者陷入局部极值时，就可能导致整个种群陷入局部最优。因此，引入怀疑因子 $-\omega^k r_3 \left(p_{ij}^k + p_{gj}^k \right)$ 对粒子的位置更新方式进行改进，改进后的粒子速度更新公式为

$$v_{ij}^{k+1} = \omega^k v_{ij}^k + c_1 r_1 \left(p_{ij}^k - x_{ij}^k \right) + c_2 r_2 \left(p_{gj}^k - x_{ij}^k \right) - \omega^k r_3 \left(p_{ij}^k + p_{gj}^k \right) \tag{4.25}$$

其中，r_3 为[0,1]区间的随机数，加入怀疑因子后粒子更新方式示意图如图 4.18 所示。

(2) 粒子位置更新方式的改进。

根据对 Sigmoid 函数的修正，基本 Sigmoid 函数和改进的 Sigmoid 函数的对比如图 4.19 所示。

由图 4.19 可知，BPSO 的 Sigmoid 函数，粒子的速度较大且为正，表示它为 1 的概率大，为负表示它为 0 的概率大，粒子的速度为 0 表示粒子位置为 1 和 0

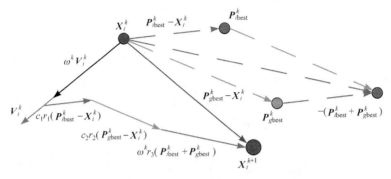

图 4.18　加入怀疑因子后粒子更新方式示意图

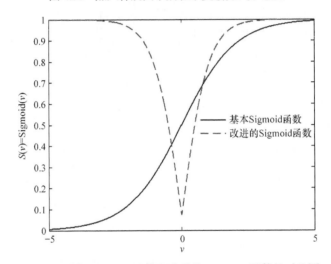

图 4.19　基本 Sigmoid 函数和改进的 Sigmoid 函数的对比图

的概率均为 0.5；而改进的 Sigmoid 函数，粒子的正负没有区别，若粒子的速度较大，在正负的情况下都表示其为 1 的概率大，速度为 0 表示粒子到达合适位置了。

　　因而，在 MBPSO 算法的位置更新方式中，通过引入修正 Sigmoid 函数，实现位置更新，其改进的公式如下：

$$S\left(v_{ij}^{k+1}\right) = E + (1-E)\times\left|\tanh\left(v_{ij}^{k+1}\right)\right| \tag{4.26}$$

$$x_{ij}^{k+1} = \begin{cases} \text{complement}\left(x_{ij}^{k}\right), & \text{rand} < S\left(v_{ij}^{k+1}\right) \\ x_{ij}^{k}, & \text{其他} \end{cases} \tag{4.27}$$

其中，$E = \mathrm{erf}\left(\dfrac{\mathrm{NF}}{T'}\right) = \dfrac{2}{\sqrt{\pi}}\displaystyle\int_{0}^{\frac{\mathrm{NF}}{T'}} \mathrm{e}^{-t^2}\,\mathrm{d}t$ 为一个较小的数值，erf 为高斯误差函数，如果粒子的最优位置一直没有变化，则通过 E 来加速粒子的收敛速度离开局部最优

的位置，NF 为粒子最优位置没有发生变化的代数，T' 为时间常数；complement $\left(x_{ij}^k \right)$ 表示取 x_{ij}^k 的补。

4) MBPSO 算法流程

MBPSO 的算法流程图如图 4.20 所示。

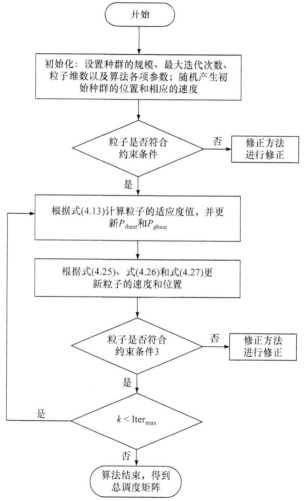

图 4.20　MBPSO 算法流程

具体包括七个步骤。

步骤 1：参数设置。确定 ω、c_1、c_2、c_3，最大迭代次数 Iter$_{max}$、NF、T'，种群规模，粒子维数等参数。

步骤 2：种群的初始化。初始化 P_{ibest} 和 P_{gbest}，随机生成初始种群的位置和相应的速度，设 $k=1$。

步骤 3：判断粒子是否符合粒子约束条件 3，若符合，执行步骤 4；否则根据修正方法对粒子进行修正。

步骤 4：根据目标函数式(4.13)计算每个粒子的适应度值，更新 P_{ibest} 和 P_{gbest}。

步骤 5：根据式(4.25)更新粒子的速度，根据式(4.26)和式(4.27)更新粒子的位置，判断粒子是否符合约束条件 3，若符合，执行步骤 6；否则根据修正方法对粒子进行修正。

步骤 6：判断 $k < \text{Iter}_{max}$，若符合，$k = k+1$，执行步骤 4；否则执行步骤 7。

步骤 7：输出 P_{gbest}，得到最佳调度矩阵方案，算法结束。

4.4.5　基于扰动因素的多传感器协同探测任务动态重调度方法

4.4.3 节建立的传感器资源与元任务的匹配优化模型是静态区间的调度模型，没有考虑扰动因素影响，在调度模型建立的过程中目标的数量和可用传感器的数量不会发生变化，下一个周期的调度方案在周期调度时刻开始之前通过对静态区间的调度模型进行求解可以得到。

静态区间调度模型中并没有考虑动态扰动事件的发生，然而实际情况下多传感器协同探测任务和传感器资源状况是随机性的、不可预测的，因此需要考虑动态扰动因素引起的调度方案的重调整(Alighanbari，2004；Rusu et al，2018)。

1. 协同探测任务调度问题的动态性

多传感器协同探测任务调度问题可能面临的动态因素主要有以下几个方面。

(1) 新任务的插入。由于弹道目标出现的随机性，在调度方案执行的过程中，可能会出现新的弹道目标，进而产生新的协同探测任务。

(2) 已经安排调度的任务的取消。随着对弹道目标探测的进行，更精确的相控阵雷达通过识别确认当前正在探测的目标是假目标，这时就要取消对其安排的任务的执行。

(3) 任务属性的变化。对探测的弹道目标的探测或者预测信息精度发生变化，当探测精度低的时候，需要较多的传感器资源对其进行探测；当探测精度高的时候，可以适当减少对当前弹道目标探测的传感器资源。

(4) 传感器资源状态的变化。一种情况是传感器资源加入即传感器资源从不可用状态恢复到可用状态或者有新的传感器资源加入；另外一种情况是传感器发生故障，导致该传感器无法完成调度周期剩余时间的任务。

2. 协同探测任务动态调度的原则

在执行调度方案的过程中，一旦出现上述扰动，就必须根据新出现的任务需求和调度环境，在重调度周期内(从扰动开始出现的时刻到本调度周期结束的时刻这个时间段为重调度周期)快速调整调度方案, 以响应突发的动态扰动因素, 及时获得能够顺利执行的新的动态重调度方案。在解决动态扰动因素下的动态重调度问题时要遵循以下原则。

(1) 优先级原则。多传感器协同探测任务的优先级越高, 越优先被执行。

(2) 最大化调度方案收益原则。研究多传感器协同探测任务调度首要考虑的目标就是使调度方案的收益达到最大化, 即选择探测性能最好的传感器资源对弹道目标进行探测。但是考虑动态扰动因素时, 调度方案的收益一般达不到最大。

(3) 调度方案的强鲁棒性原则。在面临动态扰动因素时, 对原调度方案的影响要小, 即既能响应新的动态扰动因素, 又对原调度方案的收益影响较小。

(4) 原调度方案最小调整原则。这个原则同鲁棒性原则类似, 在对动态扰动因素响应时, 对原调度方案的影响要尽可能地小, 因为如果对原调度方案进行较大的调整, 可能影响传感器资源对弹道目标探测的连续性而造成目标的丢失, 所以要对原调度方案进行较小的调整从而得到新的动态重调度方案。

(5) 调度方案调整的时效性原则。反导作战的高时效性要求多传感器协同探测任务调度的高时效性, 必须对原调度方案进行实时地、较小的调整。但一般情况下调度方案的收益与实时性这两个目标是冲突的, 很难同时得到满足, 因此要求在保持原调度方案收益的基础上, 尽量满足实时性的要求。

3. 基于扰动因素的协同探测任务动态重调度策略

在 4.4.1 节中建立了基于"滚动周期和动态事件扰动"的混合调度策略, 在此基础上, 以动态优化调度的原则为目标, 设计了针对动态扰动因素下的多传感器协同探测任务调度策略。

1) 动态扰动因素的处理方法

动态扰动因素的处理方法如下。

(1) 新任务的插入。

(2) 已经安排调度的任务的取消。取消本调度周期剩余时间对该任务执行, 同时在以后调度周期内不予考虑该任务。

(3) 任务属性的变化。对弹道目标的探测可能出现达到探测精度要求和达不到探测精度要求两种情况。对于达到探测精度要求的情况, 继续执行调度方案即可, 对调度方案不做具体调整; 对于达不到探测精度要求的情况, 将其映射为"新任务"插入下的扰动因素。具体方法如下:

通过调整调度模型中 r_j^{s1}、r_j^{e1}、r_j^{s2} 和 r_j^{e2} 的值来修正调度模型。原来对探测弹道目标 j 需要的卫星或者雷达的数量限制分别为 r_j^{s1}、r_j^{e1}、r_j^{s2} 和 r_j^{e2}, 由于弹道目标的探测精度降低引起需要对其探测的卫星或者雷达的数量限制为 $\hat{r}_j^{s1}$、$\hat{r}_j^{e1}$、

$\hat{r}_j^{s2}$ 和 $\hat{r}_j^{e2}$，其中 $\hat{r}_j^{s1} > r_j^{s1}$，$\hat{r}_j^{e1} > r_j^{e1}$，$\hat{r}_j^{s2} > r_j^{s2}$，$\hat{r}_j^{e2} > r_j^{e2}$。为了保持调度方案的调整尽可能小，把多出的卫星或者雷达的数量限制约束转化为对探测精度降低的弹道目标的探测，其中多出的卫星或者雷达的数量限制分别为 $\left(\hat{r}_j^{s1} - r_j^{s1}\right)$，$\left(\hat{r}_j^{e1} - r_j^{e1}\right)$，$\left(\hat{r}_j^{s2} - r_j^{s2}\right)$，$\left(\hat{r}_j^{e2} - r_j^{e2}\right)$，其余约束条件不变。这就把对弹道目标探测精度下降引起的扰动映射为"新任务"出现的扰动。

(4) 传感器资源状态的变化。对传感器资源加入的情况，从调度方案尽可能小来讲，不在本调度周期内进行考虑，从下一调度周期开始考虑传感器资源状态变化的情况；对传感器发生故障的情况，把这类传感器本周期剩下的需要执行的任务映射为新任务出现的情况，从而把传感器发生故障的动态扰动因素转化为新目标出现的动态扰动因素。

2) 基于扰动因素的动态重调度策略流程

新任务出现扰动因素下的动态重调度策略的处理流程如图 4.21 所示。

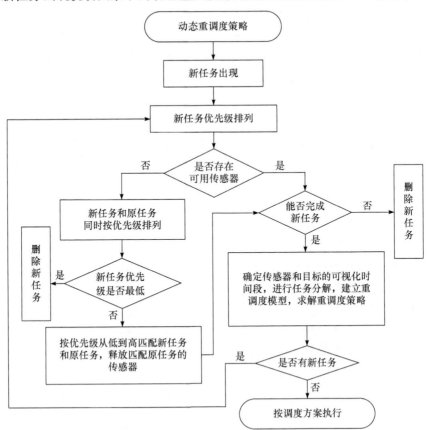

图 4.21　动态重调度策略

具体步骤如下。

符号假设：动态重调度的时刻为 t_c，满足 $t_c \in \{\mathrm{ST}^k \mid k = 2, 3, \cdots, (\mathrm{TN} - 1)\}$，$t_s (T_s \leqslant t_s \leqslant T_e)$ 为新任务出现的时刻，动态重调度从 t_c 开始，$t_s < t_c$，新任务集合为 $\hat{T}_{\mathrm{sum}} = \bigcup\limits_{i=1}^{m'} \hat{T}_i$，$\hat{T}_i$ 为第 i 新任务，m' 为新任务的数量，$r_i^{\max}$ 为第 i 个传感器原调度方案在时间段 $[t_c, T_e]$ 内执行的目标数量的最大值，R_i^s 为第 i 个传感器在时间段 $[t_c, T_e]$ 剩余目标容量，则 $R_i^s = R_i - r_i^{\max}$，R_i^s 为 0 表示传感器 i 不可用，否则传感器 i 可执行新的任务。

初始化：新任务删除队列为空，新任务可执行队列为 $\hat{T}_{\mathrm{sum}}$，可用传感器队列为空。

步骤 1：在时间段 $[t_c, T_e]$ 内对 $\hat{T}_{\mathrm{sum}}$ 各新任务按优先级进行排列。

步骤 2：判断 $R_i^s \{i = 1, 2, \cdots, (n_1 + n_2)\}$ 是否等于 0，如果全部为 0，执行步骤 5；如果不为 0，把不为 0 的传感器存入可用传感器队列，执行步骤 3。

步骤 3：确定时间段 $[t_c, T_e]$ 内新任务可执行队列和可用传感器队列中传感器和任务的可视化关系，判断新任务能否完成探测任务，如果不能，把其存入新任务删除队列，并从新任务可执行队列中删除，执行步骤 4。

步骤 4：确定新任务可执行队列和可用传感器队列中传感器和任务的可视化时间段，根据 4.4.2 节混合任务分解方法进行任务分解，确定重调度模型的关键因素 $\{D, E, \mathrm{TN}\}$，按照 4.4.3 节的匹配优化模型建立新任务出现情况下的重调度模型，并求解得到新任务出现时的动态重调度策略，执行步骤 7。

步骤 5：结合步骤 1，在时间段 $[t_c, T_e]$ 内对 $T_{\mathrm{sum}} \cup \hat{T}_{\mathrm{sum}}$ 各任务进行优先级排列，$\hat{T}_i$ 跟所有 T_i 的优先级对比，判断 $\hat{T}_i$ 的优先级是否最低，如果是，把 $\hat{T}_i$ 存入新任务删除队列，并从新任务可执行队列中删除 $\hat{T}_i$；如果不是，继续判断，直至所有 $\hat{T}_i$ 判断完毕。

步骤 6：按照优先级从低到高的顺序从 T_{sum} 中依次匹配新任务可执行队列中的新任务，释放匹配原任务的传感器，存入可用传感器队列，执行步骤 3。

步骤 7：清空新任务删除队列，按原调度方案和重调度方案执行调度任务。

步骤 8：判断是否有新任务出现，如果有，存入新任务可执行队列，清空可用传感器队列，执行步骤 1。

4.4.6　仿真与分析

1. 仿真条件

为了验证本节的资源匹配模型以及 MBPSO 算法的有效性，设置如下仿真场景。

(1) 系统在 18:00:30 收到 4 枚 TBM 的预警信息，相关信息如表 4.2 所示。

表 4.2　TBM 相关参数

导弹序号	发射时间	飞行时间/s	最大高度/km	优先级
TBM1	18:00:00	930	551	2
TBM2	18:00:00	1032	615	1
TBM3	18:00:00	879	529	4
TBM4	18:00:00	911	543	3

(2) 预警系统部署 2 颗低轨卫星、3 部地基雷达。2 颗低轨卫星参数：轨道高度为 1600km，最远探测距离均为 1400km，视场大小为 20°×10°，最佳探测角度为 90°，目标容量为 2；地基雷达参数：2 部工作在 P 波段，1 部工作在 X 波段，最远探测距离分别为 3000km、4000km 和 2000km，观测空域均为：方位角±120°，高低角 1°～90°，最佳探测角度分别为 45°、60° 和 80°，目标容量分别为 3、4 和 8。任务调度的时间为从 18:06:30 至 18:08:30 的 120s 时间段，这段时间为探测跟踪弹道目标的关键时期，为后续拦截 TBM 提供目标指示信息。各传感器对 TBM 的可视化时间段如表 4.3 所示。

表 4.3　各传感器对 TBM 的可视化时间段　　　　　　　　（单位：s）

传感器	TBM1	TBM2	TBM3	TBM4
卫星 1	[0,85]	[0,102]	[0,68]	[0,89]
卫星 2	[0,120]	[0,120]	[0,120]	[0,120]
雷达 1	[0,85]	[0,89]	[0,72]	[0,83]
雷达 2	[40,120]	[46,120]	[24,120]	[29,120]
雷达 3	[97,120]	[110,120]	[72,120]	[83,120]

2. 仿真过程

设定 D_{max} 为 20s，D_{min} 为 10s，MaxLong 为 15s，通过任务分解，得到 9 个元任务，每个元任务对应的时间段分别为[0,12]，[12,24]，[29,40]，[46,57]，[57,68]，[72,83]，[83,97]，[97,110]，[110,120]。同时得到每个元任务的探测矩阵分别为

$$
\boldsymbol{D}^1 = \begin{bmatrix} 1 & 1 & 1 & 1 \\ 1 & 1 & 1 & 1 \\ 1 & 1 & 1 & 1 \\ 0 & 0 & 0 & 0 \\ 0 & 0 & 0 & 0 \end{bmatrix}, \quad
\boldsymbol{D}^2 = \begin{bmatrix} 1 & 1 & 1 & 1 \\ 1 & 1 & 1 & 1 \\ 1 & 1 & 1 & 1 \\ 0 & 0 & 0 & 0 \\ 0 & 0 & 0 & 0 \end{bmatrix}, \quad
\boldsymbol{D}^3 = \begin{bmatrix} 1 & 1 & 1 & 1 \\ 1 & 1 & 1 & 1 \\ 1 & 1 & 1 & 1 \\ 0 & 0 & 1 & 1 \\ 0 & 0 & 0 & 0 \end{bmatrix}
$$

$$
\boldsymbol{D}^4 = \begin{bmatrix} 1 & 1 & 1 & 1 \\ 1 & 1 & 1 & 1 \\ 1 & 1 & 1 & 1 \\ 1 & 1 & 1 & 1 \\ 0 & 0 & 0 & 0 \end{bmatrix}, \quad
\boldsymbol{D}^5 = \begin{bmatrix} 1 & 1 & 1 & 1 \\ 1 & 1 & 1 & 1 \\ 1 & 1 & 1 & 1 \\ 1 & 1 & 1 & 1 \\ 0 & 0 & 0 & 0 \end{bmatrix}, \quad
\boldsymbol{D}^6 = \begin{bmatrix} 1 & 1 & 0 & 1 \\ 1 & 1 & 1 & 1 \\ 1 & 1 & 0 & 1 \\ 1 & 1 & 1 & 1 \\ 0 & 0 & 1 & 0 \end{bmatrix}
$$

$$
\boldsymbol{D}^7 = \begin{bmatrix} 0 & 1 & 0 & 0 \\ 1 & 1 & 1 & 1 \\ 0 & 0 & 0 & 0 \\ 1 & 1 & 1 & 1 \\ 0 & 0 & 1 & 1 \end{bmatrix}, \quad
\boldsymbol{D}^8 = \begin{bmatrix} 0 & 0 & 0 & 0 \\ 1 & 1 & 1 & 1 \\ 0 & 0 & 0 & 0 \\ 1 & 1 & 1 & 1 \\ 1 & 0 & 1 & 1 \end{bmatrix}, \quad
\boldsymbol{D}^9 = \begin{bmatrix} 0 & 0 & 0 & 0 \\ 1 & 1 & 1 & 1 \\ 0 & 0 & 0 & 0 \\ 1 & 1 & 1 & 1 \\ 1 & 1 & 1 & 1 \end{bmatrix}
$$

则总探测矩阵为 $\boldsymbol{D} = \left(\boldsymbol{D}^1, \boldsymbol{D}^2, \boldsymbol{D}^3, \boldsymbol{D}^4, \boldsymbol{D}^5, \boldsymbol{D}^6, \boldsymbol{D}^7, \boldsymbol{D}^8, \boldsymbol{D}^9 \right)$，根据探测有利度的计算，计算在每个元任务所处的时间段传感器对弹道目标的距离探测有利度和角度探测有利度，见表 4.4 和表 4.5。

表 4.4　传感器对目标在每个元任务时间段的距离探测有利度

传感器	元任务 1				元任务 2				元任务 3			
Sat1	0.614	0.57	0.629	0.621	0.612	0.571	0.629	0.621	0.61	0.568	0.628	0.618
Sat2	0.615	0.57	0.629	0.621	0.614	0.572	0.629	0.621	0.613	0.569	0.625	0.617
PR1	0.588	0.54	0.602	0.596	0.586	0.543	0.600	0.593	0.585	0.536	0.597	0.592
PR2	0	0	0	0	0	0	0	0	0	0	0	0
XR1	0	0	0	0	0	0	0	0	0	0	0	0

传感器	元任务 4				元任务 5				元任务 6			
Sat1	0.609	0.566	0.624	0.616	0.608	0.565	0.622	0.614	0.606	0.563	0	0.612
Sat2	0.609	0.566	0.624	0.616	0.608	0.565	0.622	0.614	0.606	0.563	0.624	0.612
PR1	0.581	0.535	0.595	0.589	0.578	0.533	0.594	0.587	0.578	0.533	0	0.587
PR2	0.864	0.849	0.868	0.866	0.864	0.849	0.868	0.866	0.863	0.847	0.868	0.864
XR1	0	0	0	0	0	0	0	0	0	0	0.737	0

传感器	元任务 7				元任务 8				元任务 9			
Sat1	0	0.56	0	0	0	0	0	0	0	0	0	0
Sat2	0.608	0.561	0.625	0.613	0.608	0.561	0.625	0.613	0.612	0.564	0.629	0.616
PR1	0	0	0	0	0	0	0	0	0	0	0	0
PR2	0.863	0.847	0.868	0.864	0.864	0.848	0.869	0.866	0.864	0.848	0.869	0.866
XR1	0	0	0.737	0.73	0.729	0	0.74	0.731	0.729	0.697	0.73	0.729

表 4.5　传感器对目标在每个元任务时间段的角度探测有利度

传感器	元任务 1				元任务 2				元任务 3			
Sat1	0.667	0.733	0.601	0.667	0.6	0.667	0.533	0.6	0.533	0.6	0.47	0.533
Sat2	0.667	0.601	0.733	0.667	0.733	0.667	0.801	0.733	0.8	0.733	0.87	0.8
PR1	0.382	0.421	0.31	0.384	0.32	0.351	0.26	0.32	0.26	0.29	0.2	0.26

传感器	元任务 1				元任务 2				元任务 3			
PR2	0	0	0	0	0	0	0	0	0	0	0.57	0.51
XR1	0.51	0.51	0.51	0.51	0.51	0.51	0.51	0.51	0.51	0.51	0.51	0.51

传感器	元任务 4				元任务 5				元任务 6			
Sat1	0.47	0.533	0.4	0.47	0.4	0.47	0.33	0.4	0.33	0.4	0	0.33
Sat2	0.87	0.8	0.93	0.87	0.93	0.87	0	0.93	0	0.93	0.93	0
PR1	0.2	0.23	0.14	0.2	0.14	0.17	0.08	0.14	0.08	0.11	0	0.08
PR2	0.54	0.48	0.63	0.57	0.6	0.54	0.68	0.63	0.66	0.6	0.72	0.69
XR1	0.51	0.51	0.51	0.51	0.51	0.51	0.51	0.51	0.51	0.51	0.51	0.51

传感器	元任务 7				元任务 8				元任务 9			
Sat1	0	0.33	0	0	0	0	0	0	0	0	0	0
Sat2	0.93	0	0.87	0.93	0.87	0.93	0.8	0.87	0.8	0.87	0.73	0.8
PR1	0	0	0	0	0	0	0	0	0	0	0	0
PR2	0.72	0.65	0.77	0.72	0.78	0.69	0.8	0.77	0.85	0.77	0.86	0.82
XR1	0.51	0.51	0.51	0.51	0.51	0.51	0.51	0.51	0.51	0.51	0.51	0.51

根据 4.4.3 节建立资源匹配模型，采用 MBPSO 算法求解矩阵 E，设定：$\text{Iter}_{\max} = 500$，NF=5，$c_1 = c_2 = c_3 = 2.05$，$T' = 20$，种群规模为 30，权重系数 $\alpha_1 = 0.3$，$\alpha_2 = 0.25$，$\alpha_3 = 0.2$，$\alpha_4 = 0.15$，$\alpha_5 = 0.1$，$r_j^{s1} + r_j^{s2} = 1$，$r_j^{e1} + r_j^{e2} = 4$。每个元任务的调度矩阵为

$$
\boldsymbol{E}^1 = \begin{bmatrix} 1 & 1 & 0 & 0 \\ 1 & 1 & 0 & 0 \\ 1 & 1 & 0 & 1 \\ 0 & 0 & 0 & 0 \\ 0 & 0 & 0 & 0 \end{bmatrix}, \quad
\boldsymbol{E}^2 = \begin{bmatrix} 1 & 1 & 0 & 0 \\ 1 & 1 & 0 & 0 \\ 1 & 1 & 0 & 1 \\ 0 & 0 & 0 & 0 \\ 0 & 0 & 0 & 0 \end{bmatrix}, \quad
\boldsymbol{E}^3 = \begin{bmatrix} 1 & 1 & 0 & 0 \\ 1 & 1 & 0 & 0 \\ 1 & 1 & 0 & 1 \\ 0 & 0 & 1 & 1 \\ 0 & 0 & 0 & 0 \end{bmatrix}
$$

$$
\boldsymbol{E}^4 = \begin{bmatrix} 1 & 1 & 0 & 0 \\ 1 & 1 & 0 & 0 \\ 1 & 1 & 0 & 1 \\ 1 & 1 & 1 & 1 \\ 0 & 0 & 0 & 0 \end{bmatrix}, \quad
\boldsymbol{E}^5 = \begin{bmatrix} 1 & 1 & 0 & 0 \\ 1 & 1 & 0 & 0 \\ 1 & 1 & 0 & 1 \\ 1 & 1 & 1 & 1 \\ 0 & 0 & 0 & 0 \end{bmatrix}, \quad
\boldsymbol{E}^6 = \begin{bmatrix} 1 & 1 & 0 & 0 \\ 1 & 1 & 0 & 0 \\ 1 & 1 & 0 & 1 \\ 1 & 1 & 1 & 1 \\ 0 & 0 & 1 & 0 \end{bmatrix}
$$

$$
\boldsymbol{E}^7 = \begin{bmatrix} 0 & 1 & 0 & 0 \\ 0 & 1 & 0 & 0 \\ 0 & 0 & 0 & 0 \\ 1 & 1 & 1 & 1 \\ 0 & 0 & 1 & 1 \end{bmatrix}, \quad
\boldsymbol{E}^8 = \begin{bmatrix} 0 & 0 & 0 & 0 \\ 0 & 0 & 0 & 0 \\ 0 & 0 & 0 & 0 \\ 1 & 1 & 1 & 1 \\ 1 & 0 & 1 & 1 \end{bmatrix}, \quad
\boldsymbol{E}^9 = \begin{bmatrix} 0 & 0 & 0 & 0 \\ 0 & 0 & 0 & 0 \\ 0 & 0 & 0 & 0 \\ 1 & 1 & 1 & 1 \\ 1 & 1 & 1 & 1 \end{bmatrix}
$$

3. 仿真结论

1) 优化调度方案

通过上述方法得到最优调度方案, 如图 4.22 所示。

从图 4.22 分析可知:

(1) 最优调度方案满足总探测矩阵约束。

(2) 此方案基本保证了每个 TBM 在每个时刻至少有一个传感器对其进行探测, 只有 TBM3 在[0,29]时间段没有传感器对其进行探测, 同时传感器 1 和传感器 2 是同时在[0,82]时间段对 TBM1 和 TBM2 进行探测, 满足双星探测的约束。

(3) TBM2 所用的传感器资源较多, 最多同时有 4 个传感器对其进行探测, 而 TBM3 所用的传感器资源较少, 最多同时有 2 个传感器对其进行探测, 因为 TBM2 的优先级最高, 而 TBM3 的优先级最低。

(4) 除[24,29]和[40,46]这两个时间段外, 每个传感器对 TBM 的探测没有间断, 说明对 TBM 的探测具有较好的连续性, 交接次数较少。

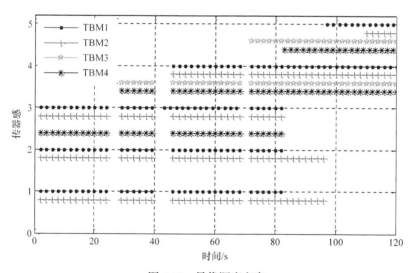

图 4.22　最优调度方案

2) 算法性能

采用 MATLAB R2013a 在 Pentium(R) Dual-Core CPU E5800 3.2GHz, Windows 7 操作系统的平台上验证算法, 分别采用 BPSO、NBPSO、MBPSO-2 和 MBPSO 算法求解上述匹配优化模型, 计算 30 次进行算法的性能比较, 其中 MBPSO-2 是用本节速度更新对 BPSO 改进得到的算法。图 4.23 为 4 种算法最优适应度值曲线对比, 表 4.6 为 4 种算法性能指标对比。

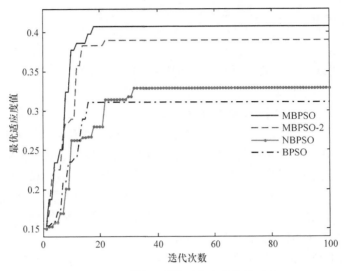

图 4.23　4 种算法最优适应度值曲线对比

表 4.6　4 种算法性能指标对比

算法	平均收敛速度(迭代次数)	平均计算时间/s
BPSO	16	2.5382
NBPSO	32	3.0759
MBPSO-2	22	2.5968
MBPSO	18	2.6125

　　从图 4.23 和表 4.6 可以看出，MBPSO 算法的最优适应度值优于其余三种算法，平均收敛速度最快，在迭代到第 18 代时就能达到最优适应度值，而 MBPSO-2 和 NBPSO 则分别迭代到第 22 和 32 代才能达到最优适应度值，满足反导传感器资源调度的实时性要求。一方面，NBPSO 仅对 Sigmoid 函数进行修正，最优适应度值比 BPSO 优，但速度更新的不足仍易于陷入局部最优；另一方面，MBPSO-2 仅对粒子的速度进行改进，最优适应度值得到了极大的改善，但基本 BPSO 的 Sigmoid 函数存在的问题仍导致粒子达不到最佳状态，MBPSO 同时对粒子的速度和 Sigmoid 函数进行修正，同时，在改进 Sigmoid 函数中增加了一个 E 使粒子跳出局部最优，使其比其余算法具有更快的收敛速度和更强的寻优能力。

4.5　多传感器分布式协同探测与跟踪任务规划

　　多传感器分布式协同探测与跟踪任务规划是在传感器资源总量有限的情况下 (Thamarasa et al，2011；Hare et al，2018)，以满足系统对战场内所有弹道目标的跟踪精度需求为目的，合理地为每一个弹道目标规划传感器资源。

4.5.1　基于目标优先级和后验克拉默-拉奥下界的反导多传感器跟踪资源动态分配

针对多传感器对多个随机出现的弹道目标的跟踪问题，采用一种基于目标优先级和后验克拉默-拉奥下界(posterior Cramer-Rao lower bound，PCRLB)的多传感器跟踪资源动态分配方法。

1. 假设条件

基于目标优先级和 PCRLB 的多传感器跟踪资源动态分配方法主要基于以下假设。

(1) 在进行协同跟踪时不考虑数据关联的情况，即多目标在时间上临近在空间上不临近，是"稀疏多"目标，同时对 PCRLB 的计算也不考虑数据关联的情况。

(2) 不考虑弹道目标发生机动的情况。若考虑弹道目标机动情况，则对传感器跟踪性能的衡量指标选择 PCRLB 就不太合适，可以选择新的 PCRLB，如 Weiss-Weinstein 低界(Weiss-Weinstein lower bound，WWLB)适用于机动目标跟踪的情况下的传感器衡量指标。

(3) 不考虑传感器异步工作方式下(由通信延迟、雷达体制不同、初始采样时刻不同等所引起)的传感器选择问题，只考虑参与协同跟踪的传感器都是同质的传感器(即采用工作方式、工作体制一致的地基雷达)。

(4) 不考虑传感器配准过程产生的误差。

2. 多传感器跟踪资源规划模型

多传感器多目标下的传感器管理实质上是一种非线性最优控制理论问题。由于目标的数量是不确定的，即新目标的出现是随机的和已被跟踪的目标离开传感器的监视区域是随机的，这里定义传感器的监视区域是指反导传感器网络中所有传感器的威力范围的并集，而传统的传感器-目标规划方法在进行传感器资源的分配时考虑的目标数量是固定的，这与实际情况并不相符。

假设预警传感器网络中有 m 个传感器，用集合表示为 $S = \{s_1, s_2, \cdots, s_m\}$，$m$ 个传感器可以构成 $2^m - 1$ 个传感器组合，其中有 m 个基本传感器，有 $2^m - m - 1$ 个伪传感器，每个伪传感器含有两个以上的传感器，并且是由基本传感器进行组合得到的。k 时刻有 n 个来袭的弹道目标，用集合表示为 $T = \{t_1, t_2, \cdots, t_n\}$。

定义 $Y_k = (y_{ij}^k)_{m \times n}$ 为 k 时刻传感器组合对目标的覆盖矩阵，$y_{ij}^k = 1$ 表示 k 时刻传感器组合 i 对目标 j 可覆盖，$y_{ij}^k = 0$ 表示不可覆盖，覆盖矩阵与传感器和目标的位置有关，且是随机变化的。定义 $X_k = (x_{ij}^k)_{m \times n}$ 为 k 时刻传感器组合对目标的分配矩阵，$x_{ij}^k = 1$ 表示 k 时刻传感器 i 分配给目标 j，反之 $x_{ij}^k = 0$ 表示不分配。

不同的时刻 k，传感器的数量 m、目标的数量 n 和传感器组合对目标的覆盖矩阵 $\mathbf{Y}$ 是变化的，具体为：①目标数量的变化，即有新的目标进入传感器的监视区域内或者有已被跟踪的目标离开整个传感器网的监视区域；②传感器数量的变化，即目标进入整个传感器网的监视区域是有一定的过程，且不断进入不同传感器的覆盖范围；③覆盖矩阵的变化，即目标在整个传感器网的监视区域内会不断地离开其中一个传感器的覆盖范围而进入另一个传感器的覆盖范围。但在某个固定的时刻，它们都有确定的值，基于此建立 k 时刻的多传感器跟踪资源分配模型。

1) 目标函数

对于传感器网络，多传感器跟踪资源规划的目标就是寻找使系统总效能达到最大的传感器对目标的规划结果——传感器组合对目标的分配矩阵 $\mathbf{X}$，即

$$\text{Min } E_k = \sum_{i=1}^{2^m-1} \sum_{j=1}^{n} e_{ij}^k \cdot x_{ij}^k \tag{4.28}$$

其中，E_k 表示 k 时刻跟踪资源分配的总效能；e_{ij}^k 表示 k 时刻传感器组合 i 对目标 j 的效能函数。

在多目标协同跟踪下的多传感器资源分配问题中，效能函数的选择非常重要，建立合理的效能函数是进行多传感器跟踪资源分配的基础。定义效能函数 e_{ij} 由传感器组合 i 对目标 j 的归一化跟踪精度函数 ΔT_{ij} 和目标 j 的归一化优先级函数 ΔP_j 两部分组成，即

$$e_{ij} = \lambda \Delta T_{ij} + \mu \Delta P_j \tag{4.29}$$

其中，λ、μ 为加权系数，且满足 $\lambda + \mu = 1$，对 ΔT_{ij} 和 ΔP_j 的具体计算方法见式(4.49)和式(4.35)。

由式(4.29)可知，归一化跟踪精度函数越大，归一化优先级函数越大，目标的效能函数值就越大。参数 λ、μ 反映了跟踪精度和优先级对效能函数的影响，λ 值越大，跟踪精度对目标效能函数的影响越大，μ 值越大，优先级对目标效能函数的影响越大。

2) 约束条件

(1) k 时刻每个传感器组合的最大跟踪能力约束

$$\sum_{j=1}^{n} x_{ij}^k \leqslant \text{Num}_j^k, \quad j = 1, 2, \cdots, m \tag{4.30}$$

(2) k 时刻每个目标的最小和最大被跟踪传感器组合数量约束

$$\text{Min}_i^k \leqslant \sum_{i=1}^{m'} x_{ij}^k \leqslant \text{Max}_i^k, \quad i = 1, 2, \cdots, n \tag{4.31}$$

(3) 目标必须在传感器组合的覆盖范围内，传感器才能够对目标进行跟踪

$$0 \leqslant x_{ij}^k \leqslant y_{ij}^k \tag{4.32}$$

其中，Num_j^k 表示 k 时刻传感器组合 j 的最大跟踪目标数量；Min_i^k 表示 k 时刻目标 i 的最小被跟踪的传感器组合数量；Max_i^k 表示 k 时刻目标 i 的最大被跟踪的传感器组合数量。

3. 目标优先级和跟踪精度模型

1) 目标优先级模型

(1) 主要影响因素的确定。

对弹道目标优先级的评定是进行传感器-目标分配问题的基础。通过对弹道目标运动规律和预警传感器网络的特点进行深入分析，影响弹道目标跟踪优先级的主要因素包括距离、射向、射程，三个因素指标的量化如下。

① 目标预测落点到防御中心的距离。

弹道目标预测落点与防御中心的距离越小，弹道目标的命中精度越高，其优先级越高，反之优先级就越低。设目标 j 的预测落点坐标为 $(x_{\mathrm{TBM}}^j, y_{\mathrm{TBM}}^j)$，防御中心的坐标为 (x_o, y_o)，则预测落点到防御中心的距离为

$$D_j = \sqrt{(x_{\mathrm{TBM}}^j - x_o)^2 + (y_{\mathrm{TBM}}^j - y_o)^2} \tag{4.33}$$

② 弹道射向。

目标射程相同的情况下，弹道射向的角度越大，目标的威胁越大，优先对其跟踪，设目标 j 的弹道射向为 Ω_j。

③ 射程。

弹道射向相同的情况下，射程越大，其速度越快，威胁越大，优先对其跟踪，设目标 j 的弹道射程为 S_j。

由于 D_j、Ω_j、S_j 的计量单位、范围不同，不能用直接简单的线性加权来计算目标的优先级，必须对这三个参数进行归一化处理。

(2) 优先级的确定。

根据上面确定的影响目标优先级的三个主要因素，采用多属性决策方法确定最终目标的优先级(韦刚等，2016)。将影响弹道目标优先级的主要因素 D_j、Ω_j、S_j 按照从小到大的顺序进行排列，得到目标预测落点到防御中心的距离序列：$D_1, D_2, \cdots, D_n$(满足 $D_1 < D_2 < \cdots < D_n$)，弹道射向序列：$\Omega_1, \Omega_2, \cdots, \Omega_n$(满足 $\Omega_1 < \Omega_2 < \cdots < \Omega_n$)，射程序列：$S_1, S_2, \cdots, S_n$(满足 $S_1 < S_2 < \cdots < S_n$)，那么建立的优先级表如图 4.24 所示。

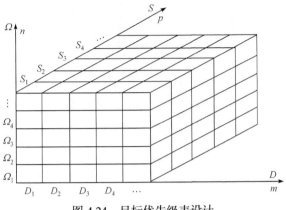

图 4.24　目标优先级表设计

影响每个目标优先级的三个因素 D_j 、 Ω_j 、 S_j 必然是上述三种排列取值中的一个，记为：$\{D_j, \Omega_j, S_j\} = \{D_{mj}, \Omega_{nj}, S_{pj}\}$，$m_j$、$n_j$、$p_j$ 分别表示第 j 个目标在排列表中的位置，称 $\langle m_j, n_j, p_j \rangle$ 为目标 j 的优先级坐标。根据线性加权方法，可以确定第 j 个目标的最终优先级为

$$P_j = \alpha \cdot m_j + \beta \cdot n_j + (1 - \alpha - \beta) \cdot p_j \tag{4.34}$$

其中，α、β 是加权系数，可以根据属性参数的重要程度事先确定。

根据目标最终优先级的大小，得到目标最终优先级从小到大的排序，定义第 j 个目标的归一化优先级函数为目标 j 的优先级排序的倒数，即

$$\Delta P_j = \frac{1}{n} \tag{4.35}$$

2) 目标跟踪精度的 PCRLB

在目标跟踪中，目标的跟踪精度是体现跟踪性能的关键因素之一。不同的跟踪算法会有不同的目标跟踪精度，PCRLB 提供了一种实现最优估计性能的方法，并且它能被预测性地计算出来，不受具体的滤波算法的限制，能够评价一种方法距离最优误差限还有多大程度，成为一种衡量跟踪性能的方法，也是当前用来作为传感器分配指标的研究热点(赵砚等，2011)。

PCRLB 定义为 Fisher 信息矩阵的逆，其中 $\hat{X}_{k|k}$ 是状态向量 $X_{k|k}$ 的无偏估计，则协方差矩阵 $P_{k|k}$ 的 PCRLB 为

$$P_{k|k} = E[(\hat{X}_{k|k} - X_{k|k})(\hat{X}_{k|k} - X_{k|k})^{\mathrm{T}}] \geqslant J_k^{-1} \tag{4.36}$$

其中，J_k 为 Fisher 信息矩阵。

J_k 的递归计算方法为

$$J_{k+1} = D_k^{22} - D_k^{21}(J_k + D_k^{11})^{-1}D_k^{12}, \quad k > 0 \tag{4.37}$$

其中

$$D_k^{11} = -E\left\{\nabla_{X_k}[\nabla_{X_k}\ln p(X_{k+1} \mid X_k)]^{\mathrm{T}}\right\} \tag{4.38}$$

$$D_k^{21} = -E\left\{\nabla_{X_{k+1}}[\nabla_{X_k}\ln p(X_{k+1} \mid X_k)]^{\mathrm{T}}\right\} \tag{4.39}$$

$$D_k^{12} = [D_k^{21}]^{\mathrm{T}} \tag{4.40}$$

$$D_k^{22} = E\left\{\nabla_{X_{k+1}}[\nabla_{X_{k+1}}\ln p(X_{k+1} \mid X_k)]^{\mathrm{T}}\right\} - E\left\{\nabla_{X_{k+1}}[\nabla_{X_{k+1}}\ln p(Z_{k+1} \mid X_{k+1})]^{\mathrm{T}}\right\} \tag{4.41}$$

具体结合式(4.36)和式(4.37)，则有

$$D_k^{11} = \tilde{F}_k^{\mathrm{T}}Q_k^{-1}\tilde{F}_k \tag{4.42}$$

$$D_k^{12} = -\tilde{F}_k^{\mathrm{T}}Q_k^{-1} \tag{4.43}$$

$$D_k^{22} = Q_k^{-1} + \tilde{H}_{k+1}^{\mathrm{T}}R_{k+1}^{-1}\tilde{H}_{k+1} \tag{4.44}$$

其中，$\tilde{F}_k$、$\tilde{H}_{k+1}$ 为对目标跟踪模型中的非线性状态方程和量测方程进行线性化所求，即

$$\tilde{F}_k = \left[\nabla_{X_k}f_k^{\mathrm{T}}(X_k)\right]^{\mathrm{T}}, \quad \tilde{H}_{k+1} = \left[\nabla_{X_{k+1}}h_{k+1}^{\mathrm{T}}(X_{k+1})\right]^{\mathrm{T}} \tag{4.45}$$

由式(4.44)和式(4.45)，根据矩阵求逆得到信息矩阵 J_{k+1} 为

$$J_{k+1} = (Q_k + \tilde{F}_k J_k^{-1}\tilde{F}_k^{\mathrm{T}})^{-1} + \tilde{H}_{k+1}^{\mathrm{T}}R_{k+1}^{-1}\tilde{H}_{k+1} \tag{4.46}$$

式(4.46)是单个传感器对一个目标 J_{k+1} 的计算，由于传感器间的量测是彼此独立且目标是完全区分的，不同传感器在同一时刻对同一目标的量测贡献是累加的，则 q 个传感器对目标的 PCRLB 的计算公式为

$$J_{k+1} = (Q_k + \tilde{F}_k J_k^{-1}\tilde{F}_k^{\mathrm{T}})^{-1} + \sum_{i=1}^{q}\tilde{H}_{i+1}^{\mathrm{T}}R_{i+1}^{-1}\tilde{H}_{i+1} \tag{4.47}$$

在此基础上，对 Fisher 信息矩阵 J_k 的量纲进行统一，得到 k 时刻传感器组合 i 对目标 j 的跟踪精度函数为

$$T_{ij}^k = \mathrm{trace}(\overline{J}_k^{ij-1}) \tag{4.48}$$

其中，trace 表示对矩阵求迹运算；$\overline{J}_k^{ij-1}$ 为 k 时刻传感器组合 i 对目标 j 量纲统一后的 Fisher 信息矩阵的逆。

则归一化跟踪精度函数为

$$\Delta T_{ij}^k = \frac{\mathrm{trace}(\overline{J}_k^{ij-1})}{\max\{\mathrm{trace}(\overline{J}_k^{ij-1})\}} \tag{4.49}$$

其中，$\max\{\text{trace}(\overline{\boldsymbol{J}}_k^{ij-1})\}$ 为所有传感器组合对各目标的量纲统一后 Fisher 信息矩阵逆的迹的最大值。

4. 多传感器跟踪资源动态规划流程

为解决传感器数量、目标数量和覆盖矩阵在不同时刻变化所带来的新问题，建立动态多传感器跟踪资源规划算法，算法从开始到结束构成闭合的回路。

1) 假设条件

(1) 已知各传感器部署的位置、性能参数和覆盖范围。

(2) 目标是可预测的，即通过预测可得到目标的初始信息。

(3) 由假设条件(1)和(2)可得到目标进入和离开每个传感器覆盖范围的时间和空间点。

2) 规划流程

初始条件：设当前传感器的数量为 M_0，已被跟踪的目标数量为 N_0。

具体步骤如下。

步骤 1：判断整个传感器监视区域内的目标数量是否变化，如果没有，则执行步骤 3；否则更新目标的数量。

步骤 2：根据式(4.35)计算更新后各目标的归一化优先级函数。

步骤 3：判断传感器的数量是否变化，如果没有，则执行步骤 5，否则执行步骤 4。

步骤 4：更新传感器的数量和传感器组合的数量。

步骤 5：判断整个传感器监视区域内传感器对目标的覆盖矩阵是否变化，如果没有，则执行步骤 1，否则执行步骤 6。

步骤 6：根据整个监视区域内传感器对目标覆盖情况的变化更新覆盖矩阵内各元素的值。

步骤 7：根据式(4.49)计算各传感器组合对各目标的归一化跟踪精度函数。

步骤 8：根据式(4.28)～式(4.32)建立的 k 时刻多传感器跟踪资源的分配模型，求解下一时刻的规划结果，执行步骤 1。

5. 仿真与分析

1) 仿真参数设置

仿真场景：传感器网络采用 3 部雷达 $\{s_1, s_2, s_3\}$ 来进行仿真分析。各雷达性能参数如表 4.7 所示，防御中心的位置坐标为(34.61, –28.46)km，设置 3 个 TBM 目标针对防御中心依次发射，2 个 TBM 发射之间有一定的时间间隔，各 TBM 的初始信息如表 4.8 所示。仿真过程取自弹道目标中段的一部分，仿真时间为 375s。设各个雷达采样周期相同，均为 0.5s，根据预测得到各雷达对目标的覆盖情况如

图 4.25 所示。目标跟踪算法采用不敏卡尔曼滤波(UKF)算法，雷达组合对目标进行跟踪时，采用集中式序贯卡尔曼滤波算法。

表 4.7 各雷达性能参数信息

雷达编号	部署位置/km	径向距离测量误差/m	方位角测量误差/rad	俯仰角测量误差/rad
s_1	$(-837.45, 4.58)$	350	1×10^{-2}	1×10^{-2}
s_2	$(-771.54, -4.37)$	300	1×10^{-2}	1×10^{-2}
s_3	$(-42.35, -27.29)$	200	5×10^{-3}	5×10^{-3}

表 4.8 各 TBM 的初始信息

目标	进入雷达监视区域时刻/s	落点/km	射向/(°)	射程/km
TBM1	10	$(34.22, -27.69)$	320	794
TBM2	50	$(32.69, -25.88)$	310	1000
TBM3	90	$(33.58, -28.32)$	290	928

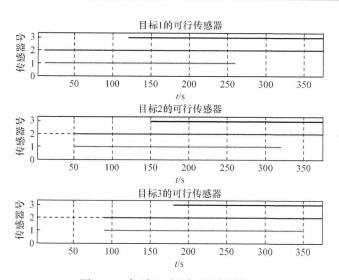

图 4.25 各雷达对目标的覆盖情况

2) 仿真与分析

(1) 目标优先级的计算。

根据表 4.8，首先对 D_j、Ω_j 和 S_j 的优先级进行排序，得到优先级序列和优先级坐标参数，利用式(4.35)计算目标的最终优先级，其优先级坐标、最终优先级和归一化优先级函数如表 4.9 所示。其中取 $\alpha = 0.30$，$\beta = 0.15$。

表 4.9　目标优先级计算

目标编号	优先级坐标	最终优先级	归一化优先级函数
目标 1	<3,1,1>	1.60	1
目标 2	<1,2,3>	2.25	1/3
目标 3	<2,3,2>	2.15	1/2

(2) 动态规划过程。

在仿真过程中，为了与本节方法效果对比，设置了一种随机分配方法，即在规划的过程中，根据主观者的决策随机地选择可行的雷达对目标进行跟踪。设置 $\lambda=1/3$，$\mu=2/3$，$\mathrm{Num}_j^k=2$，$\mathrm{Min}_i^k=1$，$\mathrm{Max}_i^k=1$。采用本节的方法进行仿真得到传感器-目标的规划结果如图 4.26 所示，而采用随机分配方法的规划结果如图 4.27 所示。

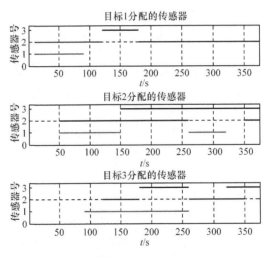

图 4.26　本节方法的规划结果

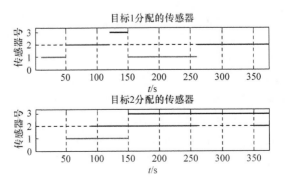

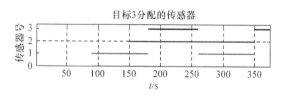

图 4.27　随机分配方法的规划结果

从仿真图 4.26 中可以看出，由于目标出现的随机性和雷达对目标覆盖的随机性，从而引起模型变化的三种情况。①目标数量的变化，目标 1、目标 2 和目标 3 分别在 10s、50s 和 90s 时刻进入雷达的监视区域，目标数量由 1 个变成 2 个，再变成 3 个。②雷达数量的变化，120s 时刻，目标 1 进入雷达 3 的覆盖范围，雷达的数量由 2 个变为 3 个；350s 时刻，目标 3 离开雷达 1 的覆盖范围，雷达的数量由 3 个变成 2 个。③雷达组合对目标覆盖矩阵的变化，目标数量和雷达数量没有变化，但在 150s、180s、260s、320s 时刻雷达对目标的覆盖情况发生了变化，从而引起覆盖矩阵的变化；而从图 4.27 中可以看到，规划的传感器-目标关系较为稳定，且保证了对目标跟踪的连续性。因此通过本节动态分配的方法进行各阶段的最优化得到最优分配策略。

图 4.28 为随机分配方法和本节方法对各目标的 RMSE 对比图。

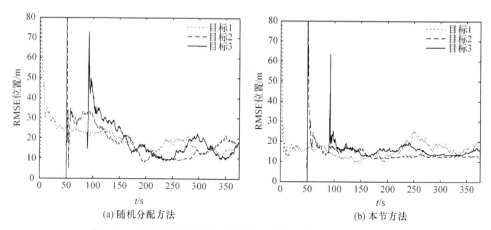

(a) 随机分配方法　　　　　　　　　　　(b) 本节方法

图 4.28　随机分配方法和本节方法对各目标的 RMSE 对比图

从图 4.28(a) 中可以看出，随机分配方法最终也可以获得较高的跟踪精度，但是由于其对雷达的选择是随机的，在跟踪的初始阶段，不能够快速选择最优的雷达组合对目标进行跟踪，跟踪的收敛速度慢，跟踪精度的稳定性较差。图 4.28(b) 为采用本节方法的跟踪精度，由于选择的是最优雷达组合进行跟踪，跟踪收敛速度快，跟踪精度的稳定性好。

图 4.29 为采用本节方法得到各个目标的最优 PCRLB。

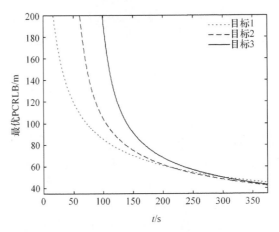

图 4.29　本节方法得到各个目标的最优 PCRLB

从图 4.29 可以看出，本节方法对三个目标跟踪的 PCRLB 最终都趋于稳定状态，其中稳态 PCRLB 值：目标 1>目标 3>目标 2，这是因为目标优先级是：目标 2>目标 3>目标 1，在选择雷达时优先选择效能函数低的雷达组合对优先级高的目标进行跟踪。

统计两种方法的跟踪性能如表 4.10 所示。

表 4.10　不同方法对各个目标的跟踪性能统计

方法	目标 1 位置-RMSE 均值/m	目标 2 位置-RMSE 均值/m	目标 3 位置-RMSE 均值/m
随机分配方法	19.969	17.777	18.081
本节方法	16.194	14.228	15.374

从表 4.10 中可以看出，本节方法比随机分配方法对各目标的跟踪性能分别提高了 23.31%、24.94%和 17.61%，因为本节所建立的目标函数采用 PCRLB 作为跟踪性能的重要指标。

算法时间度分析，经过仿真可以得到单次跟踪分配过程中，本节方法需要的平均时间为 0.7804s，随机分配方法需要的平均时间为 0.1064s。因为在进行雷达的选择时，本节方法需要计算雷达组合对目标的 PCRLB，得到对应的效能函数，并根据最优化模型求解最优分配结果来对目标进行跟踪；而随机分配方法则节省了这些步骤，对雷达的选择取决于决策者个人，只需要选择可行的雷达对目标进行跟踪，因此本节方法的雷达选择时间大于随机分配方法，同时，本节方法的分配时间也在可行范围内，满足实时性要求。

4.5.2　基于博弈论的协同探测与跟踪资源动态规划

1. 博弈收益

1) 博弈论

所谓博弈，就是由多于一方组成并且相互依存的决策情况。一般情况下，博弈模型的要素主要包括：参与者、信息、策略、支付(或收益)、理性、目标、行动顺序、结果和均衡，其中，参与者、策略、支付(或收益)是最基本的要素。

(1) 参与者。参与者是指能够在博弈中进行决策的个体，参与者必定有一定的自主性(否则，则是被动参与，只能作为一种环境参数在博弈过程起作用)，它在博弈过程中通过策略达到最小化自身支付(或最大化收益)的目的。在本节中，将每个弹道目标对应的预警/跟踪任务共同体作为一种虚拟参与者来一起参与博弈，为每一个需要协同作战的弹道目标争取尽可能多的传感器资源。

(2) 策略。策略是指参与者的一个可能行动或者一个计划，参与者可以根据策略做出相应的行动。因此，协同预警与跟踪动态规划问题下的策略是每个预警/跟踪任务共同体根据体系对相应的弹道目标的跟踪需求给出的一系列可能的传感器集合。

(3) 支付(或收益)。支付(或收益)是博弈论里通用的度量单位，描述了参与者对不同博弈结果的偏好。将博弈中得到某种传感器集合下的预警/跟踪任务共同体的跟踪精度的提升作为博弈的收益。

此外，不失一般性，假定每一个传感器在同一时刻只能观测一个目标(拥有多目标能力的传感器可以看作由多个虚拟的单目标传感器组成)。

2) 博弈收益计算

在进行协同预警与跟踪动态规划时，博弈收益的确定是整个问题的关键点。对于预警与跟踪而言，其博弈收益也就是弹道目标预警与跟踪任务采用某种传感器序列方案而获得的任务质量(跟踪精度、检测概率)的提升能力(Ni et al，2014；Ni et al，2015)。因而，采用 Renyi 信息增量作为协同预警与跟踪动态规划过程中的博弈收益评价指标。

(1) Renyi 信息增量。

Renyi 信息增量对先验概率密度函数 $p(x)$ 和后验概率密度函数 $p(x|z_j)$ 的分布没有高斯的限制，可以用于强调某个局部信息，相对于基于互信息的方法更具灵活性和有效性。因此，可以用 Renyi 信息增量来表征传感器的跟踪性能，并作为博弈的收益。定义 Renyi 信息增量为

$$I_\alpha\left(p(x\,|\,z_j)\,|\,p(x)\right) = \frac{1}{\alpha-1}\log\left[\int p^\alpha(x\,|\,z_j)\cdot p^{1-\alpha}(x)\mathrm{d}x\right]$$

$$= \frac{1}{\alpha-1}\log\left[\int \frac{p^\alpha(z_j\,|\,x)\cdot p^\alpha(x)}{p_z^\alpha(z_j)}\cdot p^{1-\alpha}(x)\mathrm{d}x\right] \qquad (4.50)$$

$$= \frac{1}{\alpha-1}\log\left[\frac{\int p^\alpha(z_j\,|\,x)\cdot p(x)\mathrm{d}x}{p_z^\alpha(z_j)}\right]$$

其中，$p(x\,|\,z_j)$ 和 $p(z_j\,|\,x)$ 分别表示传感器 j 对目标的后验概率密度函数和似然函数；$p_z(z_j)$ 为传感器 j 观测的边缘分布函数。

在箱粒子滤波中先验概率密度函数 $p(x)$ 如下：

$$p(x) = \sum_{i=1}^{N_p} w^i U_{\left[x^{(i)}\right]}(x) \qquad (4.51)$$

其中，N_p 为箱粒子数；w^i 表示归一化权值；$U_{\left[x^{(i)}\right]}(x)$ 表示箱 $\left[x^{(i)}\right]$ 作为支撑集的均匀概率分布函数。

而对于箱量测 $\left[z_j\right]$，有

$$p(z_j\,|\,x) = U_{\left[z_j\right]}\left[g(x)\right] \qquad (4.52)$$

将式(4.51)和式(4.52)代入式(4.50)，可得

$$I_\alpha\left(p(x\,|\,z_j)\,|\,p(x)\right) = \frac{1}{\alpha-1}\log\left[\frac{\displaystyle\sum_{i=1}^{N_p} w^{(i)}\int_{\left[x^{(i)}\right]\cap\left[z_j\right]}\frac{1}{\left[x^{(i)}\right]\cdot\left[g^{-1}\left(z_j\right)\right]^\alpha}\mathrm{d}x}{p_z^\alpha\left(z_j\right)}\right]$$

$$\qquad (4.53)$$

$$= \frac{1}{\alpha-1}\log\left[\frac{1}{p_z^\alpha\left(z_j\right)}\cdot\sum_{i=1}^{N_p} w^{(i)}\frac{\left[x^{(i)}\right]\cap\left[g^{-1}\left(z_j\right)\right]^\alpha}{\left[x^{(i)}\right]\cdot\left[g^{-1}\left(z_j\right)\right]^\alpha}\right]$$

其中，$\dfrac{\left[x^{(i)}\right]\cap\left[g^{-1}\left(z_j\right)\right]^\alpha}{\left[x^{(i)}\right]\cdot\left[g^{-1}\left(z_j\right)\right]^\alpha}$ 表示箱粒子通过量测进行收缩，消去多余的部分。

这样，根据全概率公式和式(4.51)、式(4.52)，$p_z^\alpha\left(z_j\right)$ 可离散化为

$$p_z^\alpha\left(z_j\right)=\left[\int p\left(z_j\,/\,x\right)p(x)\mathrm{d}x\right]^\alpha$$

$$=\left[\sum_{i=1}^{N_p}w^{(i)}\frac{\left|\left[x^{(i)}\right]\cap\left[g^{-1}\left(z_j\right)\right]\right|}{\left[x^{(i)}\right]\cdot\left[g^{-1}\left(z_j\right)\right]}\right]^\alpha \tag{4.54}$$

同理，根据全概率公式和式(4.51)、式(4.52)，$I_\alpha\left(p(x\,|\,z_j)\,|\,p(x)\right)$ 可离散化为

$$I_\alpha\left(p(x\,|\,z_j)\,|\,p(x)\right)\approx\frac{1}{\alpha-1}\log\left(\frac{\displaystyle\sum_{i=1}^{N_p}w^{(i)}\frac{\left|\left[x^{(i)}\right]\cap\left[g^{-1}\left(z_j\right)\right]\right|^\alpha}{\left[\left[x^{(i)}\right]\cdot\left[g^{-1}\left(z_j\right)\right]\right]^\alpha}}{\left[\displaystyle\sum_{i=1}^{N_p}w^{(i)}\frac{\left[x^{(i)}\right]\cap\left[g^{-1}\left(z_j\right)\right]}{\left[x^{(i)}\right]\cdot\left[g^{-1}\left(z_j\right)\right]}\right]^\alpha}\right) \tag{4.55}$$

由式(4.53)可以看出，Renyi 信息增量可以通过箱粒子滤波中一组带有权重的有限样本(箱粒子)之和来近似，避免了复杂的积分运算。

(2) 博弈收益。

博弈双方在博弈中总是希望最大化自身收益，也就是期望选择为自身带来最多 Renyi 信息增量的传感器集合来跟踪目标。因此，定义博弈收益如下：

定义 k 时刻传感器集合 S 对目标 i 的收益 $G_S^i(k)$ 为

$$G_S^i(k)=\sum_{j\in S}E_j\left[I_\alpha\right] \tag{4.56}$$

其中，$E_j\left[I_\alpha\right]$ 表示当前时刻 Renyi 信息增量的期望值，可根据式(4.56)得

$$E_j\left[I_\alpha\right]=\int I_\alpha p(z_j)\mathrm{d}z_j\approx\sum_{m=1}^{N_j}p(z_{j,m})I_\alpha\cdot\Delta z_j \tag{4.57}$$

其中，N_j 为传感器量测的个数。

显然，一方面通过增加传感器集合 S 中传感器的数量可以增加收益 $G_S^i(k)$；另一方面，通过替换跟踪性能好的传感器进而增大 $E_j\left[I_\alpha\right]$ 也可以增加收益 $G_S^i(k)$。

2. 规划方法

1) 执行条件

根据目标被探测状态：新生目标、已跟目标和丢失目标，在以下两种执行条件下进行动态规划：

(1) 执行条件 1：目标为新生目标或者已跟目标丢失。

若存在新生目标或者当前已跟目标失跟，应立即执行动态规划，选择当前监

视区域内的传感器进行检测和截获。在该条件下,对动态规划的实时性要求较高。

(2) 执行条件2:不能满足对目标的跟踪需求。

在跟踪目标过程中,因受干扰或目标采取突防手段或者是传感器性能限制(视距、方位角、俯仰角)使得传感器无法稳定跟踪,一旦其目标跟踪精度低于设置的阈值时,应立即执行动态规划,选择更合适的传感器节点,以增加跟踪精度。

2) 基于博弈论协同预警与跟踪动态规划

作为新生或丢失的弹道目标,与当前已经跟踪的弹道目标相比往往威胁度更大(未知的、未掌握的往往比当前已知的更具威胁),因此需要及时分配传感器进行检测和截获。也就是说,当有新生目标或目标丢失时,需要对该区域附近的传感器进行调整,分配相应的传感器给该目标,实现及时的检测与跟踪。进而再对已跟目标的传感器进行调整,确保对已跟目标的持续跟踪。

(1) 基于新生/丢失目标检测概率模型的预警/跟踪任务共同体确定。

① 检测概率模型。

假定新生/丢失目标在监视区域边界上的法向速度服从均匀分布$[0, V_{max}]$,并用m个均匀分布的粒子来表征在监视区域内可能出现的位置。这样,新生目标出现位置与粒子之间距离D满足式(4.58)的分布,即

$$
\begin{aligned}
P(D) &= \int_0^{V_{max}} p(D \mid v) p(v) \mathrm{d}v \\
&= \int_{D/T_s}^{V_{max}} \frac{1}{vT_s} \cdot \frac{1}{V_{max}} \mathrm{d}v \\
&= \frac{1}{V_{max}T} \cdot \ln\left(\frac{V_{max}T_s}{D}\right)
\end{aligned}
\tag{4.58}
$$

其中,T_s为传感器的采样时间;v为粒子的运动速度。则可按式(4.59)计算传感器j在粒子i所表征的位置的检测概率$P_d(j,i)$,即

$$
P_d(j,i) = p_f^{R^4(j,i)/\left[R^4(j,i) + S_0 R_0^4\right]}
\tag{4.59}
$$

其中,p_f为传感器的虚警概率;$R(j,i)$为传感器j与粒子i之间的距离;S_0为传感器在R_0处的检测信噪比。则k时刻,目标i的任务共同体对目标的检测概率$P_k^k(\mathrm{COI}_i)$可按下式计算得出:

$$
P_k^k(\mathrm{COI}_i) = 1 - \frac{1}{m} \sum_{i=1}^m \prod_{j=1}^N \left(1 - S_j \cdot C_j \cdot P_d(j,i)\right)
\tag{4.60}
$$

其中,S_j为二值函数,表示监视区域内的传感器是否对目标进行探测,共有N个,$S_j = 1$表示传感器j对目标进行探测;反之,不探测。显然COI_i内的传感器集合必然为S_j的某种组合方案$\mathrm{COI}_i = \boldsymbol{S} = [S_1, S_2, \cdots, S_n]$;$C_j$为传感器探测约束,$C_j = 1$表示目标在传感器$j$的观测覆盖范围内;反之,则表示不在传感器$j$的观测覆盖

范围内。

② 预警/跟踪任务共同体的确定。

根据式(4.60)可判断目标 i 的某种传感器组合 S 的检测概率是否达到约定的阈值，满足则选择该 S 对应的传感器组合构建目标 i 的任务共同体 COI_i；否则，选择检测概率最大的 S 对应的传感器组合来构建。

(2) 对已跟目标的动态规划。

基于博弈论的动态规划方法主要思想是：以目标的任务共同体为对象，完成不同目标之间的博弈。对于目标 i 的跟踪任务共同体 COI_i，当 COI_i 无法满足系统对目标 i 的跟踪精度需求时，则向其他目标的 COI_i 发起谈判，以调整网内传感器组合形成新的任务共同体，从而实现对目标的稳定跟踪。

下面以两个目标之间的博弈为例子，论述基于博弈论的动态规划方法。假定进行动态规划前，目标 i 与目标 j 的预警/跟踪任务共同体分别为 $\mathrm{COI}_i, \mathrm{COI}_j$。$k$ 时刻执行动态规划后，目标 i 与目标 j 的预警/跟踪任务共同体调整为 COI'_i 和 COI'_j。则博弈中双方的平均收益按式(4.61)与式(4.62)进行计算，即

$$U\left(\mathrm{COI}'_i, k\right) = \frac{\Delta k \cdot G^i_{\mathrm{COI}'_i} + G^i_{\mathrm{COI}_i}(k)}{\Delta k + 1} \tag{4.61}$$

$$U\left(\mathrm{COI}'_j, k\right) = \frac{\Delta k \cdot G^j_{\mathrm{COI}'_j} + G^j_{\mathrm{COI}_j}(k)}{\Delta k + 1} \tag{4.62}$$

其中，Δk 为博弈消耗的时间。根据 4.5.2 节对博弈收益的定义，在博弈前单个传感器对目标的 Renyi 信息增量趋于平稳，因此采用 Δk 时间内的平均收益进行博弈是合理、可行的。

若 k 时刻，需要提高对目标 j 的跟踪精度，则由 COI_j 向 COI_i 提出谈判申请。若 COI_i 要满足 COI_j 的谈判需求，则必然要牺牲自己的收益(对目标 i 的跟踪精度)。因此根据谈判的成功与否，对于两者的收益满足如下关系：

$$\begin{cases} \text{若谈判成功，则} U\left(\mathrm{COI}'_i, k+1\right) \leqslant U\left(\mathrm{COI}_i, k\right) \text{且} U\left(\mathrm{COI}'_j, k+1\right) > U\left(\mathrm{COI}_j, k\right) \\ \text{若谈判失败，则} U\left(\mathrm{COI}'_i, k+1\right) \geqslant U\left(\mathrm{COI}_i, k\right) \text{且} U\left(\mathrm{COI}'_j, k+1\right) \leqslant U\left(\mathrm{COI}_j, k\right) \end{cases}$$

显然，对于谈判发起者 COI_j，越早得出结果越有利；相对地对于接受者 COI_i 而言，越晚得出结果越有利。这里存在一个博弈，引入三个博弈论重要定义：

$$P_{\mathrm{poss}}(k) = \left\{ S = \left(\mathrm{COI}'_i, \mathrm{COI}'_j\right) \mid U\left(\mathrm{COI}'_j, k\right) > U\left(\mathrm{COI}_j, k\right) \right\} \tag{4.63}$$

$$U\left(\mathrm{COI}'_j \mid S_b(k), k\right) = \max_{S \in P_{\mathrm{poss}}(\Delta k)} U\left(\mathrm{COI}'_j \mid S, k\right), \quad S_b(k) \in P_{\mathrm{poss}}(k) \tag{4.64}$$

$$C(k) = \left\{ S^* \in P_{\mathrm{poss}}(k) \mid U\left(\mathrm{COI}'_i \mid S^*, k\right) \geqslant U\left(\mathrm{COI}'_i \mid S_b(k+1), k+1\right) \right\} \tag{4.65}$$

谈判成功情况下两者间的博弈：在谈判发起者 COI_j 博弈角度，式(4.63)表示了 k 时刻比谈判失败更好的所有博弈方案 $P_{poss}(k)$；在接受者 COI_i 博弈角度，式(4.64)表示了在谈判成功下，$P_{poss}(k)$ 中使得 COI_i 博弈收益最大/COI_j 博弈收益最小的博弈方案 $S_b(k)$。

谈判失败情况下两者间的博弈：在谈判发起者 COI_j 博弈角度，谈判失败，则 COI_j 希望接管 COI_i 中涉及的传感器，达到提高目标 j 的跟踪精度的目的；而从接受者 COI_i 角度，COI_i 最多的让步是在满足自身达到系统对目标 i 的期望精度情况下，提供 COI_j 尽可能多的传感器资源。式(4.65)则表示了对于 k 时刻 COI_i 而言，可能存在有某种博弈方案 $C(k) \in P_{poss}(k)$ 满足博弈收益大于 $k+1$ 时刻 COI_i 的最优博弈方案 $S_b(k+1) \in P_{poss}(k+1)$。$C(k)$ 可能为空集(代表不存在这样的方案)。

综上所述，在 k 时刻，COI_j 与 COI_i 之间的博弈过程如算法4.1所示。

算法 4.1   任务共同体间的博弈

步骤 1：COI_j 根据当前传感器-目标的状态提供 $P_{poss}(k)$ 给 COI_i，请求 COI_i 内相关的传感器进行协同交战。COI_i 在基于最大化自身对目标 i 的博弈收益的准则下，从 $P_{poss}(k)$ 中选择出 $S_b(k)$。此时，COI_j 的博弈收益最小。

步骤 2：COI_j 对 COI_i 提供的 $S_b(k)$ 进行评估。若不满意(无法满足跟踪精度需求)，转步骤 3；否则，转步骤 5。

步骤 3：如果 $C(k)$ 为空集，转步骤 4；否则 COI_i 提供最大化 COI_j 博弈收益的方案给 COI_j，转步骤 5；

步骤 4：COI_j 接受 COI_i 提供的 $S_b(k)$ 方案。

步骤 5：博弈结束。

3. 算法实现步骤

算法实现步骤如图4.30所示。

基于博弈论的协同预警与跟踪动态规划方法可按如下步骤进行：

步骤1：交互多模型箱粒子滤波。

以传感器观测值及多模型交互为输入值进行箱粒子滤波，获得相关传感器对目标在 k 时刻的状态估计值 $X_{k|k}$、$P_{k|k}$。

步骤2：执行条件判断。

判断执行条件类型，若为执行条件1，转步骤3；若为执行条件2，转步骤4。

步骤3：新生/丢失目标传感器分配。

在新生/丢失目标可能出现的区域产生 m 个检测粒子；获取能在该区域进行探测的传感器集合 U_k，并计算该集合内不同传感器组合 $S_k (S_k \subseteq U_k)$ 对目标的检测

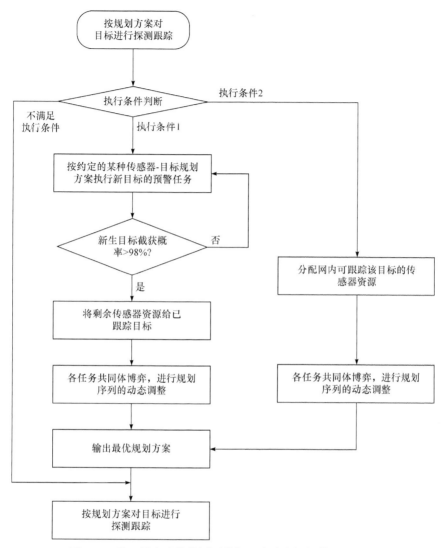

图 4.30　基于博弈论的协同预警与跟踪动态规划算法流程图

概率 $P_d^k(S_k)$ ；一旦 $P_d^k(S_k)$ 大于设置的检测门限 T_d ，则输出对应的 S_k 为新生目标的预警任务共同体，转步骤 4；若所有的 S_k 都不满足门限条件，则输出检测概率最大的 S_k 为新生目标的预警任务共同体，转步骤 4。

步骤 4：针对已跟踪目标的传感器动态调整。

(1) 计算 k 时刻各目标的任务共同体下的实际方差水平与系统期望的方差水平 $\left\| P_i^{-1} \right\|_2$ 的差值 $E_k(COI_i)$ ，并降序排列(在执行条件 1 下，需要根据预警任务共同体 COI 的传感器集合 S_k 更新对应的跟踪任务共同体 COI 中的传感器集合，再计

算$\left\|P_i^{-1}\right\|_2$），其中，$i \in I$，$I$为目标总数，$E_k(\mathrm{COI}_i)$按式(4.66)计算，即

$$E_k(\mathrm{COI}_i) = \left\|P_i^{-1}\right\|_2 - \left\|\left[\sum_{j \in \mathrm{COI}_i}\left(P_i^j\right)^{-1}\right]^{-1}\right\| \tag{4.66}$$

(2) 选择$\max_{i \in I}\{E_k(\mathrm{COI}_i)\}$的$\mathrm{COI}_{i1}$向$\min_{i \in I}\{E_k(\mathrm{COI}_i)\}$的$\mathrm{COI}_{i2}$进行博弈，两者按照算法 4.1 进行谈判，得到新的任务共同体$(\mathrm{COI}'_i, \mathrm{COI}'_j)$。

(3) 更新相应目标的$E_k(\mathrm{COI}_i)$和排序，循环子步骤 2，直到$\max_{i \in I}\{E_k(\mathrm{COI}_i)\}$ $= \min_{i \in I}\{E_k(\mathrm{COI}_j)\}$或者$\max_{i \in I}\{E_k(\mathrm{COI}_i)\}$的值趋近于 0。

(4) 博弈结束，输出当前目标的 COI 集合：$(\mathrm{COI}'_1, \mathrm{COI}'_2, \cdots, \mathrm{COI}'_I)$。

步骤 5：按调整后的分配方案对目标进行探测跟踪。

4. 仿真与分析

1) 实验场景设置

为了验证分布式协同预警与跟踪动态规划方法的合理性和有效性，设置仿真场景如下：部署有 12 部传感器，3 批弹道目标在发射一段时间后，分别依次在仿真时刻 10 s、20 s、30 s 进入雷达监视区域。传感器与弹道目标的相对位置如图 4.31 所示，相应的传感器位置坐标和弹道目标的发射点和落点坐标如表 4.11 和表 4.12 所示。在执行 VSAIMM-BPF 算法时，噪声区间取 99%的置信区间，量测的间隔长度$\Delta = [\Delta r, \Delta E] = [150\mathrm{m}, 0.4°]$，设置$\lambda_1 = 0.6, \lambda_2 = 0.4$，持续箱粒子 50 个，新生箱粒子 10 个，量测采样间隔 T=0.5s。

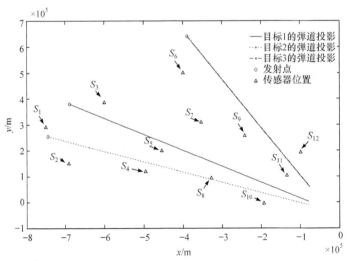

图 4.31　传感器位置与弹道目标运动轨迹二维分布图

表 4.11　不同编号传感器部署位置

位置	S_1	S_2	S_3	S_4	S_5	S_6	S_7	S_8	S_9	S_{10}	S_{11}	S_{12}
x/km	−750	−690	−600	−495	−455	−400	−354	−328	−242	−193	−134	−98.4
y/km	290	150	395	120	200	500	310	93	258	3.8	103	193

表 4.12　弹道目标初始信息与性能参数

弹道目标	进入雷达监视区域的仿真时刻/s	发射点位置/km	落点位置/km	射程/km	关机点的仿真时刻/s
目标 1	10	(−688.7,380.4)	(−78.7,3.0)	700	65
目标 2	20	(−744.3,255.0)	(−78.1,−10.7)	700	78
目标 3	30	(−389.5,642.3)	(−76.2,59.4)	650	83

2) 仿真结果与分析

假定在跟踪初始时刻(10s)，网内对目标 1 的任务共同体 COI_1 内的传感器集合为 $[S_1,S_2,S_3,S_4,S_5,S_6,S_7,S_8]$，分别采用本节方法和随机分配方法(主观随机选择可行的雷达对目标进行跟踪)进行仿真实验，着重对比新生目标出现时刻、各目标飞行阶段转换时刻传感器跟踪目标的性能。得到的仿真结果如图 4.32 所示。

图 4.32 表示了在不同仿真时刻($t_0\sim t_8$)，本节所采用的基于博弈的分布式协同

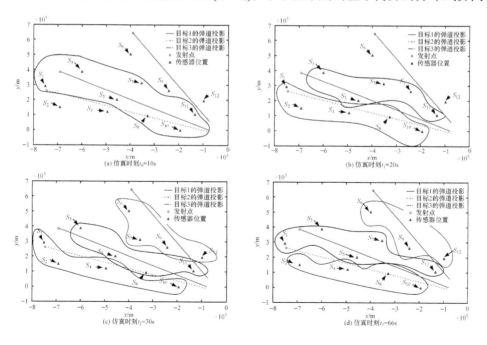

(a) 仿真时刻t_0=10s

(b) 仿真时刻t_1=20s

(c) 仿真时刻t_2=30s

(d) 仿真时刻t_3=66s

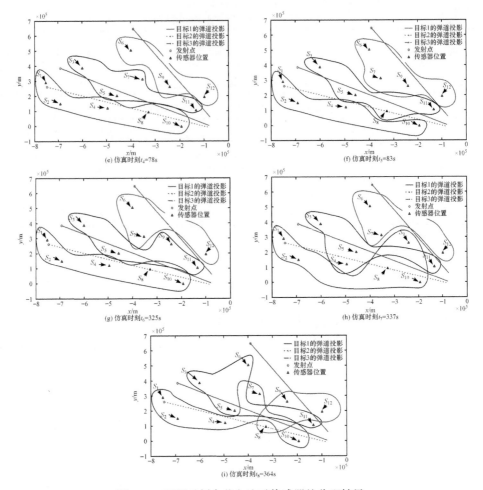

图 4.32　不同时刻本节方法对传感器的分配结果

预警与跟踪动态规划的调整结果。其中，实线圈内所包含的传感器节点则代表前时刻对系统目标规划的 COI。

表 4.13 则给出了在相同的仿真条件下，采用本节方法与随机分配的方法在上述不同仿真时刻的负责对各目标跟踪的传感器集合变化的情况。

表 4.13　不同时刻随机分配方法和本节方法对传感器的分配结果

弹道目标	方法	不同时刻各目标对应的传感器集合		
		t_0	t_1	t_2
目标1	随机分配	$\{S_1, S_3, S_5, S_7, S_8, S_{10}, S_{11}\}$	$\{S_4, S_5, S_7, S_9, S_{11}\}$	$\{S_1, S_5, S_{11}\}$

弹道目标	方法	不同时刻各目标对应的传感器集合		
		t_0	t_1	t_2
目标 1	本节方法	$\{S_1,S_3,S_5,S_7,S_8,S_{10},S_{11}\}$	$\{S_3,S_5,S_7,S_9,S_{11}\}$	$\{S_3,S_5,S_8,S_{11}\}$
目标 2	随机分配	不分配	$\{S_1,S_2,S_3,S_8,S_{10}\}$	$\{S_2,S_4,S_8,S_{10}\}$
	本节方法	不分配	$\{S_1,S_2,S_4,S_8,S_{10}\}$	$\{S_1,S_2,S_4,S_{10}\}$
目标 3	随机分配	不分配	不分配	$\{S_3,S_6,S_7,S_9,S_{12}\}$
	本节方法	不分配	不分配	$\{S_6,S_7,S_9,S_{12}\}$

弹道目标	方法	不同时刻各目标对应的传感器集合		
		t_3	t_4	t_5
目标 1	随机分配	$\{S_1,S_2,S_3,S_5,S_{11}\}$	$\{S_1,S_3,S_5,S_{11}\}$	$\{S_1,S_3,S_5,S_{11}\}$
	本节方法	$\{S_1,S_3,S_5,S_7,S_{11}\}$	$\{S_3,S_5,S_7,S_{11}\}$	$\{S_3,S_5,S_8,S_{11}\}$
目标 2	随机分配	$\{S_4,S_8,S_{10}\}$	$\{S_3,S_5,S_7,S_{11}\}$	$\{S_2,S_4,S_8,S_{10}\}$
	本节方法	$\{S_2,S_4,S_8,S_{10}\}$	$\{S_1,S_2,S_4,S_8,S_{10}\}$	$\{S_1,S_2,S_4,S_{10}\}$
目标 3	随机分配	$\{S_6,S_7,S_9,S_{12}\}$	$\{S_6,S_7,S_9,S_{12}\}$	$\{S_6,S_7,S_9,S_{12}\}$
	本节方法	$\{S_6,S_9,S_{12}\}$	$\{S_6,S_9,S_{12}\}$	$\{S_6,S_7,S_9,S_{12}\}$

弹道目标	方法	不同时刻各目标对应的传感器集合		
		t_6	t_7	t_8
目标 1	随机分配	$\{S_3,S_5,S_7,S_8,S_9,S_{11}\}$	$\{S_3,S_5,S_7,S_8,S_9\}$	$\{S_3,S_5,S_7\}$
	本节方法	$\{S_3,S_5,S_9,S_{11}\}$	$\{S_3,S_4,S_5,S_{11}\}$	$\{S_3,S_5,S_6,S_{11}\}$
目标 2	随机分配	$\{S_1,S_2,S_4,S_{10}\}$	$\{S_1,S_2,S_4,S_{10},S_{11}\}$	$\{S_1,S_2,S_4,S_8,S_{10}\}$
	本节方法	$\{S_1,S_2,S_4,S_8,S_{10}\}$	$\{S_1,S_2,S_8,S_9,S_{10}\}$	$\{S_1,S_2,S_4,S_7,S_{10}\}$
目标 3	随机分配	$\{S_6,S_{12}\}$	$\{S_6,S_{12}\}$	$\{S_6,S_9,S_{11},S_{12}\}$
	本节方法	$\{S_6,S_7,S_{12}\}$	$\{S_6,S_7,S_{12}\}$	$\{S_8,S_9,S_{12}\}$

　　计算得到两种方法下对 3 个目标跟踪的平均位置误差，如图 4.33 所示。

　　可以看出，在传感器网络跟踪 3 个目标的前期和后期，两种方法下系统对 3 个目标的整体跟踪误差相对于跟踪中期的都较大。而在跟踪的中期，跟踪误差较小，跟踪效果较为稳定。基于博弈论的动态规划方法的跟踪精度在总体上优于随机分

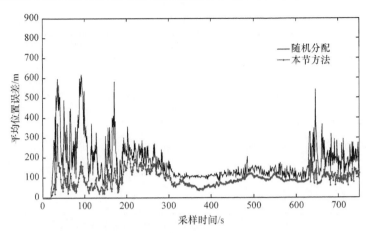

图 4.33　两种方法下跟踪的平均位置误差

配的方法，尤其是在跟踪的前期和后期，跟踪的稳定性明显优于随机分配的方法。这是因为，在跟踪的前期，一方面新生目标的出现占用了一定的传感器资源，随机分配方法下由于传感器分配方案的不合适，导致跟踪误差急剧增加。另一方面，随着各目标依次从主动段飞行转到自由段飞行，虽然有着 VSAIMM-BPF 算法的自适应调整，但是误差的存在是不可避免的。基于随机分配的方法无法迅速有效地选择合适的传感器进行跟踪，使得难以有效地降低对各个目标的局部误差。同时这些局部误差又进一步影响了下一次随机分配时的决策，进而导致整体跟踪误差增大且误差的波动很大。所采用的基于博弈论的方法，在有新生目标和各弹道目标转换飞行阶段的时候，以通过 VSAIMM-BPF 算法获得的实时、精确的 Renyi 信息增量作为博弈基础，权衡了整个传感器网络内各个传感器节点的跟踪能力和系统对目标的跟踪需求，自适应地调整为当前较为合适的传感器集合来对目标进行跟踪，进而获得较优的整体跟踪效果。

表 4.14 是 100 次蒙特卡罗仿真实验下两种方法的统计结果。

表 4.14　100 次蒙特卡罗仿真实验下两种方法的检测概率与跟踪的位置 RMSE

方法	目标 1		目标 2		目标 3	
	检测概率/%	位置 RMSE /m	检测概率/%	位置 RMSE /m	检测概率/%	位置 RMSE /m
随机分配	—	82.25	99.98	77.59	99.52	88.06
本节方法	—	53.10	99.90	44.16	98.96	58.75

可以看出，在检测概率上，随机分配的方法整体上略高于本节方法。结合图 4.32，对比新生目标出现的时刻 $t_0 \sim t_2$ 两种方法调整的结果，可以看出：这是由于随机分配方法在有新生目标出现的时候，把所有能监测到该目标的传感器资

源都分配给了新生目标。相对地，留给已跟目标的跟踪资源就减少了，系统的整体跟踪精度也会有所降低。而本节方法，能在确保检测概率大于 98% 的情况下，合理地分配剩余传感器资源给已跟目标，以提高系统整体的跟踪性能。在跟踪精度上，基于博弈论的动态规划方法则优于随机分配的方法，能够权衡监视区域内系统对各个目标的跟踪需求动态地调整传感器资源，使得系统保持对所有目标的持续、稳定跟踪。

<h1 style="text-align:center">参 考 文 献</h1>

付强, 王刚, 肖金科, 等. 2014. 空天高速飞行器多传感器协同跟踪任务规划研究[J]. 系统工程与电子技术, 36(10): 2007-2012.

李志汇. 2015. 反导多传感器协同探测跟踪任务规划技术研究[D]. 西安: 空军工程大学.

李志汇, 刘昌云, 郭相科, 等. 2015a. 多目标传感器协同探测的资源优化问题[J]. 火力与指挥控制, (11): 57-61.

李志汇, 刘昌云, 李松, 等. 2016. 反导多传感器协同任务规划综述[J]. 宇航学报, 37(1): 29-38.

李志汇, 刘昌云, 于洁. 2015b. 基于信息增量的弹道目标协同跟踪方法[J]. 传感器与微系统, 34(6): 33-36.

刘邦朝, 王刚. 2015. 区域反导传感器协同任务规划研究[J]. 现代防御技术, 43(6): 93-98.

倪鹏. 2015. 反导作战多传感器任务规划关键技术研究[D]. 西安: 空军工程大学.

倪鹏, 刘进忙, 付强, 等. 2016. 异构 MAS 下反导作战多传感器任务规划分层决策框架[J]. 系统工程与电子技术, 38(8): 1816-1824.

倪鹏, 王刚, 刘统民, 等. 2017. 反导作战多传感器任务规划技术[J]. 火力与指挥控制, 42(8): 1-5.

孙文, 王刚, 王晶晶, 等. 2021. 高速隐身目标多传感器协同探测跟踪任务分解策略[J]. 探测与控制学报, 43(1): 68-72.

田桂林. 2020. 反导多传感器部署与资源调度优化技术研究[D]. 西安: 空军工程大学.

韦刚, 刘昌云, 郭相科. 2016. 基于多属性决策的相控阵雷达截获任务规划算法[J]. 现代雷达, 38(10): 42-46.

魏文凤. 2020. 弹道导弹防御多传感器的智能决策和调度方法研究[J]. 西安: 空军工程大学.

魏文凤, 刘昌云, 田桂林, 等. 2021. 基于改进布谷鸟搜索算法的多传感器调度方法[J]. 火力与指挥控制, 46(9): 174-181.

吴林锋, 王刚, 刘昌云, 等. 2012. 基于多智能体的反导传感器任务规划算法[J]. 现代防御技术, 40(3): 88-93.

赵砚, 张寅生, 易东云, 等. 2011. 基于 PCRLB 的低轨星座对自由段多目标的多传感器调度算法[J]. 宇航学报, 32(4): 842-850.

Alighanbari M. 2004. Task assignment algorithms for teams of UAVs in dynamic environments[D]. Cambridge: Massachusetts Institute of Technology.

Hare J Z, Gupta S, Wettergren T A. 2018. POSE: prediction-based opportunistic sensing for energy efficiency in sensor networks using distributed supervisors[J]. IEEE Transactions on Cybernetics, 48(99): 2114-2127.

Liu C Y, Guo X K, Li Z H. 2017. Multisensors cooperative detection task scheduling algorithm based on hybrid task decomposition and MBPSO[J]. Mathematical Problems in Engineering, 2017: 1-11.

Ni P, Wang G. 2014. Research on mission planning for distributed multi-sensors in anti-TBM combat based on mutli-agent system[J]. Sensor Letters, 12(2): 325-331.

Ni P, Wang G. 2015. Modeling and realization of multi-sensors mission planning problem based on fuzzy chance constrained Bi-level programming in anti-TBM combat[J]. International Journal of Wireless and Mobile Computing, 9(2): 177-191.

Rusu C, Thompson J, Robertson N M. 2018. Sensor scheduling with time, energy, and communication constraints[J]. IEEE Transactions on Signal Processing, 66(2): 528-539.

Tharmarasa R, Kirubarajan T, Sinha A, et al. 2011. Decentralized sensor selection for large-scale multisensor-multitarget tracking[J]. IEEE Transactions on Aerospace and Electronic Systems, 47(2): 1307-1324.

第 5 章　反导指挥控制与拦截任务规划

利用综合航迹和弹道轨迹预测信息进行反导指挥控制与拦截任务规划,可实现对拦截资源的统一调度与管理以及一体化运用,从而有效提高对目标的拦截效能。本章首先分析了弹道导弹目标威胁评估的基本原理,然后分析了拦截任务分配交战程序组设计的原理和方法,最后分析了反导作战预案生成的基本原理。

5.1　弹道导弹目标威胁评估

5.1.1　概述

弹道导弹目标威胁评估是弹道导弹防御作战指挥控制的重要环节,是指挥员作战指挥决策的重要依据(娄寿春,2009)。目前,目标威胁评估常用的方法有灰色关联法、TOPSIS(technique for order preference by similarity to an ideal solution)法、层次分析法、贝叶斯推理法、基于神经网络的方法等(刘胜利等,2018),这些方法都能有效解决目标威胁度的量化评估,但是这些方法在处理目标进行威胁评估的权重时,受主观因素影响较大,评估结果不够客观。

投影寻踪(projection pursuit, PP)是一种处理和分析高维数据的新型评价方法,该方法能够将不易处理的高维数据投影降维成一组数据,然后根据投影指标函数来探索和分析数据的特征,在解决高维问题中有着明显的优势,已经广泛应用于水质评估、灾害评估等领域。目前用于投影寻踪模型最佳投影方向求解的方法主要是智能优化算法,如遗传算法、粒子群优化算法、引力搜索算法等。头脑风暴优化(brain storm optimization, BSO)算法是一种模拟人类解决问题的思想而产生的智能优化算法,该算法收敛精度高,在解决多峰问题上有着明显优势,但也存在着过早收敛、易陷入局部最优的问题。免疫算法中的免疫信息处理机制有着能够产生多样性和维持机制的特点,可以保证种群的多样性,并能克服一般算法在多峰值寻优过程中的"早熟"问题,引入精英保留策略,能够提高全局搜索能力。因此,在 BSO 算法中引入使用"精英保留策略"和免疫信息处理机制,即免疫头脑风暴优化(immune brain storm optimization, IBSO)算法,以改善 BSO 算法的全局寻优能力,克服"早熟"问题;并利用投影寻踪实现弹道目标威胁评估因素的投影降维,避免对评估因素、权值的主观性判断,用 IBSO 算法求解投影寻踪目标威胁度,用以实现对弹道目标的威胁评估。

5.1.2　弹道导弹目标威胁度因素分析

弹道导弹具有飞行速度快、机动能力强、破坏力大等特点，对防御方构成巨大的威胁，但与此同时，其飞行轨迹和攻击目标是可以预测的。因此在分析弹道导弹目标威胁程度的过程中，不仅要考虑导弹本身的属性，还要考虑保卫目标的重要性，主要考虑以下几个因素(吴舒然等，2018；王思远等，2019)。

1) 来袭导弹到达临界时间

来袭导弹到达临界时间指来袭导弹从当前时刻到落地的时间间隔，也称为拦截剩余时间。该指标是衡量弹道导弹目标威胁度大小的重要因素之一，到达的时间越短，威胁程度就越大。

2) 航路捷径

航路捷径指目标对目的地的航路捷径。当在目标的威胁范围内时，航路捷径越小，攻击范围越明显，航路捷径为零时攻击意图最大；如果超出目标的威胁范围，攻击意图可忽略。

3) 导弹射程

导弹射程指从发射点到落点投影点之间的大地距离。弹道导弹种类不同，射程不同，战术弹道导弹射程几十千米，洲际弹道导弹射程上万千米。一般是射程越远，其威胁越大。

4) 落点误差

落点误差指弹道导弹平均弹着点对目标中心的偏差。弹道导弹的落点误差一般为其射程的千分之一。落点误差越小，弹道导弹攻击精度越高，其威胁就越大；反之，则威胁越小。

5) 保卫要地重要性

弹道导弹的攻击目标是可以预测的，保卫要地属性对确定目标的威胁程度起着重要的作用。按照保卫要地重要程度定义为1～9级，9级最大，1级最小。

5.1.3　免疫头脑风暴优化算法

1. 头脑风暴优化算法

头脑风暴优化算法是一种新型的智能优化算法，相较于经典的优化算法而言，该算法在解决大规模的高维多峰函数问题上有很大的优势。

基本的头脑风暴算法的概念和理论来源于模拟人类头脑风暴的会议过程：当我们遇到一个比较难的问题，一个人无法解决时，我们会组织一群具有不同背景、拥有不同知识的人来进行头脑风暴会议，那么这个问题被解决的概率就会大大增加。在会议过程中，所有人都遵循表5.1中的四个规则来产生更多的思路和方法。

表 5.1　头脑风暴优化算法的规则

规则序号	规则内容
规则 1	不评判任何想法
规则 2	每一个想法都要分享
规则 3	在已有思路上发散思维，寻找新的思路
规则 4	尽可能追求更多的想法与思路

1) 头脑风暴优化算法基本步骤

头脑风暴算法主要有两个模块：聚类模块和学习模块。在聚类模块中一般采用 K-means 算法，将信息量聚为 K 个类，每个类中的聚类中心即为该类的最优值，然后算法对信息量通过学习进行寻优，也会对每个类中的信息进行寻优，即进行局部搜索。通过类间的信息交流以及变异操作跳出局部最优，进行全局搜索。具体的头脑风暴优化算法步骤如算法 5.1 所示。

算法 5.1　头脑风暴优化算法

步骤 1：随机生成 N 个个体。

步骤 2：将个体进行聚类分析，分为 K 个类。

步骤 3：计算个体适应度，对个体进行评估。

步骤 4：对每个类中的个体进行排序，选出最优的个体作为聚类中心。

步骤 5：随机生成一个 0 到 1 之间的随机数，如果该数值小于预先设定的概率参数 p_{Sa}，那么可以随机选择一个聚类中心或者随机生成一个新的个体来代替该聚类中心。

步骤 6：生成新个体。

a. 随机生成一个 0 到 1 之间的随机数。

b. 如果该随机数小于需预先设定的概率参数 p_{6b}。

① 随机产生一个概率为 p_{6b1} 的聚类；

② 随机产生一个 0 到 1 之间的数值；

③ 如果该数值比概率参数 p_{6b3} 小，则选择聚类中心，加上随机值，生成新个体；

④ 否则选择该类中的其他个体，加上随机值生成新个体。

c. 否则随机选择两个类，生成新个体。

① 随机生成一个 0 到 1 之间的随机数；

② 如果该数值小于预先设定的 p_{6c}，将两个类的中心合并后加上随机值产生新的个体；

③ 否则，分别从两个类中选择一个个体合并产生新的个体。

d. 新产生的个体与当前的个体进行对比，适应度高的作为下一代新个体。

步骤 7：达到最大迭代次数，则停止，否则转到步骤 2。

在整个算法流程中，步骤 6 是关键一步，由此产生新的个体，选择的个体加上一个高斯随机值得到新的个体，其计算公式为

$$X_n^d = X_s^d + \xi \times n(\mu, \sigma) \tag{5.1}$$

其中，X_n^d 是选择个体的第 d 维；X_s^d 是产生的新个体的第 d 维；$n(\mu,\sigma)$ 是以 μ 为均值、σ 为方差的高斯函数；ξ 是权重系数，其大小由下式决定：

$$\xi = \log \text{sig}((0.5 \times \text{max\_iter} - \text{cur\_iter}) / k) \times \text{rand}() \tag{5.2}$$

其中，$\log \text{sig}()$ 是 Sigmoid 对数传递函数；max_iter 是最大迭代次数；cur_iter 是当前迭代次数；k 是对数传递函数的斜率；$\text{rand}()$ 是 0 到 1 间的随机值。

2) 头脑风暴优化算法性能分析

为了验证头脑风暴优化算法的性能，分别用头脑风暴优化(BSO)、粒子群优化(PSO)以及人工鱼群算法(artificial fish swarm algorithm,AFSA)优化 5 个测试函数，然后将测试结果进行对比。在这 5 个测试函数中，Sphere 和 Step 是两个单峰函数，剩余 Rastrigrin、Griewank、Ackley 是多峰函数，其表达式以及取值范围如表 5.2 所示。

表 5.2　测试函数

函数	表达式	取值范围
Step	$f_1 = \sum_{i=1}^{d}(x_i + 0.5)^2$	$[-100, 100]$
Sphere	$f_2 = \sum_{i=1}^{d} x_i^2$	$[-100, 100]$
Rastrigrin	$f_3 = \sum_{i=1}^{d}[x_i^2 - 10\cos(2\pi x_i) + 10]$	$[-5.12, 5.12]$
Griewank	$f_4 = \frac{1}{4000}\sum_{i=1}^{d} x_i^2 - \prod_{i=1}^{d}\cos(\frac{x_i}{\sqrt{i}}) + 1$	$[-10, 10]$
Ackley	$f_5 = -20\exp\left(-0.2\sqrt{\frac{1}{d}\sum_{i=1}^{d} x_i}\right) - \exp\left[\frac{1}{d}\sum_{i=1}^{d}\cos(2\pi x_i)\right] + 20 + e$	$[-32, 32]$

各算法的参数设置如表 5.3 所示，其中，N 表示种群数量，$N_{\text{iter\_max}}$ 表示最大迭代次数，测试函数的维数都设置为 30。

表 5.3　各算法参数设置

算法	参数设置
PSO	$w: 0.9 \sim 0.4, c_1 = c_2 = 2, N = 50, N_{\text{iter\_max}} = 1000$
AFSA	$\text{Vis} = 25, \text{Step} = 3, \text{try\_iter} = 50, \text{delta} = 0.27$
BSO	$p_{5a} = 0.1, p_{5a} = 0.8, p_{6b1} = 0.6, p_{6b3} = 0.5, \xi = 20, N = 50, N_{\text{iter\_max}} = 1000$

分别用 PSO、AFSA 以及 BSO 算法对以上测试函数进行优化,每个函数独立运行 10 次,记录 10 次运行结果的最优值、平均值和标准差,各函数优化测试函数的结果如表 5.4 所示。

表 5.4 各函数优化测试函数结果

测试函数	算法	最优值	平均值	标准差
Step	PSO	-6.35×10^3	-4.8816	6.23×10^3
	AFSA	-2.22×10^3	-74.3998	641.7371
	BSO	-2494	-2374.7	2882.9
Sphere	PSO	2.90×10^{-13}	0.31625	2.9976
	AFSA	0.015041	0.005803	0.00484
	BSO	1.46×10^{-13}	0.001923	6.49×10^{-5}
Rastrigrin	PSO	55.91	0.00349	503.86
	AFSA	39.198	68.915	0.40999
	BSO	38.846	68.397	345.07
Griewank	PSO	1.76×10^{-5}	-0.2517	4.7491
	AFSA	1.158551	0.377	21.7221
	BSO	0.012606	2.1899	2.6195
Ackley	PSO	0.074455	-0.012	3.45×10^{-5}
	AFSA	14.14496	0.32998	1.97×10^3
	BSO	0.78183	1.5787	0.1743

从表 5.4 结果可以看出,这 5 个函数优化中,无论是最优值还是平均值,BSO 算法的性能最好,PSO 算法次之,AFSA 的性能最差。

各函数优化收敛曲线如图 5.1～图 5.5 所示。

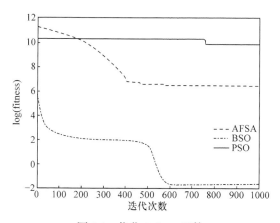

图 5.1 优化 Sphere 函数

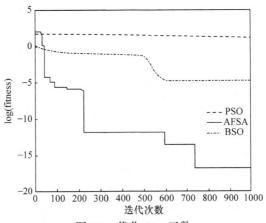

图 5.2　优化 Step 函数

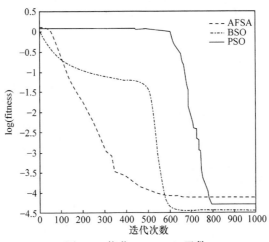

图 5.3　优化 Griewank 函数

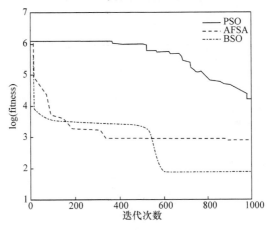

图 5.4　优化 Rastrigin 函数

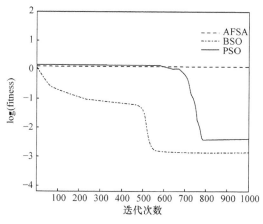

图 5.5　优化 Ackley 函数

从图 5.1～图 5.5 结果可以看出：两个单峰函数中，三种算法均能找到最优点，在优化 Sphere 函数时，BSO 算法稳定且性能好；优化 Step 函数时，虽然 PSO 算法的收敛性更好，但是 BSO 算法相对稳定。在优化多峰函数时，均是 BSO 算法的性能较好：在优化 Greiwank 函数时，BSO 算法的寻优能力优于 PSO、AFSA；在优化 Rastrigin 函数时，PSO 算法找不到最优点，AFSA 性能劣于 BSO 算法；在优化 Ackley 函数时，AFSA 效果差，BSO 收敛精度高但是有可能陷入局部最优。

通过上述的仿真分析可知：BSO 算法的收敛精度相对较高，稳定性能好，在解决多峰问题上有着较明显的优势，但是也存在着过早收敛，容易陷入局部最优的缺点。

2. 改进的 BSO 算法

免疫算法是模仿自然界中生物的免疫机制，结合基因的进化机理构造出来的一种新型的智能优化算法，其信息处理机制能够保证种群多样性，能够克服一般算法在处理多峰问题时容易陷入"早熟"的问题，"精英保留策略"可以提高算法的全局搜索能力。因此，借鉴引入"精英保留策略"和免疫信息处理机制对 BSO 算法进行改进，解决 BSO 算法的过早收敛、易陷入局部最优的问题。

1) 免疫信息处理机制

在生物的免疫过程中，当抗原入侵生物体之后，免疫细胞会做出反应从而产生特异性抗体。随着免疫的进程，抗原浓度越来越少，抗体浓度增加。抗体之间的相互抑制作用会增强，抗体的数量逐渐减少，使得免疫系统在动态变化中保持平衡。免疫算法具有一般免疫系统的特征，采用群体搜索策略，通过迭代计算，最终以较大的概率得到问题的最优解。该算法保留了生物免疫系统的几个特点：

(1) 全局搜索能力。免疫算法在对优质抗体邻域进行局部搜索的同时利用变异算子和种群刷新算子不断产生新个体，搜索可行解区间的新区域，保证算法在完整的可行解区间进行搜索，具有全局搜索性能。

(2) 多样性保持机制。免疫算法借鉴了生物免疫系统的多样性保持机制，对抗体进行浓度计算，并将浓度计算的结果作为评价抗体优劣的一个重要标准。

在免疫算法中，抗体即种群个体。为了保证种群多样性，抗体浓度计算算子是非常重要的。抗体浓度表征抗体种群的多样性好坏。抗体浓度过高就意味着种群中非常类似的个体大量存在，则寻优搜索会集中于可行解区间的一个区域，不利于全局优化。

抗体浓度通常定义如下：

$$\text{den}(x_i) = \frac{1}{N} \sum_{j=1}^{N} S(x_i, x_j) \tag{5.3}$$

其中，N 是种群规模；$S(x_i, x_j)$ 表示抗体之间的相似度，可以表示为

$$S(x_i, x_j) = \begin{cases} 1, & \text{aff}(x_i, x_j) < \delta_s \\ 0, & \text{aff}(x_i, x_j) \geqslant \delta_s \end{cases} \tag{5.4}$$

其中，x_i 是种群中第 i 个抗体；$\text{aff}(x_i, x_j)$ 为抗体 i 和抗体 j 的亲和度；δ_s 为相似度阈值。

$\text{aff}(x_i, x_j)$ 表示欧几里得距离，定义为

$$\text{aff}(x_i, x_j) = \sqrt{\sum_{k=1}^{L} (x_i^k - x_j^k)^2} \tag{5.5}$$

其中，x_i^k 和 x_j^k 分别表示抗体 i、j 的第 k 维；L 为抗体长度。

激励度是抗体质量的最佳评价结果，可以利用抗体亲和度和抗体浓度计算得到，定义如下：

$$\text{sim}(x_i) = \text{aff}(x_i) \cdot e^{-a \cdot \text{den}(x_i)} \tag{5.6}$$

其中，a 为激励度系数，可根据实际情况而定。

2) 精英保留策略

精英个体是指第 t 次迭代中最优的个体。精英保留策略是指将第 t 次迭代中的精英个体保留，加入第 $t+1$ 次的迭代中。为了保持群体规模不变，将 $t+1$ 次迭代中群体里适应度最小的个体淘汰，这样可以保证在种群迭代过程中，最优的个体不会因其他操作而丢失或者破坏，对全局收敛能力的提高有着重大作用。

3) BSO 算法的改进策略

基于上述分析，对 BSO 算法作出如下改进。

(1) 基于浓度机制进行个体选择。在 BSO 算法的步骤 6 中，在随机产生 N 个

个体、利用 BSO 算法产生 M 个个体后进行个体选择时，计算这 $N+M$ 个个体的亲和度和其选择概率，然后根据概率大小选择 N 个抗体组成新的种群 P_n。

抗体浓度计算如下：

$$\mathrm{den}(x_i) = \frac{1}{N+M} \sum_{j=1}^{N+M} S(x_i, x_j) \tag{5.7}$$

基于浓度的选择概率计算公式如下：

$$p_s(x_i) = \frac{\mathrm{sim}(x_i)}{\sum \mathrm{sim}(x_i)} \tag{5.8}$$

(2) 引入"精英保留策略"。计算种群的亲和度即适应度时，将当前种群中适应度值最大的个体记为精英个体 p_g，种群更新后，将 P_n 中适应度值低的个体替换为 p_g，形成新种群 p_n^*。

4) IBSO 算法

IBSO 算法的步骤如下所示。

算法 5.2　IBSO 算法

步骤 1：设置参数。种群个数为 N，最大迭代次数为 $N\_$max，聚类数目为 K。

步骤 2：种群初始化。随机产生 N 个个体，定义初始种群为 P_0。

步骤 3：亲和度计算。计算当前种群中的个体的亲和度即适应度，根据目标函数求得 p_i。将当前种群中适应度值最大的个体记为精英个体 p_g 保存在寄存器 R 中，如果达到结束条件则输出结果，否则继续进行步骤 4。

步骤 4：产生新个体。用两种方法产生新的个体。

  a. 随机产生 N 个个体；

  b. 使用 BSO 算法产生 M 个个体。

步骤 5：基于浓度机制进行个体选择。计算 $N+M$ 个个体的适应度及其选择概率，选择概率计算方式如式(5.8)所示，根据概率大小选择 N 个个体形成种群 P_n。

步骤 6：种群更新。用精英个体 p_g 替换种群 P_n 中适应度值小的个体，形成新的种群 P_{n+1}。转至步骤 3。

5) 算法有效性验证

为了检验提出的 IBSO 算法的有效性，依旧对表 5.2 中提出的测试函数中的单峰函数 Sphere、多峰函数 Griewank 以及 Rastrigrin 函数进行测试，BSO 算法参数设置不变，免疫算法中相似度阈值 δ_s 取 0.1，激励度系数 a 取 1。测试函数结果如表 5.5 所示。

表 5.5　测试函数结果

测试函数	算法	最优值	平均值	标准差
Step	IBSO	−2975	−2533.5	2669.3
	BSO	−2494	−2374.7	2882.9

续表

测试函数	算法	最优值	平均值	标准差
Sphere	IBSO	2.71×10^{-22}	0.0168	5.44×10^{-22}
	BSO	1.46×10^{-13}	0.001923	6.49×10^{-5}
Rastrigrin	IBSO	21.669	12.787	406.36
	BSO	38.846	68.397	345.07
Griewank	IBSO	−1.1249	−74.3998	641.7371
	BSO	0.012606	2.1899	2.6195
Ackley	IBSO	−21.669	−21.787	406.36
	BSO	−19.4869	−19.6486	0.1743

　　从表 5.5 可以看出，无论是在优化单峰函数 Sphere 还是在优化多峰函数 Griewank 和 Ackley 时，两种算法都可以找到最优值，但 IBSO 算法找到的最优值精度更高。

　　算法优化函数的收敛曲线如图 5.6～图 5.10 所示。

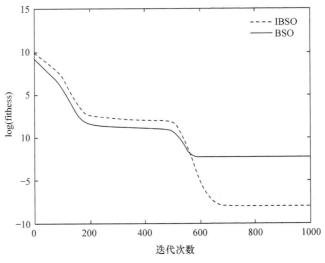

图 5.6　Sphere 函数收敛曲线

　　从图 5.6～图 5.10 的收敛曲线可以看出：IBSO 算法克服了 BSO 算法的"早熟"问题，收敛性更好。结果表明，将精英保留策略和免疫信息处理机制引入 BSO 算法中，增强了 BSO 算法的全局寻优能力，提高了收敛精度。

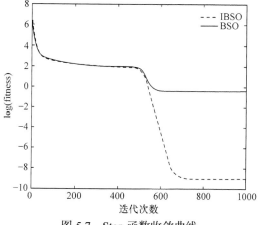

图 5.7　Step 函数收敛曲线

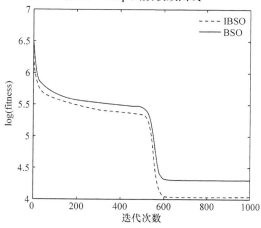

图 5.8　Griewank 函数收敛曲线

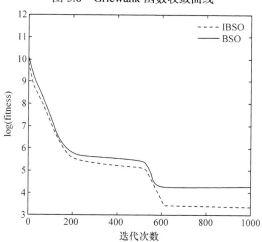

图 5.9　Rastrigrin 函数收敛曲线

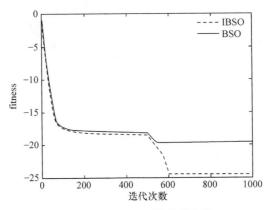

图 5.10　Ackley 函数收敛曲线

5.1.4　基于 IBSO 的投影寻踪目标威胁评估方法

1. 投影寻踪评估模型

对于一般的多目标决策问题，设解决方案集为 $A = \{A_1, A_2, \cdots, A_m\}$，影响因素集为 $V = \{v_1, v_2, \cdots, v_n\}$。方案 A_i 关于影响因素 V_j 的指标值记作 $x_{ij}(i = 1, 2, \cdots, m; j = 1, 2, \cdots, n)$，矩阵 $X = (x_{ij})_{m \times n}$ 称作"属性矩阵"。投影寻踪目标威胁评估模型的建立具体步骤如下。

步骤 1：评价指标集归一化处理。不同的评价指标量纲不同，且取值范围不统一，故在决策之前首先要将评价指标归一化处理，归一化处理采用极值处理法，具体计算公式如下：

$$x'_{ij} = \frac{x_{ij} - x_j^{\min}}{x_j^{\max} - x_j^{\min}}, \quad j = 1, 2, \cdots, n \tag{5.9}$$

其中，$x_j^{\max}$ 和 $x_j^{\min}$ 分别表示第 j 个指标的最大值和最小值

在弹道导弹目标威胁评估背景下，来袭目标即为待解决方案 A_i，各影响因素为 V_j。将防御系统获得的来袭弹道导弹目标信息归纳为属性矩阵 $X = (x_{ij})_{m \times n}$（第 i 个目标 M_i 的第 j 个影响因素 V_j 即为矩阵中的 x_{ij}），将其代入式(5.9)得到归一后的归一化决策矩阵 $X' = (x'_{ij})_{m \times n}$。

步骤 2：线性投影。线性投影就是从不同方向观察数据，寻找出最能挖掘和反映数据潜在信息的最佳投影方向。$X' = (x'_{ij})_{m \times n}$ 为归一化矩阵，$\boldsymbol{a} = (a_1, a_2, \cdots, a_n)$，且 $\boldsymbol{a}$ 为单位向量。对 X' 进行线性投影，则 X' 在 $\boldsymbol{a}$ 上的投影特征值 z_i 定义为

$$z_i = \sum_{j=1}^{n} a_j x'_{ij} \tag{5.10}$$

步骤 3：构造投影函数。投影指标函数 $Q(a)$ 由投影特征值 z_i 的标准差 S_z 和局部密度 D_z 决定，定义为

$$Q(a) = S_z \cdot D_z \tag{5.11}$$

S_z 定义为

$$S_z = \left(\sum_{i=1}^{m} (z_i - \overline{z})^2 / (m-1) \right)^{1/2} \tag{5.12}$$

其中，$\overline{z}$ 是投影特征值的均值。

D_z 定义为

$$D_z = \sum_{i=1}^{m} \sum_{j=1}^{n} (R - r_{ij}) u(R - r_{ij}) \tag{5.13}$$

其中，R 为局部密度的窗口半径，在此取 0.1；r_{ij} 表示样本之间的距离：$r_{ij} = |z_i - z_j|$；$u()$ 表示单位阶跃函数，即

$$u(R - r_{ij}) = \begin{cases} 1, & R - r_{ij} \geqslant 0 \\ 0, & R - r_{ij} < 0 \end{cases}$$

步骤 4：优化投影方向。当投影指标函数取最大值时，对应的投影方向 a 即最佳投影方向 a^*。因此寻找最佳投影方向 a^* 的问题就转化为求解式(5.14)在约束条件内的优化问题，即

$$\begin{cases} \max Q(a) = S_z \cdot D_z \\ \|a\| = 1 \end{cases} \tag{5.14}$$

步骤 5：方案排序。根据最佳投影方向，即根据式(5.14)得出方案的综合指标的投影特征值，由于该值反映了方案的优劣，所以按照投影特征值从大到小排序，即得到方案的优劣排序。

2. 基于 IBSO 的投影寻踪模型求解

具体步骤如下。

步骤 1：数据预处理。进行归一化处理，设置算法种群规模。

步骤 2：设置目标函数。在 IBSO 算法中，求解的为极小值问题，因此对式(5.14)加以修改，即得目标函数为

$$\begin{cases} \min f(a) = -S_z \cdot D_z \\ \|a\| = 1 \end{cases} \tag{5.15}$$

步骤 3：用 IBSO 算法对目标函数进行优化，求得最优解 a^*。

步骤 4：利用 a^* 求得 z_i，输出 a^*、z_i。

5.1.5　仿真与分析

1. 算法验证

假设在某次防御作战中，有 5 批弹道导弹目标对保卫要地进行空袭，防御系统获取的来袭目标信息如表 5.6 所示。

表 5.6　弹道导弹目标信息

目标序号	临界时间/s	航路捷径/m	射程/km	目的地重要性	落地误差/m
M₁	650	5	10200	7	350
M₂	850	9	12000	9	183
M₃	720	7	8300	8	550
M₄	960	6	13000	9	200
M₅	590	8	9700	8	410

使用基于 IBSO 的投影寻踪目标威胁评估方法(本书简称 IBSO-PP 方法)进行求解，可得归一化后的决策矩阵 $\boldsymbol{X'}$ 为

$$\boldsymbol{X'} = \begin{bmatrix} 0.1622 & 0 & 0.4681 & 0 & 0.4500 \\ 0.7027 & 1 & 0.7872 & 1 & 0 \\ 0.3514 & 0.5000 & 0 & 0.5000 & 1 \\ 1 & 0.2500 & 1 & 1 & 0.0463 \\ 0 & 0.7500 & 0.2979 & 0.5000 & 0.6185 \end{bmatrix}$$

最佳投影方向为 $a^* = (0.568, 0.341, 0.404, 0.631, 0)$ ，继而可得 5 批次目标的投影值 $z^* = (0.4403, 1.5022, 0.8316, 1.1946, 1.0300)$ 。按照投影值的大小可以得到最终的弹道导弹目标威胁度排序：$M_2 > M_4 > M_3 > M_5 > M_1$。

(1) 用相关文献中的变权灰色关联度方法(夏春林等，2014)对表 5.6 中的目标进行威胁度评估。灰色关联度方法基本步骤如图 5.11 所示。

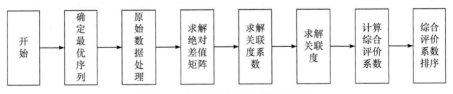

开始 → 确定最优序列 → 原始数据处理 → 求解绝对差值矩阵 → 求解关联度系数 → 求解关联度 → 计算综合评价系数 → 综合评价系数排序

图 5.11　灰色关联度方法基本步骤

计算得到各目标正负关联度以及合成贴进度，由合成贴进度进行目标威胁排

序。求得正负灰色关联系数矩阵分别为

$$\boldsymbol{R}^{+} = \begin{bmatrix} 0.3737 & 0.3333 & 0.4563 & 0.3333 & 0.4785 \\ 0.6271 & 1.0000 & 0.7015 & 1.0000 & 0.3333 \\ 0.4353 & 0.5000 & 0.3333 & 0.5000 & 1.0000 \\ 1.0000 & 0.4000 & 1.0000 & 1.0000 & 0.3440 \\ 0.3333 & 0.6667 & 0.4159 & 0.5000 & 0.5672 \end{bmatrix}$$

$$\boldsymbol{R}^{-} = \begin{bmatrix} 0.7551 & 1.0000 & 0.5529 & 1.0000 & 0.5235 \\ 0.4157 & 0.3333 & 0.3884 & 0.3333 & 1.0000 \\ 0.5873 & 0.5000 & 1.0000 & 0.5000 & 0.3333 \\ 0.3333 & 0.6667 & 0.3333 & 0.3333 & 0.9152 \\ 1.0000 & 0.4000 & 0.6267 & 0.5000 & 0.4470 \end{bmatrix}$$

根据专家经验，设定常权向量为：$\boldsymbol{\omega} = (0.2, 0.4, 0.1, 0.1, 0.2)$，取 $\alpha = 300$，由此确定目标的变权向量分别为

$$\boldsymbol{\omega}_1 = (0.2676, 0.3661, 0.0915, 0.0915, 0.1831)$$
$$\boldsymbol{\omega}_2 = (0.2130, 0.3736, 0.0934, 0.0934, 0.1868)$$
$$\boldsymbol{\omega}_3 = (0.2208, 0.3117, 0.0779, 0.0779, 0.1558)$$
$$\boldsymbol{\omega}_4 = (0.2079, 0.3168, 0.0792, 0.0792, 0.1584)$$
$$\boldsymbol{\omega}_5 = (0.2317, 0.3037, 0.0768, 0.0768, 0.1536)$$

从而计算各目标正负关联度以及合成贴进度如表 5.7 所示。

表 5.7　各目标正负关联度以及合成贴进度

目标	正关联度	负关联度	合成贴进度
M_1	0.3819	0.8061	0.3215
M_2	0.7284	0.4673	0.6092
M_3	0.4727	0.4543	0.5099
M_4	0.5475	0.4783	0.5338
M_5	0.4372	0.5084	0.4623

根据表 5.7 中的合成贴进度大小,可得目标威胁度排序: $M_2 > M_4 > M_3 > M_5 > M_1$。

(2) 用相关文献中的变权多目标决策分析法(TOPSIS 法)(王思远等，2019)对表 5.6 中的目标进行威胁度评估，TOPSIS 法大致流程如图 5.12 所示。由目标接近度来对目标进行威胁度排序，常权向量与(1)中一样，保持不变。

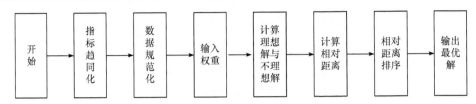

图 5.12　TOPSIS 法大致流程

可求得状态向量矩阵 T 为

$$T = \begin{bmatrix} 1.0000 & 0.8897 & 1.0396 & 0.8897 & 1.0722 \\ 1.0000 & 1.0205 & 1.0000 & 1.0205 & 0.3774 \\ 0.9992 & 1.0000 & 0.8378 & 1.0000 & 1.0886 \\ 1.0235 & 0.8656 & 1.0235 & 1.0235 & 0.6479 \\ 0.7983 & 1.0331 & 0.9956 & 1.0000 & 1.0044 \end{bmatrix}$$

变权重矩阵为 W 为

$$W = \begin{bmatrix} 0.3606 & 0.2291 & 0.1071 & 0.1375 & 0.1657 \\ 0.3606 & 0.2628 & 0.1030 & 0.1577 & 0.0583 \\ 0.3603 & 0.2576 & 0.0863 & 0.1545 & 0.1682 \\ 0.3690 & 0.2229 & 0.1054 & 0.1582 & 0.1001 \\ 0.2878 & 0.2661 & 0.1026 & 0.1545 & 0.1552 \end{bmatrix}$$

计算得到变权重决策矩阵 V 为

$$V = \begin{bmatrix} 0.0585 & 0 & 0.0433 & 0 & 0.0754 \\ 0.2534 & 0.2628 & 0.0811 & 0.1577 & 0 \\ 0.1266 & 0.1288 & 0 & 0.0773 & 0.1682 \\ 0.3690 & 0.0557 & 0.1054 & 0.1582 & 0.0046 \\ 0 & 0.1996 & 0.0306 & 0.0773 & 0.0960 \end{bmatrix}$$

确定最优解 $V^+ = \{0.3690, 0.2628, 0.1054, 0.1582, 0.1682\}$，最劣解 $V^- = \{0, 0, 0, 0, 0\}$。

计算决策方案与最优解的距离：$d^+ = \{0.8865, 0.3087, 0.5628, 0.3707, 0.6603\}$，与最劣解的距离 $d^- = \{0.1772, 0.7550, 0.5009, 0.6930, 0.4034\}$。

计算每个目标威胁度的接近度：$c^- = \{0.1666, 0.7098, 0.4709, 0.6515, 0.3792\}$。

由此得到的目标威胁度排序：$M_2 > M_4 > M_3 > M_5 > M_1$。

通过仿真分析可知，对表 5.6 中的目标威胁度排序，采用变权灰色关联度和变权 TOPSIS 法所得结果和 IBSO-PP 方法结果一致，证明了 IBSO-PP 方法的有效性与可靠性。

IBSO-PP 方法不需要确定各影响因素的权重，解决了传统方法中权重值确定具有一定的主观性问题；也不用依靠专家经验，没有人为因素的影响，得到的威胁度排序具有足够的客观性。

2. 对比验证与分析

为了验证 IBSO-PP 方法的有效性，将该方法应用于其他场景下。

(1) 相关文献(夏春林等，2014)中选择了目标类型、航路捷径、目标速度、到达时间以及干扰强度 5 个指标，使用变权灰色关联法对 5 个批次空战目标进行威胁度评估。使用 IBSO-PP 方法求解，可得其归一化后的决策矩阵 $\boldsymbol{X}'$ 为

$$\boldsymbol{X}' = \begin{bmatrix} 0.5000 & 1 & 0.2632 & 0.6364 & 0 \\ 1 & 0.2857 & 0.7368 & 0 & 0.6667 \\ 0.7500 & 0.4286 & 1 & 0.3636 & 0.5 \\ 0 & 0 & 0 & 1 & 0.3300 \\ 0.2500 & 0.5714 & 0.4211 & 0.2727 & 1 \end{bmatrix}$$

最佳投影方向为 $a^* = (0.7300, 0.1729, 0.6347, 0.0556, 0.1766)$，继而可得 5 批次目标的投影值 $z^* = (0.8999, 1.3079, 1.2292, 0.4101, 0.9550)$。

按照投影值的大小可以得到最终的目标威胁度排序：$M_2 > M_3 > M_5 > M_1 > M_4$。与相关文献中得到的威胁度排序完全一致。

(2) 相关文献(王思远等，2019)中选择了目标类型、电子干扰能力、目标速度、临界时间、目标高度、机动特性、航路捷径 7 个指标，使用变权 TOPSIS 法对来袭的 5 个批次的目标进行威胁度评估。使用 IBSO-PP 方法求解，可得其归一化后的决策矩阵 $\boldsymbol{X}'$ 为

$$\boldsymbol{X}' = \begin{bmatrix} 0.6000 & 1 & 0.7131 & 0.6392 & 0 & 0 & 0 \\ 0.8000 & 0 & 0.1252 & 0 & 0.8105 & 0 & 0.8684 \\ 0.6000 & 0.6667 & 0 & 1 & 0.0016 & 0.6667 & 0.9449 \\ 0 & 0 & 0 & 0.1307 & 0.6374 & 0 & 1 \\ 1 & 0.3333 & 1 & 0.4711 & 1 & 1 & 0.8507 \end{bmatrix}$$

最佳投影方向为 $a^* = (0.3662, 0.1562, 0.4432, 0.4449, 0.3913, 0.3131, 0.4451)$，继而可得 5 批次目标的投影值 $z^* = (0.7316, 0.6270, 1.2062, 0.2229, 1.8155)$。

按照投影值的大小可以得到最终的目标威胁度排序：$M_5 > M_3 > M_1 > M_2 > M_4$。与相关文献中得到的威胁度排序完全一致。

在以上两个示例中，采用 IBSO-PP 方法得到的目标威胁度排序与原文中都保持一致，该结果表明：IBSO-PP 方法得到的威胁度排序是可靠、有效的，但 IBSO-PP 方法不需要对各因素的权值进行确定，降低了评估难度，排除了人为干扰，且求解过程简单，效率更高。

5.2　拦截任务分配

5.2.1　拦截任务分配的基本原则

反导作战拦截武器系统是由多层拦截武器所构成的多层拦截体系，C2BMC 系统通过对不同多层拦截武器的协同调度管理，实现对来袭弹道导弹目标的有效拦截。C2BMC 系统进行多层协同拦截任务分配的基本准则主要包括以下几点。

(1) 拦截武器资源优化的总的准则是使多层弹道导弹防御体系作战效能最高。

(2) 相对威胁度较大的弹道导弹目标应分配给拦截效能较高的拦截武器。

(3) 对同一个 TBM，若有多层火力构成拦截条件，应采取多层次拦截，以增加拦截成功概率。

(4) 在同一拦截层中，尽量由射击条件有利的进行拦截。

(5) 优先拦截威胁大的目标。

(6) 根据目标威胁等级，对目标的综合杀伤概率应不低于所设定的值。

5.2.2　拦截有利度计算

拦截有利度是指拦截武器对来袭目标拦截的有利程度。TBM 的飞行参数不同、不同型号拦截武器系统的战术技术指标不同、各拦截武器(可能会是发射车)部署位置不同，导致各拦截武器拦截一个 TBM 目标的拦截有利度不同。对来袭弹道目标的威胁度评估和对拦截武器射击有利度评估是反导拦截系统进行拦截任务规划的基本依据。

对于同层反导拦截武器来说，影响对来袭弹道目标拦截有利度评估的因素主要有：航路捷径、到火时间、逗留时间以及目标速度、目标高度和武器系统对目标的单发杀伤概率等(段锁力等，2011)。

1. 单因素拦截有利度计算

1) 目标飞行速度的射击有利度 A_1

地空导弹武器系统只能拦截其最大速度(v_{max}) 和最小速度(v_{min}) 范围内的目标，因此，若目标速度大于 v_{max} 或小于 v_{min}，则定义其拦截有利度为 0。而一般情况下，速度越低或越高，拦截越不利。不同的目标速度对拦截有利度的影响关系大致服从正态分布：

$$A_1 = \begin{cases} 0, & v > v_{max}, v < v_{min} \\ \dfrac{1}{\sigma_v \sqrt{2\pi}} \exp\left[-\dfrac{1}{2} \cdot \dfrac{(v - \mu_v)^2}{\sigma_v^2} \right], & v_{min} \leqslant v \leqslant v_{max} \end{cases} \tag{5.16}$$

其中，$\mu_v = (v_{max} + v_{min})/2$；$\sigma_v = (v_{max} - v_{min})/6$。

对于飞行速度在飞行过程中不断变化的弹道目标来说，上式中可取预测的弹道目标飞至拦截武器杀伤区中间位置点时的速度。

2）目标飞行高度的拦截有利度 A_2

对于不同型号的地空导弹武器系统，其杀伤区的高界(H_{max})和低界(H_{min})不同，只有飞行高度在其范围内的目标，才有可能被拦截。因此，对飞行高度不在杀伤区高、低界内的目标定义其拦截有利度为 0。位于杀伤区高、低界内的目标，由于拦截武器系统在杀伤区内各点的杀伤概率不同，在杀伤区中心位置杀伤概率最高，即目标位于杀伤区高、低界中间位置，拦截最有利。通过分析，可得拦截武器对目标飞行高度的拦截有利度近似服从正态分布，即

$$A_2 = \begin{cases} 0, & h > H_{max}, h < H_{min} \\ \dfrac{1}{\sigma_h \sqrt{2\pi}} \exp\left[-\dfrac{1}{2} \cdot \dfrac{(h - \mu_h)^2}{\sigma_h^2}\right], & H_{min} \leqslant h \leqslant H_{max} \end{cases} \tag{5.17}$$

其中，$\mu_h = (h_{max} + h_{min})/2$；$\sigma_h = (h_{max} - h_{min})/6$。

3）航路捷径的拦截有利度 A_3

拦截武器系统只能拦截最大航路捷径(P_{max})内的目标，且一般情况下，在有效拦截范围内，航路投影捷径越小，拦截越有利，航路捷径为 0 时拦截最有利。经分析，拦截武器系统的拦截有利度和目标相对其航路捷径的关系近似服从线性分布：

$$A_3 = \begin{cases} 0, & P > P_{max} \\ (P_{max} - P)/P_{max}, & P \leqslant P_{max} \end{cases} \tag{5.18}$$

4）目标在发射区逗留时间(肖金科等，2013)的拦截有利度 A_4

一般来说，目标在发射区内逗留时间(T_d)越长，射击越有利，可对目标实施多次拦截，以增加对目标的毁伤。拦截武器关于逗留时间的拦截有利度还与射击周期(T)有关。通过对目标特性和拦截武器系统的性能参数分析，可得目标在发射区逗留时间的拦截有利度近似服从阶梯形分布，即

$$A_4 = \begin{cases} 0, & T_d < T \\ 0.7, & T \leqslant T_d < 2T \\ 1.0, & T_d \geqslant 2T \end{cases} \tag{5.19}$$

5）对目标的单发杀伤概率的拦截有利度 A_5

对目标单发杀伤概率大的拦截武器较有利，单发杀伤概率小的拦截武器较不利，也就是说应优先考虑用单发杀伤概率高的拦截武器进行拦截。拦截有利度可

直接选取拦截武器对目标的单发杀伤概率，即

$$A_5 = p \tag{5.20}$$

2. 综合拦截有利度计算

拦截武器对目标拦截有利度是一个综合性指标，也就是说要对各因素的拦截有利度进行聚合。拦截武器对目标的拦截有利度可通过加权求和方法进行聚合，假设由专家确定的各因素下拦截有利度的权重为 $w_k (k=1,2,\cdots,5)$，则第 i 个拦截武器对第 j 批目标拦截有利度为

$$A_{ij} = \sum_{k=1}^{5} A_{ijk} w_k \tag{5.21}$$

5.2.3 拦截任务分配的线性规划

在具备多层拦截火力的情况下，应综合考虑各层拦截武器(发射车)对来袭弹道导弹的总体拦截效率(肖金科等，2015；刘家义等，2020)。假设，中段拦截武器第 l 个发射车对第 i 个来袭弹道导弹的综合拦截效率指标为 θ_{il}，末段高层拦截武器第 j 个发射车对第 i 个来袭弹道导弹的综合拦截效率指标为 μ_{ij}，末段低层拦截武器第 k 个对第 i 个来袭弹道导弹的综合拦截效率指标为 ν_{ik}，其计算方法分别为

$$\theta_{il} = \omega_i A_{il} \ (i=1,2,\cdots,M; l=1,2,\cdots,N_1) \tag{5.22}$$

$$\mu_{ij} = \omega_i B_{ij} \ (i=1,2,\cdots,M; j=1,2,\cdots,N_2) \tag{5.23}$$

$$\nu_{ik} = \omega_i C_{ik} \ (i=1,2,\cdots,M; k=1,2,\cdots,N_3) \tag{5.24}$$

其中，ω_i 为第 i 个来袭弹道导弹的威胁度，M 为来袭目标数量；A_{il} 为中段拦截武器第 l 个发射车对第 i 个来袭弹道导弹的拦截有利度，N_1 为中段拦截武器数；B_{ij} 为末段高层第 j 个拦截武器对第 i 个来袭弹道导弹的拦截有利度，N_2 为末段高层拦截武器数；C_{ik} 为末段低层第 k 个拦截武器对第 i 个来袭弹道导弹的拦截有利度，N_3 为末段低层拦截武器数。

以总体拦截效率为优化目标，建立多层反导拦截任务分配的数学模型如下：

$$\begin{aligned} \max(f) &= \sum_{i=1}^{M}\sum_{l=1}^{N_1} \theta_{il} x_{il} + \sum_{i=1}^{M}\sum_{j=1}^{N_2} \mu_{ij} y_{ij} + \sum_{i=1}^{M}\sum_{k=1}^{N_3} \nu_{ik} z_{ik} \\ &= \sum_{i=1}^{M} \omega_i \left(\sum_{l=1}^{N_1} A_{il} x_{il} + \sum_{j=1}^{N_2} B_{ij} y_{ij} + \sum_{k=1}^{N_3} C_{ik} z_{ik} \right) \end{aligned} \tag{5.25}$$

$$\text{s.t.} \begin{cases} \sum_{i=1}^{M} x_{il} \leqslant X_l, & l = 1, 2, \cdots, N_1 \\[2mm] \sum_{i=1}^{M} y_{ij} \leqslant Y_j, & j = 1, 2, \cdots, N_2 \\[2mm] \sum_{i=1}^{M} z_{ik} \leqslant Z_k, & k = 1, 2, \cdots, N_3 \\[2mm] \sum_{l=1}^{N_1} x_{il} \leqslant 1, & i = 1, 2, \cdots, M \\[2mm] \sum_{j=1}^{N_2} y_{ij} \leqslant 1, & i = 1, 2, \cdots, M \\[2mm] \sum_{k=1}^{N_3} z_{ik} \leqslant 1, & i = 1, 2, \cdots, M \\[2mm] x_{il} = 0 \text{或} 1 \\[1mm] y_{ij} = 0 \text{或} 1 \\[1mm] z_{ik} = 0 \text{或} 1 \end{cases}$$

其中，x_{il} 为第 l 个中段拦截武器对第 i 个目标进行拦截的决策变量；y_{ij} 为第 j 个末高拦截武器对第 i 个目标进行拦截的决策变量；z_{ik} 为第 k 个末低拦截武器对第 i 个目标进行拦截的决策变量；X_l 为第 l 个中段拦截武器可拦截目标数；Y_j 为第 j 个末高拦截武器可拦截目标数；Z_k 为第 k 个末低拦截武器可拦截目标数。

针对给定威胁度目标的拦截任务分配是一个典型的序贯决策过程。优化的目标不仅是在同一层次中选择射击有利度最高的拦截武器进行射击，而且要做到多层拦截整体最有利(即全局最优)(李龙跃等，2014；高嘉乐等，2015)。因此，可以考虑利用动态规划理论,构建针对给定威胁度目标的多层反导作战拦截任务分配。下面，就末段高层拦截武器系统和末段低层拦截武器系统形成双层拦截的情况进行分析。

假定，对于第 i 个弹道目标，末段高层拦截武器共有 m 个发射车具备拦截条件，末段低层共有 n 个拦截武器具备拦截条件。

分别计算射击有利度值，末段高层拦截武器 N 个发射车对第 i 个弹道目标的射击有利度为：$A_{ij} (j = 1, 2, \cdots, N)$；末段低层 Q 个拦截武器对第 i 个弹道目标的射击有利度为：$B_{ik} (k = 1, 2, \cdots, Q)$。

那么，末段高、低双层拦截火力分配过程可以利用图 5.13 所示的多路径问题进行描述。

图 5.13 中，共有四层节点，第一至二层描述高层拦截，第二至三层描述低层

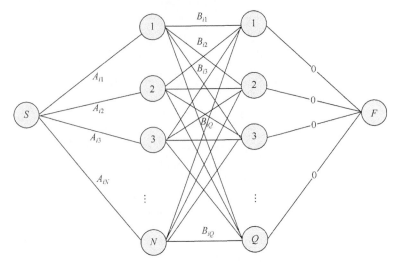

图 5.13　末段高、低双层拦截火力分配模型描述

拦截，第三至四层是为了描述问题方便人为加入的空层，不描述任何阶段。第一层节点 S 为起始点，第二层节点数为高层拦截武器的发射车数量 N，第三层节点数为具备拦截条件的低层拦截武器数 Q，第四层节点 F 为终结点。

第一层节点 S 与第二层 m 个节点之间的连接权值为高层拦截武器第 j 个发射车相对于目标 i 的射击有利度 A_{ij} $(j=1,2,\cdots,N)$；第二层节点与第三层节点为全互连关系，用以描述高层拦截后共有 n 个低层拦截武器仍具备拦截条件，第二层任意第 j 个节点 A_{ij} $(j=1,2,\cdots,N)$ 与第三层第 k 个节点的连接权值均为第 k 个低层拦截武器对目标 i 的射击有利度 B_{ik} $(k=1,2,\cdots,Q)$，第三层与第四层节点之间的连接权值均为 0。

如图 5.13 所示模型是一个三阶段的动态规划模型，但由于第三阶段的连接权值均为 0，实际上是一个二阶段动态规划问题。相对于最短路径问题，高、低双层反导任务规划模型实际上是在高、低两层拦截决策过程中，找到最适合拦截(射击有利度最高)的拦截武器或者发射车，以寻求对整个高、低两层拦截最有利。拦截效益最大问题实际上就是找出一条从起始点 S 到终点 F 射击有利度最大的路线。

对于动态规划模型，如果用传统的状态转移方程进行求解，其计算量同样较大。鉴于反导作战实时性的要求极高，并出于该动态规划模型规模的考虑，采用如下简化的求解方法。

在已经计算出高、低两层的拦截有利度后，采用枚举的方法，直接计算 $N \times Q$ 个排列组合的拦截有利度之和，选出其中的最大者即为决策方案，即

$$F(j,k) = \max_{\substack{j=1,2,\cdots,M \\ k=1,2,\cdots,Q}} \{A_{ij} + B_{ik}\} \tag{5.26}$$

拦截有利度最大的组合 $(A_{ij} + B_{ik})$ 所对应的下标 j 和 k，就是拦截任务分配模型

求解出的分配方案，即高层利用发射车 j 进行拦截，低层利用拦截武器 k 进行拦截。

5.3　交战程序组设计

交战程序组(engage schedule group，ESG)确定了一个特定的预警探测武器与拦截武器组合，协同探测、跟踪和拦截来袭的弹道导弹，形成弹道导弹防御的杀伤链。这条杀伤链从最初探测到威胁目标的时间开始，到成功拦截来袭目标结束。因此通过这条杀伤链也就能确定弹道导弹防御系统的各个组成部分如何集成为一体，从而大大地扩大了探测跟踪和交战区域，这个交战区域超过了单一的防御单元所能实现的交战区域。

当有更多的拦截武器和传感器加入进来的时候，ESG 将变得越来越复杂。它们将依靠 C2BMC 系统的成功发展，提供一个完全一体化的系统，允许用弹道导弹防御的几个独立单元提供多种组合的杀伤链，而不是仅仅提供一个杀伤链。每一组交战程序都要确定一起工作的预警探测器与拦截武器组合，以便探测、跟踪和拦截来袭目标。C2BMC 系统动态地把不同的组成部分集成到一起，把探测和交战区域扩大到用标准的组成部分所能实现的距离之外。

5.3.1　ESG 的资源

ESG 设计是综合各种威胁态势、传感器和武器资源，进行全系统的优化，根据可能的交战路线，把不同组合的作战资源有机联系起来，形成应对相应威胁的优化交战程序。在反导体系中，生成 ESG 的防御作战资源如表 5.8 所示。

表 5.8　防御作战资源

类型	资源
预警探测	① 预警卫星、侦察监视卫星； ② 临近空间预警平台、空基预警平台； ③ 远程探测 P 波段预警雷达、天波超视距雷达； ④ 地基 X 波段多功能相控阵雷达、海基 X 波段多功能相控阵雷达、前沿部署 X 波段雷达、舰载跟踪识别雷达
指挥控制	① 战略 C2BMC； ② 战区 C2BMC； ③ 战术 C2BMC； ④ 武器级 C2BMC
拦截打击	① 助推段拦截武器； ② 地基中段拦截武器、地基末段高层拦截武器、地基末段低层拦截武器； ③ 海基中段拦截武器

ESG 的生成过程，就是根据不同的来袭弹道导弹，规划使用防御作战资源，从而形成应对每个弹道导弹威胁的交战时序，明确每一组交战程序所限定的各防御资源之间的信息流程及信息交互关系。例如，地基拦截弹依靠 P/ X 波段相控阵雷达交战时序见图 5.14。

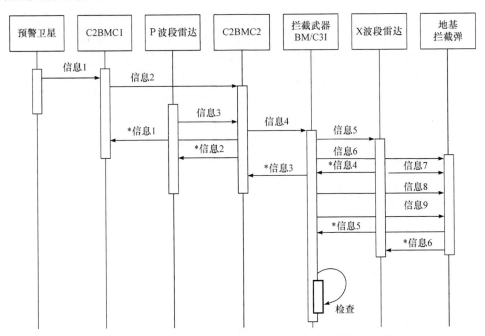

图 5.14　地基拦截弹依靠 P/X 波段相控阵雷达交战时序图

地基中段拦截弹依靠 P/X 相控阵雷达交战时序的信息表示如下。

(1) 信息 1{弹道导弹发射预警信息，目标弹道的估算数据}；

(2) 信息 2{弹道导弹发射预警信息，下达作战命令，目标指示信息}；

(3) 信息 3{目标跟踪数据，目标识别信息}；

(4) 信息 4{目标指示信息}；

(5) 信息 5{目标状态信息，目标指示信息}；

(6) 信息 6{分配拦截的目标数及编号，目标指示信息，威胁排序及分配结果}；

(7) 信息 7{目标指示信息，制导雷达控制指令}；

(8) 信息 8{拦截弹发射装订参数，发射指令}；

(9) 信息 9{拦截弹制导指令，杀伤拦截指令}；

(10) 检查{判断能否进行第二次拦截}；

(11) *信息 1{完成作战任务反馈信息}；

(12) *信息 2{目标指示信息，雷达控制指令}；

(13) *信息 3{目标跟踪信息，状态信息}；

(14) *信息 4{工作状态反馈指令、拦截可行性、发射决策、火力分配结果反馈};

(15) *信息 5{目标状态信息，拦截弹飞行状态信息};

(16) *信息 6{拦截结果判断}。

5.3.2　ESG 形成机制

ESG 从形成到最终被执行是一个不断迭代、更新的过程。因此，将 C2BMC 中的 ESG 形成问题进行分解，如图 5.15 所示。

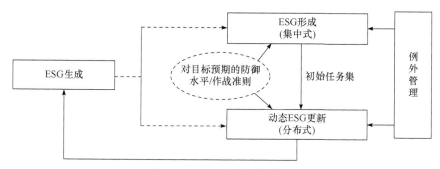

图 5.15　ESG 形成问题分解

如图 5.15 所示，在集中式决策生成预 ESG，确保解的质量的基础上，将部分权力下放，对涉及的相关资源能够协同决策，实现动态自同步更新，把不同的组成部分集成到一起，并结合例外管理策略，形成适合于当前战场态势的 ESG。

1. ESG 形成

ESG 形成是集中式分配问题，是根据问题背景建立模型，并选择合适的求解算法对模型进行求解，力求在较短的时间内得出质量较高的分配方案。这是 C2BMC 分布式网络化结构下产生的新问题，该问题从理论上讲属于组合优化问题；从应用角度看，属于任务和资源分配问题。因此，如何根据 C2BMC 作战背景建立正确反映问题本质的数学模型，对建模过程中的关键约束条件进行解析，并根据 C2BMC 作战需求和模型的数学特性，科学合理地选择和设计模型求解算法，并对求解算法进行验证较为重要。

2. 动态 ESG 更新

动态 ESG 更新是分布式分配问题，要设计与问题匹配的协同机制，各分配节点以该协同机制作为行为规则，对分配方案进行动态分布式调整。求解该类问题的核心是设计任务执行者之间的协同机制，各执行者以该协同机制作为行为规则，实现作战过程中的 ESG 更新。对问题主要包括确定问题求解目标和约束条件，分析分布式调整的时机，根据问题背景和作战需求，设计相应的协同机制，以实现交战过程中 ESG 方案分布式调整后反导作战效能最优。

3. 例外管理

例外管理是系统对外的一个接口，在实时战场中，指挥员认为有必要对某目标(重点拦截目标、重大威胁目标等)实施人工干预，则可通过例外管理实时干预，调整 ESG。

5.3.3　集中式 ESG 生成

1. 问题模型

集中式 ESG 生成是一种特殊的分配问题，其决策变量是体现目标-传感器节点-火力节点-制导节点匹配关系的四维值。不失一般性，按照类型的划分可分为传感器任务计划(sensor task plan，STP)、武器任务计划(weapon task plan，WTP)以及相应的通信任务计划(communication task plan，CTP)。CTP 是根据制定好的 STP 和 WTP 来相应生成的，因此这里着重讨论 STP 与 WTP 的生成。可形式化描述如下：

$$
\begin{aligned}
\min\quad & f(x)\\
\text{s.t.}\quad & g_i(x)\leqslant 0,\quad i=1,2,\cdots,n\\
& h_j(x)\leqslant 0,\quad j=1,2,\cdots,m\\
& m_k\leqslant x_k\leqslant n_k,\quad k=1,2,\cdots,p
\end{aligned}
\tag{5.27}
$$

其中，$X=(x_1,x_2,\cdots,x_d)$ 为决策解向量；d 为决策变量的维数；$\min f(x)$ 为目标函数；s.t. 部分为不等式和等式约束；m_k 和 n_k 为第 k 维决策变量取值的区间。问题的求解就是在保证约束条件的情况下，使得目标函数最优。在搜索空间 S 中，满足约束条件的变量 X 为可行解。问题就是从可行解空间 F 中寻找到 x^*，使得 $f(x^*)$ 最小。

2. 传感器任务计划制定

1) 制定准则

STP 传感器任务计划制定的目的，就是在预警探测有限资源限制和可视化窗口的约束下，确定预警资源对弹道导弹的探测序列和探测时间窗口，使整体的探测效能达到最大化。具体讲，包括以下内容。

(1) 从弹道导弹防御的全局出发，需要保证每个弹道导弹目标都能被观测到，且威胁度大的目标要优先进行观测。

(2) 从目标的角度出发，每个目标被探测的效果要达到最佳，被持续观测的时间要尽可能长。

(3) 从传感器探测效果的角度出发，要优先利用探测精度高的传感器对目标进行探测。

(4) 从预警装备操作的可靠性和技术复杂度出发，需要使得交接班次数最小。

2) 传感器平台探测有利度计算模型

传感器平台探测有利度是指传感器平台对来袭目标实施探测的有利程度，它是进行 STP 制定的重要依据之一。传感器平台对目标的探测有利度，既与来袭目标特性有关，又与传感器的性能参数、传感器与目标的空间相对位置有关。

对于弹道导弹预警而言，关键是解决"看得见"的问题，所以预警卫星和地基预警雷达对弹道导弹的可视化时间的长短直接影响到跟踪的效果，可视化的时间太短，预警卫星或地基预警雷达对弹道导弹的采样点十分有限，使弹道导弹的预测精度下降，影响对其的拦截打击，而且，对弹道导弹探测的预警卫星和地基预警雷达交接就越频繁，容易致使目标丢失。所以，在此采用数据变换中规范化处理的方法来对探测有利度 p_{ij} 和 p'_{ij} 予以衡量。

设 d_{ij} 和 d'_{ij} 分别为第 i 个预警卫星和第 i 部地基预警雷达对第 j 个弹道导弹的可视化时间长度，则

$$\begin{cases} d_{ij} = T_{ij2} - T_{ij1} \\ d'_{ij} = T'_{ij2} - T'_{ij1} \end{cases} \tag{5.28}$$

那么，探测有利度为

$$\begin{cases} p_{ij} = \dfrac{d_{ij}}{\max(d_{ij}, d'_{ij})} \\ p'_{ij} = \dfrac{d'_{ij}}{\max(d_{ij}, d'_{ij})} \end{cases} \tag{5.29}$$

其中，$\max(d_{ij}, d'_{ij})$ 为所有预警卫星和地基预警雷达对第 j 个弹道导弹可视化时间长度的最大值。

3) 生成模型

(1) 目标函数。

根据上述对 STP 的优化目标和优化准则的描述，建立如下的目标函数：

$$\max(z) = \sum_{i=1}^{m}\sum_{j=1}^{k} c_{ij} x_{ij} \left(t_{ij2} - t_{ij1}\right) + \sum_{i=1}^{m}\sum_{j=1}^{k} c'_{ij} x'_{ij} \left(t'_{ij2} - t'_{ij1}\right)$$

$$c_{ij} = \lambda w_j + (1-\lambda) p_{ij}$$

$$c'_{ij} = \lambda w_j + (1-\lambda) p'_{ij} \tag{5.30}$$

其中，z 为整个预警卫星和地基雷达预警资源的探测效益函数；决策变量为确定第 i 个天基预警探测卫星是否对第 j 个 TBM 的探测的变量 x_{ij}，以及探测开始时刻 t_{ij1} 和探测结束时刻 t_{ij2}，第 i 个地基预警探测雷达是否对第 j 个 TBM 的探测的变

量 x'_{ij}，以及探测开始时刻 t'_{ij1} 和结束时刻 t'_{ij2}；c_{ij} 为单位时间第 i 个卫星对第 j 个 TBM 的探测效益值，c'_{ij} 为单位时间第 i 部地基预警雷达对第 j 个 TBM 的探测效益值；λ 为权重系数，由军事专家事先量化给定；w_j 为第 j 个 TBM 的目标威胁度，可由 6.1 节中的计算方法得到；p_{ij} 和 p'_{ij} 分别为第 i 个预警卫星和第 i 部地基预警雷达对第 j 个 TBM 的探测有利度。

(2) 约束条件。

定义：

$$x_{ij}(t) = \begin{cases} 1, & \text{时刻}t\text{天基预警卫星}i\text{对TBM目标}j\text{进行探测} \\ 0, & \text{时刻}t\text{天基预警卫星}i\text{对TBM目标}j\text{不探测} \end{cases} \quad (5.31)$$

$$x'_{ij}(t) = \begin{cases} 1, & \text{时刻}t\text{天基预警雷达}i\text{对TBM目标}j\text{进行探测} \\ 0, & \text{时刻}t\text{天基预警雷达}i\text{对TBM目标}j\text{不探测} \end{cases} \quad (5.32)$$

则根据上述的描述，得约束条件如下。

(S1)：$T_{ij1} \leqslant t_{ij1} \leqslant t_{ij2} \leqslant T_{ij2}, T'_{ij1} \leqslant t'_{ij1} \leqslant t'_{ij2} \leqslant T'_{ij2}$，即卫星或地基预警雷达对弹道导弹的探测必须在其可视化时间窗口内。

(S2)：$\forall i, \sum_{j=1}^{k} x_{ij}(t) \leqslant B_i, \sum_{j=1}^{k} x'_{ij}(t) \leqslant B'_i$，即在任一时刻卫星或地基预警雷达探测弹道导弹的数量不能超过其目标容量。

(S3)：$\forall j, \sum_{j=1}^{m} x_{ij}(t) = \{0,2\}$，即在任一时刻卫星对某一弹道导弹的探测必须是双预警卫星交会定位，要么就都不探测。

4) 基于任务分解的 STP 生成决策模型

由约束条件(S2)和(S3)可知，STP 制定模型是一个随着时间推移而不断变化的多项式复杂程度的非确定性(non-deterministic polynomial, NP)难题，在仅仅知道预警卫星和地基预警雷达对弹道导弹的可视化时间窗口和目标容量的情况下，由于决策变量数量多，实际问题约束条件难以表达，将导致对决策模型的求解很复杂。为此立足于任务和时间的对应关系，将预警卫星和地基预警雷达预警协同的任务按时间段分解为多个子任务，从而将整个任务协同决策问题转换为子任务的协同决策问题。

预警卫星和地基预警雷达与目标之间存在着复杂的可视关系，由已建立的目标函数和约束条件可知，任务协同问题求解的最优化方案，不仅是一个卫星或地基预警雷达对弹道导弹是否进行跟踪的"是否"问题，在此之上还有一个对跟踪时间窗口进行确定的问题，两个问题之间既有一定的逻辑关系，又相互独立，如图 5.16 所示。

任务进行分解的目的有两个：①通过将任务从时间上分解为多个独立的子任

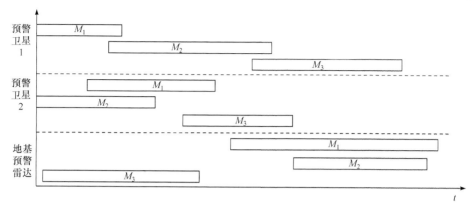

图 5.16 预警卫星和地基预警雷达对弹道导弹可视化窗口示意图

务，细化了卫星和地基预警雷达与多个弹道导弹之间随时间变化而变化的可视化关系，对每个弹道导弹目标对应的可用资源予以确定(对约束条件(S2)和(S3)的关系从时间段上予以确定,使其在一个时间范围内固定下来);②通过对任务的分解，将同时需要求解的多个问题(预警卫星 1 是否对弹道导弹 1 进行跟踪? 跟踪时间窗口是多少?)变相地转换为多个子任务的一个问题(该时间段预警卫星 1 是否对弹道导弹 1 进行跟踪?)，从预警卫星和地基雷达预警任务协同问题的本质出发，理清需要求解的多个问题的内部关系，简化任务协同问题的复杂性。

任务分解的方法为：根据预警卫星和地基预警雷达对每个弹道导弹的可视化时间窗口的开始时刻和结束时刻，从时间上将任务的生命周期化为多个连续或离散的时间段，分解后的每个时间段就对应着一个子任务，如图 5.17 所示。

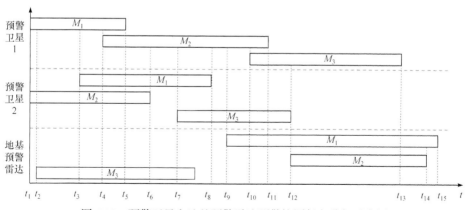

图 5.17 预警卫星和地基预警雷达预警协同任务分解示意图

在图 5.17 中，将预警卫星 1、预警卫星 2 和地基预警雷达对弹道导弹 1、弹道导弹 2、弹道导弹 3 的 9 个可视化时间窗口的开始时刻 t_1、t_2、t_3、t_4、t_7、t_9、t_{10}、t_{12} 和结束时刻 t_5、t_6、t_8、t_{11}、t_{13}、t_{14}、t_{15} ，按照时间上由小到大的顺序排列

成：t_1、t_2、t_3、t_4、t_5、t_6、t_7、t_8、t_9、t_{10}、t_{11}、t_{12}、t_{13}、t_{14}、t_{15} 的序列，然后从前往后两两之间组成一个时间段 $[t_1, t_2]$、$[t_2, t_3]$、$\cdots$、$[t_{14}, t_{15}]$，将整个任务协同化为 14 个时间段上的子任务。

显然，在每个时间段(子任务)中，预警卫星和地基预警雷达与弹道导弹目标之间只存在两种关系：① 预警卫星和地基预警雷达是否具备对弹道导弹进行探测的能力；② 预警卫星和地基预警雷达是否对弹道导弹进行探测，即在具备探测能力的情况下，是否决定对弹道导弹进行探测，如果对其探测，则在该子任务中，探测时间窗口就是该时间段。

为了表述方便，在此分别定义子任务可视化矩阵、子任务协同矩阵、子任务探测效益矩阵三个概念。

(1) 子任务可视化矩阵：在子任务所处时间段内，由卫星和地基预警雷达对弹道导弹的可视化关系为元素所构成的矩阵。

(2) 子任务协同矩阵：在子任务所处时间段内，基于子任务可视化矩阵，由卫星和地基预警雷达对弹道导弹的探测关系为元素所构成的矩阵。

(3) 子任务探测效益矩阵：在子任务所处时间段内，由单位时间卫星和地基预警雷达对弹道导弹的探测效益值为元素所构成的矩阵。

设 m 个预警卫星 $L_1, L_2, \cdots, L_m$ 和 n 部地基预警雷达 $R_1, R_2, \cdots, R_n$ 对 k 个弹道导弹目标 $M_1, M_2, \cdots, M_k$ 构成的任务协同优化问题，任务分解后第 i 个子任务 A_i 所处的时间段为 $[t_{i1}, t_{i2}]$，则 A_i 的子任务可视化矩阵为

$$
S_i = \begin{bmatrix}
x_{11} & x_{12} & \cdots & x_{1k} \\
\vdots & \vdots & & \vdots \\
x_{m1} & x_{m2} & \cdots & x_{mk} \\
\vdots & \vdots & & \vdots \\
x_{(m+n)1} & x_{(m+n)2} & \cdots & x_{(m+n)k}
\end{bmatrix}
\tag{5.33}
$$

子任务可视化矩阵中，当第 j 个弹道导弹在时间段 $[t_{i1}, t_{i2}]$ 中处于第 i 个预警卫星的可视化范围以内，则 $x_{ij}=1$，否则 $x_{ij}=0$；当第 j 个弹道导弹在时间段 $[t_{i1}, t_{i2}]$ 中处于第 i 部地基预警雷达的可视化范围以内，则 $x_{(m+i)j}=1$，否则 $x_{(m+i)j}=0$。

A_i 的子任务协同矩阵为

$$
G_i = \begin{bmatrix}
y_{11} & y_{12} & \cdots & y_{1k} \\
\vdots & \vdots & & \vdots \\
y_{m1} & y_{m2} & \cdots & y_{mk} \\
\vdots & \vdots & & \vdots \\
y_{(m+n)1} & y_{(m+n)2} & \cdots & y_{(m+n)k}
\end{bmatrix}
\tag{5.34}
$$

同理，在子任务协同矩阵中，$y_{ij}=1$ 表示在时间段 $[t_{i1},\ t_{i2}]$ 中第 i 个预警卫星对第 j 个弹道导弹进行探测，否则 $y_{ij}=0$；$y_{(m+i)j}=1$ 表示第 i 部地基预警雷达对第 j 个弹道导弹在时间段 $[t_{i1},\ t_{i2}]$ 进行探测，否则 $y_{(m+i)j}=0$。

$$C_i = \begin{bmatrix} c_{11} & c_{12} & \cdots & c_{1k} \\ \vdots & \vdots & & \vdots \\ c_{m1} & c_{m2} & \cdots & c_{mk} \\ \vdots & \vdots & & \vdots \\ c_{(m+n)1} & c_{(m+n)2} & \cdots & c_{(m+n)k} \end{bmatrix} \tag{5.35}$$

任务分解以后，第 i 个子任 A_i 的任务协同决策模型变为

$$\max \quad z = \sum_{i=1}^{m+n}\sum_{j=1}^{k} c_{ij}y_{ij}$$

$$\text{s.t.} \begin{cases} 0 \leqslant y_{ij} \leqslant x_{ij} \\ \displaystyle\sum_{j=1}^{k} y_{ij} \leqslant B_i, \quad i \leqslant m \\ \displaystyle\sum_{j=1}^{k} y_{ij} \leqslant B'_i, \quad m < i \leqslant n \\ \displaystyle\sum_{j=1}^{m} y_{ij} = \{0,2\}, \quad i \leqslant k \end{cases} \tag{5.36}$$

其中，y_{ij} 为决策变量，$y_{ij}=\{0,1\}$，且 $y_{ij} \in G_i$，$s_{ij} \in S_i$，$c_{ij} \in C_i$。

通过以上对任务分解方法的介绍和对子任务可视化矩阵、子任务协同矩阵的定义可知，子任务可视化矩阵可以根据卫星和地基预警雷达对弹道导弹的可视化时间窗口予以确定，子任务协同决策模型的求解就是依据子任务可视化矩阵求解子任务协同矩阵，使得目标函数的值最大化，在该子任务内，求解的探测时间窗口即为该子任务的时间段。

5) 仿真算例

以由 4 颗预警卫星和 1 部地基预警雷达组成的预警探测系统，对 3 个来袭 TBM 的 STP 计划制订为例。各预警传感器对 TBM 的可视化时间窗口和探测有利度分别如表 5.9 和表 5.10 所示。TBM1、TBM2、TBM3 的威胁度分别为 1、0.6624、0.3374，λ 取 0.7，将该任务分解为 18 个子任务，每个子任务对应的时间段分别为 [179,192]、[192,199]、[199,206]、[206,284]、[284,292]、[292,330]、[330,345]、[345,355]、[355,457]、[457,463]、[463,472]、[472,492]、[492,518]、[518,523]、[523,553]、[553,561]、[561,586]、[586,614]。

表 5.9　预警传感器对 TBM 的可视化时间窗口

预警系统类型	TBM1	TBM2	TBM3
预警卫星 1	[179, 292]	[179, 472]	[179, 518]
预警卫星 2	[179, 284]	[179, 457]	[179, 523]
预警卫星 3	[179, 355]	[179, 553]	[192, 463]
预警卫星 4	[179, 345]	[179, 561]	[199, 492]
地基预警雷达	[179, 330]	[179, 586]	[206, 614]

表 5.10　预警传感器对 TBM 的探测有利度

预警系统类型	TBM1	TBM2	TBM3
预警卫星 1	0.6420	0.7199	0.8309
预警卫星 2	0.5966	0.6830	0.8431
预警卫星 3	1	0.9189	0.6642
预警卫星 4	0.9432	0.9386	0.7181
地基预警雷达	0.8580	1	1

结合子任务所对应的时间段，运用上述的模型进行求解，并将得到的所有子任务的探测时间窗口进行聚合，得到任务分配的结果如表 5.11 所示，每个子任务的探测效益的最佳值如图 5.18 所示。

表 5.11　任务分配的结果表

预警系统类型	TBM1	TBM2	TBM3
预警卫星 1		[179, 345]	[345, 518]
预警卫星 2		[179, 345]	[345, 518]
预警卫星 3	[179, 345]	[345, 553]	
预警卫星 4	[179, 345]	[345, 553]	
地基预警雷达	[179, 330]	[179, 614]	[206, 586]

3. 拦截任务计划制定

1) 制定准则

WTP 拦截任务计划制定应采取一定的准则：最大毁伤概率、最小消耗拦截弹、最大化拦截数目、上级指定等准则，分析以上目标分配准则的适用情况以及单一准则可能出现的资源浪费、准则失效、范围有限等不足，给出综合期望拦截概率和最大化拦截效费比的制定准则，具体描述如下。

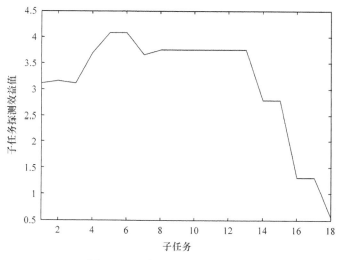

图 5.18　子任务探测效益最佳值

(1) 总的原则是在一定期望拦截概率的条件下，最大化反导体系的作战效能，最小化拦截系统因发射拦截弹而消耗的代价。

(2) 优先保证威胁度大的目标分配给具有较大拦截概率的拦截系统，尽可能多次拦截，以达到期望的拦截概率。

(3) 保留一定的拦截弹资源用于后续的作战。

2) 求解思路

问题求解主要包括两部分内容，如图 5.19 所示。

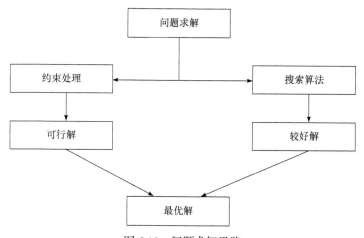

图 5.19　问题求解思路

图 5.19 描述的问题求解思路主要包括两部分：其一是对约束条件进行处理，使得模型转换为无约束优化问题，以对可行域进行定位；其二是采用合适的搜索

算法对目标函数值优良的区域进行定位，关键是搜索算法的设计。

3) 模型构建

(1) 威胁度更新。

威胁大的 TBM 必将遭到优先拦截，由于 TBM 每次遭到拦截后的威胁度都会降低，因此采用威胁度更新机制：当被某一拦截系统拦截后，第 t 个 TBM 的威胁度 value_m^i 按照式(5.37)更新，即

$$\text{value}_m^i(\text{new}) = \text{value}_m^t(\text{old}) \cdot \prod_{p \in P, i \in \text{force}_p} \left(1 - S_{p,i,t} X_{p,i,t} Pk_{p,m}\right), \quad \forall t \in \sum_{m \in M} \text{missile}_m$$

(5.37)

(2) 目标函数。

根据综合期望拦截概率和最大化拦截效费比的分配准则，反导作战既要追求最大化地消耗来袭 TBM 的威胁度，又追求最小化的作战代价，为此采取拦截效能与作战代价的比值作为目标函数。具体的目标函数如下：

$$Z = \max \left\{ \frac{\sum\limits_{t \in \sum\limits_{m \in M} \text{missile}_m} \text{value}_m^t \cdot \prod\limits_{p \in P, i \in \text{force}_p} \left(1 - S_{p,i,t} X_{p,i,t} Pk_{p,m}\right)}{\sum\limits_{p \in P} \left(\text{cost}_p \cdot \sum\limits_{i \in \text{force}_p} \sum\limits_{t \in \sum\limits_{m \in M} \text{missile}_m} X_{p,i,t} \right)} \right\}$$

$$\text{s.t.} \begin{cases} \sum\limits_{t \in \sum\limits_{m \in M} \text{missile}_m} X_{p,i,t} \leqslant \text{anti-misisle}_{p,i}, \quad \forall p \in P, i \in \text{force}_{p,c} \\ 1 - \prod\limits_{p \in P, i \in \text{force}_p} \left(1 - S_{p,i,t} X_{p,i,t} Pk_{p,m}\right) \geqslant Ph_t, \quad \forall t \in \sum\limits_{m \in M} \text{missile}_m \\ \text{若 } S_{p,i,t} < \varepsilon, X_{p,i,t} = 0, \quad \forall p \in P, i \in \text{force}_{p,c}, t \in \sum\limits_{m \in M} \text{missile}_m \\ \sum\limits_{p \in P} \sum\limits_{i \in \text{force}_p} X_{p,i,t} > 0, \quad \forall t \in \sum\limits_{m \in M} \text{missile}_m \\ P = \{1,2,3,4\}, M = \{1,2,3,4\} \end{cases}$$

(5.38)

模型中采用的符号及其含义见表 5.12。

表 5.12　符号及含义

符号	含义
P	反导平台集，$P = \{1,2,3,4\}$，1 表示地基中段，2 表示海基中段，3 表示末段高层，4 表示末段低层
cost_p	$p \in P$ 层平台发射单发拦截弹的作战代价

符号	含义
$Pk_{p,m}$	$p \in P$ 层平台的单发拦截弹对 $m \in M$ 类型 TBM 的拦截概率
$missile_m$	来袭 $m \in M$ 类型 TBM 的数量
$value_m$	单枚 $m \in M$ 类型 TBM 的威胁度
$force_p$	$p \in P$ 层拦截系统的数目
$anti\text{-}missile_{p,i}$	$p \in P$ 层第 i 个拦截系统可用拦截弹数量
$S_{p,i,t}$	$p \in P$ 层第 i 个拦截系统对第 t 个 TBM 的拦截有利度
Ph_t	上级对第 t 个 TBM 的期望拦截概率
ε	射击有利度最小阈值 ε

拦截决策变量如下：

$$X_{p,i,t} = \begin{cases} 1, & p \in P层第i个拦截系统拦截第t个TBM \\ 0, & p \in P层第i个拦截系统不拦截第t个TBM \end{cases} \tag{5.39}$$

目标分配的约束条件主要有 4 个：

① 每个拦截系统可发射拦截弹的数量约束；

② 对每枚 TBM 的期望拦截概率；

③ 拦截有利度小于阈值 ε 的拦截系统不具备拦截条件，不能发射拦截弹；

④ 保证每枚 TBM 都被拦截。

该模型的决策变量是 $X_{p,i,t}$，只能取 0 或 1，该问题就是三维上扩展的 0-1 规划问题。为了提高模型的适应性和方便求解问题，可将三维数的 0-1 规划转化为二维的 0-1 规划，分为以下两步进行操作：

第一步：可以认为同一 TBM 可以分配给不同的拦截系统，则目标分配方案 Y 可表示为

$$Y = [y_{ij}]_{\left(\sum_{m \in M} missile_m\right) \times \left(\sum_{p \in P} force_p\right)}$$

$$= \begin{bmatrix} y_{11} & y_{12} & \cdots & y_{1\left(\sum_{p \in P} force_p\right)} \\ y_{21} & y_{22} & \cdots & y_{2\left(\sum_{p \in P} force_p\right)} \\ \vdots & \vdots & & \vdots \\ y_{\left(\sum_{m \in M} missile_m\right)1} & y_{\left(\sum_{m \in M} missile_m\right)2} & \cdots & y_{\left(\sum_{m \in M} missile_m\right) \times \left(\sum_{p \in P} force_p\right)} \end{bmatrix} \tag{5.40}$$

其中，y_{ij} 表示第 j 个拦截系统拦截第 i 个 TBM 发射的拦截弹数，但必须满足发射拦截弹数不超过可用拦截弹数，见式(5.41)和式(5.42)：

$$0 \leqslant y_{ij} \leqslant \text{anti-missile}_{p,i} \tag{5.41}$$

$$0 \leqslant \sum_{i=1}^{\left(\sum_{m\in M}\text{missile}_m\right)} y_{ij} \leqslant \text{anti-missile}_{p,j} \tag{5.42}$$

第二步：为了进一步转化为 0-1 规划，方便计算，可将同一拦截系统的所有可发射拦截弹看成部署在同一位置具有相同性能但相互独立的拦截弹，目标分配方案 Y 可表示为

$$Y = \left[y_{ij} \right]_{\left(\sum_{m\in M}\text{missile}_m\right)\times\left(\sum_{p\in P}\sum_{i\in \text{force}_p}\text{anti-missile}_{p,j}\right)}$$

$$= \begin{bmatrix} y_{11} & y_{12} & \cdots & y_{1\left(\sum_{p\in P}\text{store}_p\right)} \\ y_{21} & y_{22} & \cdots & y_{2\left(\sum_{p\in P}\text{store}_p\right)} \\ \vdots & \vdots & & \vdots \\ y_{\left(\sum_{m\in M}\text{missile}_m\right)1} & y_{\left(\sum_{m\in M}\text{missile}_m\right)2} & \cdots & y_{\left(\sum_{m\in M}\text{missile}_m\right)\times\left(\sum_{p\in P}\text{store}_p\right)} \end{bmatrix} \tag{5.43}$$

此时各个拦截弹的拦截决策变量是 $y_{ij}\in\{0,1\}$，0 表示第 j 个拦截弹不拦截第 i 个 TBM，1 表示发射第 j 个拦截弹拦截第 i 个 TBM。此时的目标分配方案 Y 与原来的拦截决策 X 一一映射，从而将复杂三维的 0-1 规划问题转化为基本的 0-1 规划问题。

4) 求解算法设计

由构建的模型可知，问题属于多个约束条件的非线性最优化问题，对于该类问题的求解算法以智能优化算法为主。克隆选择算法作为简单模拟免疫效应的智能优化算法已经广泛应用于组合优化等领域。这里结合生物免疫系统，从增加种群多样性的角度，利用快速收敛于全局最优解的快速收敛的克隆选择算法(fast convergence clonal selection algorithm，FCCSA)。

(1) 克隆算子。

抗体受抗原的侵入刺激被激活，克隆增殖；同时抗体之间的竞争抑制作用维持免疫平衡。传统的比例克隆不能体现此机制，FCCSA 的克隆算子对其进行模拟，克隆规模依据抗体-抗原的亲和力、抗体-抗体的亲和度自适应地调整。为此，先定义抗体 i 与其他抗体的亲和度 φ_i 如下：

$$\varPhi_i = \min\left(\exp\left(\left\|X_i - X_j\right\|\right)\right), \quad i \neq j, i, j = 1, 2, \cdots, n \tag{5.44}$$

其中，$\left\|\cdot\right\|$ 为欧几里得距离，在计算 $\varPhi_i$ 时，对 $\left\|\cdot\right\|$ 进行归一化处理，即 $0 \leqslant \left\|\cdot\right\| \leqslant 1$。显然抗体-抗体的亲和度越大，相似度越高，则 $\varPhi_i$ 的值越小，从而抗体间的抑制作用越强。第 i 个抗体的克隆规模 n_i 由式(5.45)计算，即

$$k_i = \mathrm{Int}\left[k \cdot \varPhi_i \cdot \frac{f(X_i)}{\sum f(X_i)}\right] \tag{5.45}$$

其中，k 为抗体群的克隆规模，$k = \sum k_i$；符号 $\mathrm{Int}(\cdot)$ 表示取上整函数。

(2) 云自适应变异算子。

克隆算法用于求解复杂优化问题时，变异算子在该算法中显得尤其重要。对克隆扩增后的抗体群中每个抗体进行变异可以提高抗体的多样性，扩大搜索的范围，以寻找更优秀的抗体。云模型用期望值 Ex、熵 En 和超熵 He 表征定性概念，将概念的模糊性和随机性集成在一起，为定性与定量相结合的信息处理提供了有力手段。期望值 Ex 反映了云层的重心位置；En 反映了云层的陡峭程度，En 越小越陡峭；超熵 He 反映了云层的厚度，He 越大云层越厚，见图 5.20。

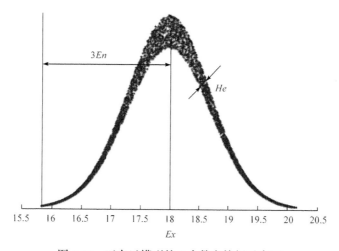

图 5.20　正态云模型的 3 个数字特征示意图

当 $x > Ex$ 时，确定度随 x 的增大而减小，云模型中云滴集中在区间 $[Ex - 3En, Ex + 3En]$，具有随机性和稳定倾向。把云模型的这一特征应用于抗体变异的控制。亲和力小的抗体进行较大的变异，以求生成亲和力大的抗体；反之，要求变异较小，以保护优良抗体。

令

$$Ex = f_{\text{avg}}, \quad En = \frac{(f_{\max} - f_{\text{avg}})}{e}, \quad He = \frac{En}{h}, \quad En' = \text{randn}(En, He)$$

对于抗体 $X = (x_1, x_2, \cdots, x_n)$ 经过变异后得到 $X' = (x_1', x_2', \cdots, x_n')$，则新抗 X' 体的组成元素如下：

$$x_i' = x_i + \alpha_i N_i(0,1)\varphi(f), \quad i = 1, 2, \cdots, n$$

$$\varphi(f) = \begin{cases} e^{\frac{-(f-Ex)^2}{2(En')^2}}, & f > Ex \\ p_c, & f \leqslant Ex \end{cases} \tag{5.46}$$

其中，e、h 为控制参数，e 用来控制云的陡峭程度，根据 "$3En$" 规则，一般去 3，h 用来控制云层的厚度，一般去 10；α_i、p_c 为特定的参数，实验中根据具体情况调整。

(3) 抗体重组算子。

在亲和度成熟的过程中，抗体重组也是增加抗体多样性的主要方式，借鉴遗传算法交叉的思想，引入抗体重组算子。设三个独立的父代抗体 s_1、s_2、s_3 杂交生成子代抗体 s_c，其中 s_c 满足：

$$s_c = \frac{k_1 \cdot s_1}{k_1 + k_2 + k_3} + \frac{k_2 \cdot s_2}{k_1 + k_2 + k_3} + \frac{k_3 \cdot s_3}{k_1 + k_2 + k_3} \tag{5.47}$$

其中，k_1、k_2、k_3 是随机生成的三个不全为 0 的实数。

云自适应变异算子、抗体重组算子的共同作用，实现了抗体间的信息交流、协同进化，使得克隆后的抗体群在亲和力高的抗体周围分散开，大大增加了抗体群的多样性，将会使算法在已有优良抗体的基础上，通过亲和度成熟过程，以较高的概率找到更优秀的抗体，提高算法的收敛速度。

(4) 精英抗体保存算子。

为减少冗余计算，模拟遗传算法的精英种子保存策略，建立记忆种群，将多个优良抗体直接放在记忆种群中，启发了抗体群收敛的方向，为快速收敛得到全局最优解提供保障。

(5) 算法编码方式。

编码方式：按照式(5.42)，将来袭 TBM 从 1 到 $\sum_{m \in M} \text{missile}_m$ 依次编号，将拦截弹按照所属拦截系统从 1 到 $\sum_{p \in P} \text{force}_p$ 的顺序依次进行从 1 到 $\sum_{p \in P} \sum_{j \in \text{force}_p} \text{anti-missile}_{p,j}$ 的编号。

此时个体的分量依次是拦截弹对应拦截各个 TBM 的编号，没有拦截 TBM 的拦截弹对应的是 0。例如，拦截弹数目取 8，TBM 的数目取 6，假设一个目标分配方案见图 5.21，则个体是[3 0 1 5 4 3 6 2]，表示第 1 枚拦截弹拦截第 3 枚 TBM，第 2 枚拦截弹不拦截，第 3 枚拦截弹拦截第 1 枚 TBM，……。个体还要保证约束条件中没有 TBM 漏拦，不具备可拦截条件的拦截弹不能拦截 TBM。

图 5.21　基因编码方式示意图

5) 算法执行步骤

结合 FCCSA 算法求解模型的设计，下面给出算法的具体执行步骤。

步骤 1：启发式方法生成规模为 q 的初始抗体群 $X(0) = \{X_1, X_2, X_3, \cdots, X_q\}$。

步骤 2：精英抗体保存算子。在抗体群 $X(t)$ 中选择 m 个抗体-抗原亲和力最大的抗体，加入记忆种群 $X_m(t)$。

步骤 3：克隆算子。对记忆种群 $X_m(t)$ 依据式(5.45)实施克隆，克隆后的抗体群为 $X^c(t) = \{X_1^c, X_2^c, X_3^c, \cdots, X_q^c\}$，$X_i^c$ 为个体 X_i 的克隆子群。

步骤 4：云自适应变异算子。对抗体群 $X^c(t)$ 依据式(5.46)对抗体的每个基因进行云自适应变异，生成抗体群 $X^*(t)$。

步骤 5：随机选取三个抗体按照设计的抗体重组算子进行操作，最后生成抗体群 $X^r(t)$。

步骤 6：合并抗体群 $X^*(t)$ 和 $X^r(t)$，生成抗体群 $X^l(t)$。

步骤 7：抗体群更新操作。随机产生 d 个新抗体，替换抗体群 $X^l(t)$ 中亲和力较小的抗体。

步骤 8：终止判断。若不满足迭代次数，则更新演化代数计数器 $t \to t+1$，并选取抗体群 $X^l(t)$ 的 m 个亲和力较大的抗体组成下一代抗体群 $X_m(t)$，然后转入到步骤 3；否则，输出结果，算法结束。

算法结束后，记忆种群中的抗体即为所求问题的解。

5.3.4　分布式 ESG 生成

1. 问题描述

C2BMC 系统形成初始的 ESG 后，$\forall W_j \in \text{Weapon}$ 的任务集为 $W_{sj} = \{t_{j,1}, t_{j,2}, \cdots, t_{j,n}\}$，且对于 $\text{ESG}_i = \langle t_i, w_j, g_k \rangle$，将 $\langle t_i, w_j, g_k \rangle$ 按照火力节点编号标识为 U_j，则需解决的问题是各火力节点根据战场态势在 T 时刻的动态变化情况，在确定的分配方案的基础上，如何通过协同决策分布式调整分配方案，使得反导作战效能最大。

2. 基于招投标(tendering and bidding，TP)的任务分配

基于 TP 的任务分配过程如下。

步骤 1：任务宣布(task announcement)。当某单元分解出新的任务或发现自己无能力处理当前任务时，就作为拓标者，根据相应的招标策略，把任务信息向外界公布。

步骤 2：投标(bidding)。其他单元收到招标信息后，基于任务要求和自身能力，根据投标策略，作为该任务的投标者在规定时间内对招标任务信息进行评估，并根据效用函数计算方法计算投标值，同时向招标者传递自己参与投标的价格。

步骤 3：中标(awarding)。当拓标者收到所有投标者的投标，或达到投标截止时间时，拓标者对收到的所有投标信息进行处理，通过中标策略挑选出最好的投标者，向其发出中标通知，同时，向其余投标失败的投标者发出落标消息。

步骤 4：任务执行(executing)。收到中标通知的投标者与拓标者签约，并把该任务加入任务列表中，在适当的时间执行后，向拓标者返回执行结果信息。

基于 TP 的分布式 ESG 更新求解框架如图 5.22 所示。

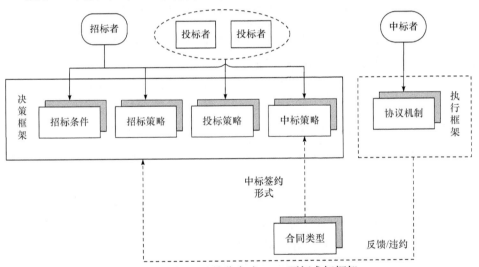

图 5.22　基于 TP 的分布式 ESG 更新求解框架

框架分为两个部分：决策框架和执行框架。决策框架确定了两个节点关于协同交战问题的协同决策过程，包括招标条件、招标策略、投标策略、中标策略以及签约的合同类型模块；执行框架确定了签约后执行协同交战能力的行为规则，即协议机制模块。决策框架与执行框架的实现存在时序关系，同时相互影响。执行框架中输出的信息，如执行结果反馈或违约通知将指导招标者的下一次决策。

1) 决策框架

定义 5-1　决策框架：$D_{\text{frame}} = < \text{AC}, \text{AS}, \text{BS}, \text{WDS}, \text{CT} >$。

其中，AC 为执行动态武器目标分配的招标条件；AS 为招标者的招标策略；BS 为收到招标任务书的投标者的投标策略；WDS 为招标者选择中标者的中标策略；CT 为招标者与中标者之间签署的合同类型，即约定内容和形式。

定义 5-2　招标条件(AC)。

对于 $\text{ESG}(t_i, w_j, g_l)$，$\text{AC}(t_i, w_j, g_l)$ 为用来判断当前是否对目标 t_i 发起协同交战请求的功能函数，即

$$\text{AC}(t_i, w_j, g_l):<\text{state}(t_i, T), \text{state}(w_j, g_l, T)>\rightarrow \text{true / false} \tag{5.48}$$

其中，$\text{state}(t_i, T)$ 为事物 t_i 在 T 时刻的状态信息；true 表示满足招标条件；false 为不满足。

定义 5-3　招标策略(AS)。

对于 $\text{ESG}(t_i, w_j, g_l)$，$\text{AS}(t_i, w_j, g_l)$ 为 ESG_i 确定招标任务书及其发放对象的功能函数，即

$$\text{AS}(t_i, w_j, g_l):<\text{state}(t_i, T), \text{state}(w_j, g_l \mid u_j, T), \text{state}(\{u_k \mid u_k \in U, k \neq j\}, T)>$$
$$\rightarrow \{\text{AO}, \text{TDoc}\} \tag{5.49}$$

其中，U 为 C2BMC 中所有临时 ESG 的集合；AO 为招标任务书发放对象的集合；TDoc 为任务书内容。

定义 5-4　投标策略(BS)。

对于 $\forall \text{ESG}_k \in \text{ESG}, k \neq j, \text{BS}(t_i, w_j, g_l, w_k, g_k)$ 为 ESG_k 确定是否投标及投标值计算的功能函数，即

$$\text{BS}(t_i, w_j, g_l, w_k, g_k):<\text{state}(w_k, g_k, T), \text{state}(t_i, T), \text{TDoc}>\rightarrow$$
$$\{\text{true}, \text{BidValue}\} / \text{false} \tag{5.50}$$

其中，ture 表示 ESG_k 对该协同交战任务进行投标；BidValue 为投标值；false 为放弃投标。

定义 5-5　中标策略(WDS)。

对于 $\forall \text{ESG}_k = (t_i, w_j, g_j), \text{WDS}(t_i, w_j, g_j, \text{UB})$ 为 ESG_k 从投标集合 UB 中选择中标者的功能函数，即

$$\text{WDS}(t_i, w_j, g_j, \text{UB}):<\text{UB}, \text{measure}, \text{std}>\rightarrow u_k^* \in \text{UB} \tag{5.51}$$

其中，measure 为中标策略中采用的评价指标；std 为中标策略中采取的评价标准；u_k^* 为中标者。

2) 执行框架

执行框架 P_{frame} 中仅包含协议机制模块,好的协议机制能够尽量避免局部最优情况的出现。下面对其进行形式化定义如下。

定义 5-6　协议机制。

对于目标 t_i 的招标者 au 和中标者 wu, $P(t_i,\text{au},\text{wu})$ 为 wu 中标后在执行 t_i 过程中面对其他任务或招标任务时所遵循的行为规则,即

$$P(t_i,\text{au},\text{wu}):<\text{state}(\text{wu},T),\text{state}(t_i,T),\text{state}(t_k,T)>\rightarrow \text{CoA}(\text{wu}) \tag{5.52}$$

其中,CoA(wu) 为 wu 的行为序列。

3. 任务执行权的分类及转移条件(授权与非授权下的协同交战)

1) 任务执行权的分类与定义

根据协同交战条件分析,当 $t_i \in S_j$ 时,w_j 的行为主要包括两种,即满足发射条件时对 t_i 进行拦截,以及无法完成任务时由 c_j 与其他指控节点进行协同决策以实现任务的调整。将 $\forall t_i \in \text{TARGET}$ 的执行权分为两类,即临时执行权(temporary performing authority, TPA)和最终执行权(ultimate performing authority, UPA)。当 w_j 获得 t_i 不同类型的执行权时,应执行不同的操作。

定义 5-7　任务执行权。

对于 $\forall t_i \in \text{TARGET}$,$\forall w_j \in \text{WEAPON}$,$w_j$ 在 T 时刻对 t_i 的任务执行权集合如下:

$$A(w_j,t_i,T)=\begin{cases} \varnothing, & t_i \notin S_j(T) \\ \{\text{TPA}\}\text{或}\{\text{UPA}\}, & t_i \in S_j(T)\bigcap t_i \notin \text{SO}_j \\ \{\text{UPA}\}, & t_i \in S_j(T)\bigcap t_i \in \text{SO}_j \end{cases} \tag{5.53}$$

其中,$S_j(T)$ 为 T 时刻 w_j 的任务集合;SO_j 为体系级 C2BMC 下达的初始 ESG 后 w_j 的初始任务集。

定义 5-8　任务执行权转移规则。

假设 $\text{Trans}(t_i,w_j,O)=1$ 表示 w_j 有权将 t_i 的执行权类型 $O\in\{\text{TPA, UPA}\}$ 转移给其他火力节点,$\text{Trans}(t_i,w_j,O)=0$ 相反,则对于 $A(t_i,w_j,T)=\{\text{UPA}\}$,有

$$\text{Trans}(t_i,w_j,\text{TPA})=1, \ \text{Trans}(t_i,w_j,\text{UPA})=1 \tag{5.54}$$

对于 $A(t_i,w_j,T)=\{\text{TPA}\}$,有

$$\text{Trans}(t_i,w_j,\text{TPA})=0, \ \text{Trans}(t_i,w_j,\text{UPA})=0 \tag{5.55}$$

定义 5-9　任务 TPA 的执行。

对$\forall t_i \in$ Target，$\forall w_j \in$ Weapon，若在 T 时刻 $A\left(t_i, w_j, T\right) = \{\text{TPA}\}$，则

$$\text{Trans}\left(t_i, w_j, \text{TPA}\right) = 0, \quad \text{Trans}\left(t_i, w_j, \text{UPA}\right) = 0 \tag{5.56}$$

w_j 仅负责对 t_i 实施拦截。

定义 5-10 任务 UPA 的执行。

对$\forall t_i \in$ Target，$\forall w_j \in$ Weapon，若在 T 时刻 UPA $\in A\left(w_j, t_i, T\right)$，则 $T+1$ 时刻 w_j 可对 t_i 执行的操作有三种。

(1) w_j 对 t_i 实施拦截，即 $A\left(w_j, t_i, T+1\right) = \{\text{UPA}\}$，且对$\forall w_k \in$ Weapon，$k \neq j$，$A\left(w_j, t_i, T+1\right) = \varnothing$。

(2) 对$\forall w_k \in$ Weapon，$k \neq j$，且 $A\left(w_j, t_i, T\right) = \varnothing$，使得 $A\left(w_j, t_i, T+1\right) = \{\text{UPA}\}$，$A\left(w_j, t_i, T+1\right) = \{\text{TPA}\}$。

(3) 对$\forall w_k \in$ Weapon，$k \neq j$，且 UPA $\notin A\left(w_j, t_i, T\right)$，使得 $A\left(w_j, t_i, T+1\right) = \varnothing$，$A\left(w_j, t_i, T+1\right) = \{\text{UPA}\}$。

任务执行权的分离可在充分考虑战场动态性的基础上，避免计算时间和通信信道的浪费，同时对协同交战过程中的责权问题进行了清晰的描述。例如，若对 t_i 具有 TPA 的火力节点 w_k 被允许转移任务的 UPA，则若 w_k 因对 t_i 拦截失败而展开招标，$t_i \in SO_j$ 的 w_j 节点很有可能作为投标者重新进行投标，因此造成计算资源和通信资源的浪费。同时，UPA 体现了火力节点的任务执行和点域指控节点的任务协调能力，对任务 UPA 的执行情况将在一定程度上影响该临时拦截武器的作战能力评估结果。

2) 任务执行权的转移条件

以协同交战的条件、过程及目的为依据，w_j 对 $\forall t_{j,l} \in S_j(T)$ 的招标条件如下。

(1) 任务 TPA 的转移条件。

当 T 时刻 w_j 对 $t_{j,l}$ 满足协同交战条件 1 时，w_j 可对 $t_{j,l}$ 的 TPA 展开招标，将 $t_{j,l}$ 的 TPA 发放给中标者 w_k，且 S_j 不变，$S_k \to S_k \cup \{t_{j,l}\}$。若达到 Tdeadline 时无投标者，则 S_j 不变。

(2) 任务 UPA 的转移条件。

当 T 时刻 w_j 对 $t_{j,l}$ 满足协同交战条件 2 时，则立即对 $t_{j,l}$ 的 UPA 展开招标，将 t_j 的 UPA 发放给中标者 w_k，且 $S_j \to S_j - \{t_{j,l}\}$，$S_k \to S_k \cup \{t_{j,l}\}$。之后对 $t_{j,l}$ 的拦截或执行权的转移将完全由 u_k 负责。若达到 Tdeadline 时无投标者，则 S_j 不变。

4. 基于接收者限制的招标策略

招标策略即确定招标任务书发放对象的集合。传统 TP 中，招标者针对某项任务进行广播，向环境中所有的单元发放招标任务书，该招标策略在单元数量较多时，会引起系统计算量和通信负载的增加。对于 C2BMC，制定招标策略的原则应是在不遗漏最优投标者的基础上，尽量缩小招标范围，以减少系统通信负载。采用一种基于接收者限制的招标策略，首先给出执行协同交战的约束条件，然后基于约束条件指导各单元节点作战能力的取值，最后根据取值情况，向适合遂行协同交战的单元节点发送招标任务书。

1) 约束条件

约束条件用来判定某单元节点针对某个任务是否具有与其他单元节点进行协同交战的能力，主要包括空间约束 C_{space}、资源约束 $C_{resource}$、通信状况约束 C_{comm}、发射时间约束 C_{time} 及容量约束 C_{tps}。

(1) C_{space}：部署位置、拦截武器的有效作战区域适合打击目标。

(2) $C_{resource}$：有剩余的拦截弹。

(3) C_{comm}：与外界通信状况良好。

(4) C_{time}：目标尚未飞离该单元节点的有效发射区。

(5) C_{tps}：有剩余目标通道。

假设某约束为 1 表示满足，为 0 表示不满足，则对于 w_j、w_k 以及目标 $t_i \in SO_j$，只有当 $C_{space}(w_k,t_i)=1 \bigcap C_{resource}(w_k,t_i)=1 \bigcap C_{comm}(w_k,t_i)=1 \bigcap C_{time}(w_k,t_i)=1$ 时，w_k 才可与 w_j 对目标 t_i 遂行协同交战任务。容量约束 C_{tps} 将在后面进行说明。

2) 作战能力度量指标及取值策略

对于目标 t_i，若 $A(w_j,t_i,T)=\{UPA\}$，w_j 在转移其 TPA 或 UPA 时，不仅应考虑其余火力节点能否胜任对目标 t_i 的打击，同时还应考虑在胜任的情况下，对目标打击的力度如何。因此，引入全局作战能力(global operational capability, GOC)和局部作战能力(local operational capability, LOC)的概念，其目的一方面是缩小招标范围，即招标者不需向 LOC 或 GOC 为 0 的单元节点发送招标任务书；另一方面是招标者能够根据 GOC 了解投标者的历史作战情况，以尽量减少具备协同交战能力但完成任务质量不高的单元节点中标的可能。

定义 5-11　全局作战能力(GOC)。

对于 $\forall w_i \in$ Weapon，GOC_i 为其当前整体作战能力，如打击能力、任务协调能力、指挥员素质等的综合度量，$GOC_i \in [0,1]$。GOC_i 的初始值取为其整体作战能力系数，与装备性能及作战人员素质有关，可根据作战训练和专家评估给出。作战过程中的 GOC_i 进行更新，δ 为更新函数：

$$\text{GOC}_i = \begin{cases} \text{GOC}_i + \delta(w_i, t_{i,l}), & \text{当} w_i \text{执行} t_{i,l} \text{成功时} \\ \text{GOC}_i - \delta(w_i, t_{i,l}), & \text{当} w_i \text{执行} t_{i,l} \text{失败时} \end{cases}$$

$$\delta(w_i, t_{i,l}) = \frac{\text{TV}_{i,l} \cdot Cp_{i,l}}{\sum\limits_{k=1}^{|s_i|} \text{TV}_{i,k}} \cdot \text{GOC}_i \tag{5.57}$$

其中，$Cp_{i,l}$ 为 w_i 打击 $t_{j,l}$ 的能力系数(可定义为在 w_i 杀伤区范围内目标 $t_{j,l}$ 的杀伤概率)，与 $t_{j,l}$ 速度、w_i 导弹飞行速度、在杀伤区内单发导弹拦截 $t_{j,l}$ 的杀伤概率以及火力转移时间等因素相关。

此外，T 时刻 GOC_i 在约束条件作用下的取值策略如下所示：

$$\text{GOC}_i = \begin{cases} 0, & \neg C_{\text{resource}}(u_i, \ T) \bigcup C_{\text{comm}}(u_i, T) \\ \text{GOC}_i(T-1), & \text{其他} \end{cases} \tag{5.58}$$

其中，$\neg$ 表示非运算；$\bigcup$ 表示或运算关系。

式(5.58)表示只要当前 T 时刻 u_i 不满足资源或通信约束，则其 $\text{GOC}_i(T)=0$，即 w_i 当前无法遂行任何协同交战任务。

定义 5-12 局部作战能力(LOC)。

w_i 的局部作战能力 LOC_i 是与任务和时间相关的函数，$\text{LOC}_i(t_{j,l}, T)$ 即 w_i 对 w_j 预转移执行权(包括 TPA 和 UPA)的目标 $t_{j,l}$ 在 T 时刻打击能力的度量，$\text{LOC}_i(t_{j,l}, T) \in [0,1]$。

对于 w_j 预转移执行权的目标 $t_{j,l}$，$\text{LOC}_i(t_{j,l}, T)$ 在约束条件作用下的取值策略如式(5.59)。是否满足空间和时间约束，可通过解算 w_j 对 $t_{j,l}$ 的可行拦截点进行判断。

$$\text{LOC}_i(t_{j,l}, T) = \begin{cases} 0, & \neg C_{\text{space}}(u_i, t_{j,l}, T) \bigcup C_{\text{time}}(u_i, t_{j,l}, T) \\ 1, & \text{其他} \end{cases} \tag{5.59}$$

3) 接收者限制策略

招标者 w_j 根据当前对己方其他火力节点的信息掌握情况，可得到发放 $t_{j,l}$ 招标任务书的对象集合 $W^*(t_{j,l})$ 如式(5.60)，即

$$W^*(t_{j,l}) = \left\{ w_i \mid w_i \in \text{Weapon}, \text{且} \text{GC}_i(T) > \delta, \text{LC}_i(t_{j,l}, T) \neq 0 \right\} \tag{5.60}$$

其中，δ 为设定的阈值。式(5.60)表明，只有当前时刻能够对任务 $t_{j,l}$ 遂行协同交战能力，同时全局作战能力符合条件的单元节点才能收到 w_j 关于目标 $t_{j,l}$ 的招标任务书。

4) 招标任务书内容

招标任务书 TDoc 可形式化如下：

$$TDoc =< U^-, TaskInfo, AType > \tag{5.61}$$

其中，U^- 为招标者转移目标的个体效能变化值，也可作为招标底价；TaskInfo 为任务相关的信息；AType 为预备转移的执行权类型。对于不同类型任务执行权的转移，U^- 不同。例如，对于 UPA，由于目标已经飞离招标者的防卫区域，其不可能再对目标进行拦截，因此 $U^- = 0$。对于 TPA，由于当前目标尚未飞离招标者的防卫区域，因此在后续的作战中，仍然存在一定的概率使得目标处于其防空区域内，因此 U^- 应为招标者拦截该目标的效能大小。此时，$U^-(t_{j,l})$ 的计算如式(5.62)所示，即目标集合变化后 w_j 的个体效能变化值，其中 E_j 的计算如式(5.63)，即

$$U^-(t_{j,l}) = E_j\left(S_j - \{t_{j,l}\}\right) - E_j\left(S_j\right) \tag{5.62}$$

$$E_j\left(S_j\right) = \sum_{k=1}^{|S_j|} \mathrm{tv}_{j,k} \cdot k_j(t_{j,k}) \tag{5.63}$$

5) 招标策略流程

招标策略模块执行的具体步骤如表 5.13 所示。

表 5.13　招标策略

名称：招标策略

输入：C2BMC 火力节点集合 $\text{Weapon} = \{w_1, w_2, \cdots, w_{N_w}\}$

输出：目标 $t_{j,l}$ 的招标任务书发放对象集合 $W^*(t_{j,l})\left(W^*(t_{j,l}) \subseteq \text{WEAPON}\right)$ 及

$\text{TDoc}(t_{j,l})$ **for** $i = 1 \to N_w$

　步骤 1： 从公共态势图像中显示出己方火力节点当前状态信息，以 C_{resource}、C_{comm} 为约束，得出 w_i 的 GOC_i；

　步骤 2： 若 $\text{GOC}_i \neq 0$，则 w_j 解算 w_i 对目标 $t_{j,l}$ 的拦截点，若可行，则 $\text{LC}_i(t_{j,l}, T) = 1$，否则 $\text{LC}_i(t_{j,l}, T) = 0$；

　步骤 3： 以接收者限制为原则，若 $\text{GOC}_i > \delta$ 且 $\text{LC}_i(t_{j,l}, T) \neq 0$，则 $w_i \in W^*(t_{j,l})$；

end for

　步骤 4： 封装招标任务书内容，发送至 $W^*(t_{j,l})$ 集合中的每个单元节点(武器级 C2BMC)

基于接收者限制的招标策略可节省系统通信负载，且收到招标任务书的武器级 C2BMC 节点只是所有节点集合的子集，因此无须每个节点对招标任务书进行计算和响应，从整体上节省了计算和通信资源。

5. 基于置换目标的投标策略

制定投标策略的目的是确定接收到招标任务书的单元节点是否应投标，若投标则计算投标值为多少。

1) 置换目标定义

各个武器级 C2BMC 单元节点与其隶属的制导节点执行作战任务时，可同时打击的目标数量有限，因此当一个单元节点承担任务数量大于其目标通道数量时，需要对任务进行拦截排序，即进行火力分配，并通过火力转移从射击一个目标转向射击另一个目标。然而，对于飞行速度较高的目标，当目标数量大于单元节点的目标通道数时，通常无法通过通道的火力转移来实现对全部目标的打击。另外，随着作战过程的推进，处于战备状态的导弹数量减少至 0 时，单元节点将失去作战能力。因此，对于需要投标的目标来说，如果单元节点有足够的剩余通道或可以拦截，即满足 C_{tps} 容量约束和 $C_{resource}$ 物质约束，则可根据实际情况确定是否可投标；如果单元节点不满足以上两个约束(不满足物质约束是指导弹已分配完但尚有部分未发射)，而拦截该目标可使得体系整体作战效能增加，则可寻找置换目标。

定义 5-13　置换目标。

对于 $\forall w_i \in \text{Weapon}$，若由于不满足 C_{tps} 或 $C_{resource}$ 约束而无法对目标 t_j 投标，则根据式(5.64)找出目标集合 $S_i' = \{t_{i,k} \,|\, t_{i,k} \in S_i, 且 U_i(t_{i,k}) > 0\}$。若 $S_i' \neq \varnothing$ 则满足式(5.65)的目标 $t_{i,k}^*$ 称为置换目标，即

$$U_i(t_{j,l}) = E_i\left(S_i - \{t_{i,k}\} \cup \{t_{j,l}\}\right) - E_i(S_i) \tag{5.64}$$

$$t_{i,k}^* = \arg\max_{k=1}^{|S_i'|} U_i\left(\{t_{i,k} \,|\, t_{i,k} \in S_i'\}\right) \tag{5.65}$$

2) 对目标 TPA 的投标策略

某火力节点 w_i 收到 $t_{j,l}$ 的 TPA 的招标任务书后，根据式(5.66)计算投标值，$U_i^+(t_{j,l})$ 为 w_i 拦截 $t_{j,l}$ 的效能，如式(5.67)所示：

$$B_i(t_{j,l}) = U_{j,l}^- + U_i^+(t_{j,l}) \tag{5.66}$$

$$U_i^+(t_{j,l}) = E_i\left(S_i \cup \{t_{j,l}\}\right) - E(S_i) \tag{5.67}$$

若 $B_i(t_{j,l}) < 0$，表示 w_i 拦截 $t_{j,l}$ 的作战效能与 w_j 相比较低，因此放弃投标；若 $B_i(t_{j,l}) > 0$，说明 w_i 拦截 $t_{j,l}$ 将增加整体作战效能，因此 w_i 应投标。如果 w_i 满足 C_{tps} 或 $C_{resource}$ 约束，则立即投标，否则应搜索置换目标。假设 $b_{ijl} = 1$ 表示 w_i 对 $t_{j,l}$ 投标，$b_{ijl} = 0$ 表示不投标，对目标 TPA 的投标策略流程如表 5.14 所示。

表 5.14　对目标 TPA 的投标策略

名称：$\forall w_i \in \text{Weapon}$ 对 $t_{j,l}$ 的 TPA 的投标策略

输入：$t_{j,l}$ 的 TDoc，w_i 当前状态信息

输出：b_{ijl}；若 $b_{ijl}=1$，则 $B_i(t_{j,l})$

for $B_i(t_{j,l}) \leqslant 0$

　　$b_{ijl}=0$；

else if $C_{\text{tps}}(w_i)=1 \&\& C_{\text{resource}}(w_i)=1$

　　$b_{ijl}=1$；

　　$B_i(t_{j,l})=U_{j,l}^- + U_i^+(t_{j,l})$；

else

　　Find S_i'；

　　if $S_i'=\varnothing$

　　　　$b_{ijl}=0$；

　　　　return；

　　else

　　　　$b_{ijl}=1$；

　　　　$B_i(t_{j,l})=U_{j,l}^- + U_i^+(t_{j,l})=U_{j,l}^- + E_i\left(S_i \cup \{t_{j,l}\} - \{t_{i,k}^\bullet\}\right) - E_i(S_i)$

end if
end if

3) 对目标 UPA 的投标策略

w_i 接收到关于目标 $t_{j,l}$ 的 UPA 的招标任务书后，如满足 C_{tps} 或 C_{resource} 约束，则投标。若不满足该约束，则应立即搜索置换目标。对目标 UPA 的投标策略模块的算法流程可描述如表 5.15 所示。

表 5.15　对目标 UPA 的投标策略

名称：$\forall w_i \in \text{Weapon}$ 对 $t_{j,l}$ 的 UPA 的投标策略

输入：$t_{j,l}$ 的 TDoc，w_i 当前状态信息

输出：b_{ijl}；若 $b_{ijl}=1$，则 $B_i(t_{j,l})$

if $C_{\text{tps}}(w_i)=1 \&\& C_{\text{resource}}(w_i)=1$

　　$b_{ijl}=1$；

　　$B_i(t_{j,l})=U_i^+(t_{j,l})=E_i\left(S_i \cup \{t_{j,l}\} - E_i(S_i)\right)$；

else

　　Find S_i'；

　　if $S_i'=\varnothing$

　　　　$b_{ijl}=0$；

　　　　return；

　　else

　　　　$b_{ijl}=1$；

　　　　$B_i(t_{j,l})=U_i^+(t_{j,l})=E_i\left(S_i \cup \{t_{j,l}\} - \{t_{i,k}^\bullet\}\right) - E_i(S_i)$

　　end if
end if

4) 投标书内容

投标者的投标书内容可形式化描述如下：

$$\text{BDoc} =< \text{Task}, B, \text{GOC} >\tag{5.68}$$

其中，Task 为投标的目标信息；B 为对任务的投标值；GOC 为当前该火力节点的全局作战能力。基于置换目标的投标策略使得点域指控节点的决策更加理性，能够在不满足约束时对自身任务集进行处理，并在理性地权衡后，选择执行效能较高的任务，以提高体系的整体作战效能。

6. 基于综合评价的中标策略

中标策略的重点是标书评价方法的选取，即如何确定评价函数，以选出最优的任务执行者。评价函数的建立直接决定了任务分配的效果，通常需根据问题背景设定。

假设 $t_{j,l}$ 的投标者集合为 WB，WB$\subseteq W^*$。对于 $\forall w_i \in$ WB，考虑采用的指标因素集合 $U=\{u_1, u_2, \ldots, u_n\}$，如下：

$$U =< \text{GOC}, \text{BV}, \text{CommCost} >\tag{5.69}$$

其中，GOC、BV 及 CommCost 分别为任意投标者的全局作战能力度量、对 $t_{j,l}$ 的投标值，以及与招标者 c_j 的通信代价。通信代价是指两武器级 C2BMC 节点之间通信的物理距离、传输延迟、通信质量以及通信稳定性等因素。每一个参数皆为综合评价过程中的一种审视角度。

设 a_i 为指标 u_i 的评判权重，权重的确定方法通常是半经验半理论的，可通过专家打分法、战例统计法、层次分析法、质量功能展开法等方法确定。

对于 $\forall w_i \in$ WB，采用加性效用函数综合评价其投标能力如式(5.70)所示，其中 $\mu_{i,k}$ 为 w_i 的第 k 个指标的取值，且 $\sum_{i=1}^{n} a_i = 1$。

$$v_i = \sum_{k=1}^{3} a_k \mu_{i,k}\tag{5.70}$$

因此，中标者为 $w_k = \arg\max_{l=1}^{|\text{WB}|} v_l$。

中标通知书内容可形式化为

$$\text{WDoc} = \langle \text{Target}, \text{AType}, \text{Winner}, \text{IcptInfo} \rangle\tag{5.71}$$

其中，Target 为预遂行协同交战的目标；AType 为转移的任务执行权类型；Winner 为中标者；IcptInfo 为招标者为中标者提供的拦截 Target 的发射指令。

7. 合同类型的选择与综合

结合基于置换目标的投标策略，分析需签订的合同类型包括买卖合同、置换合同以及交换合同。

1) 买卖合同

定义 5-14 买卖合同。

买卖合同可描述为一个四元组$<w_{Req}, w_{Prov}, target, U_S>$，其中，$w_{Req}$为请求协同交战的火力节点，target 是本次协同交战打击的目标，w_{Prov}为提供协同交战能力打击 target 的火力节点，U_S为反导系统的整体效能变化值。例如，对于图 5.23 中的买卖合同$<w_j, w_i, t_{j,l}, U_S>$，U_S的计算公式下：

$$U_S = U_{j,l}^- + U_i^+(t_{j,l}) = E_j\left(S_j - \{t_{j,l}\}\right) - E_j\left(S_j\right) + E_i\left(S_i \cup \{t_{j,l}\}\right) - E_i\left(S_i\right) \quad (5.72)$$

2) 置换合同

由投标策略可知，当w_j对$t_{j,l}$的最终执行权进行招标时，投标对象w_i当前可能不满足C_{tps}或$C_{resource}$约束，因此需选择出置换目标$t_{i,k}^*$，以便空出目标通道或资源打击目标$t_{j,l}$，一旦w_i作为$t_{j,l}$最终执行权的投标者中标，则w_i立即对$t_{i,k}^*$的最终执行权进行持续招标，因此$S_i \rightarrow S_i \cup \{t_{j,l}\} - \{t_{i,k}^*\}$。在此情况下，$w_i$与$w_j$签订的合同为置换合同，如图 5.24 所示。

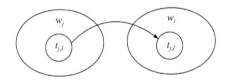
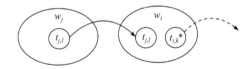

图 5.23　买卖合同示例图　　　　　　图 5.24　置换合同示意图

定义 5-15 置换合同。

置换合同可描述为一个五元组$<w_{Req}, w_{Prov}, target, replaced\_Target, U_S>$，其中，$w_{Req}$为请求协同交战的单元节点，target 是本次协同交战的目标，w_{Prov}为提供协同交战能力打击 target 的单元节点，replaced_Target 为从w_{Prov}目标集合中置换出的目标，U_S为整体效能变化值。

例如，对于置换合同$<w_j, w_i, t_{j,l}, U_S>$，若当前时刻 replaced_Target 的最终执行权尚未转移，则U_S的计算如下所示：

$$U_S = U_{j,l}^- + U_i^+(t_{j,l}) = E_j\left(S_j - \{t_{j,l}\}\right) - E_j\left(S_j\right) + E_i\left(S_i \cup \{t_{j,l}\} - \{t_{i,k}^*\}\right) - E_i\left(S_i\right)$$

$$(5.73)$$

若当前时刻 replaced_Target 的最终执行权已转移至 w_1，则 U_S 的计算如下所示：

$$
\begin{aligned}
U_S &= U_{j,l}^- + U_i^+(t_{j,l}) + U_l^+(t_{i,k}^*) \\
&= E_j\big(S_j - \{t_{j,l}\}\big) - E_j\big(S_j\big) + E_i\big(S_j \cup \{t_{j,l}\} - \{t_{i,k}^*\}\big) - E_i\big(S_i\big) \\
&\quad + E_l\big(S_l \cup \{t_{i,k}^*\}\big) - E_l\big(S_l\big)
\end{aligned} \tag{5.74}
$$

3) 交换合同

交换合同为置换合同的特例，即 w_i 对被 $t_{j,l}$ 置换出的任务 $t_{i,k}^*$ 的 UPA 进行招标时，中标者恰为 w_j，如图 5.25 所示。

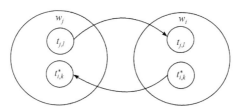

图 5.25　交换合同示意图

定义 5-16　交换合同。

交换合同可描述为一个五元组，即 $<w_{\text{Req}}, w_{\text{Prov}}, \text{target}, \text{replace\_Target}, U_S>$，各元素定义同置换合同。例如，对于交换合同 $\langle w_j, w_i, t_{j,l}, t_{i,k}^*, U_S \rangle$，$U_S$ 的计算公式如下所示：

$$
\begin{aligned}
U_S &= U_j^{-+}(t_{j,l}) + U_i^{+-}(t_{j,l}) \\
&= E_j\big(S_j - \{t_{j,l}\} \cup \{t_{i,k}^*\}\big) - E_j\big(S_j\big) + E_i\big(S_j \cup \{t_{j,l}\} - \{t_{i,k}^*\}\big) - E_i\big(S_i\big)
\end{aligned} \tag{5.75}
$$

8. 基于违约处理的协议机制

协议机制是中标者将新任务添加进自身的任务集后，在执行任务之前，当与其他投标者进行交互时应遵循的规则。为尽量避免分配方案陷入局部最优，针对作战背景，对传统 TP 的协议机制进行扩展，采用"分而治之"的思想针对两种不同类型的目标执行权，采用一种基于违约处理的协议机制，以确定何时可以违约以及违约后的处理措施。

1) 关于任务 TPA 的协议机制

w_i 接收目标 $t_{j,l}$ 的 TPA 后，$S_i \rightarrow S_i \cup t_{j,l}$，当再次收到其他火力节点如 w_k 对

目标 $t_{k,m}$ 的招标任务书时, 若当前 w_i 无空闲目标通道或剩余导弹, 则只要 $t_{j,l}$ 被选择为置换目标, 且 w_i 尚未发射导弹拦截目标 $t_{j,l}$, w_i 就对 $t_{k,m}$ 投标。如果 w_i 成为 $t_{k,m}$ 的中标者, 则 w_i 对 $t_{j,l}$ 的 TPA 违约, 即 $S_i \to S_i \bigcup \{t_{k,m}\} - t_{j,l}$, 并通知 w_j, 以空出剩余目标通道拦截 $t_{k,m}$。w_i 对 TPA 违约时, GOC_i 不变。

w_j 收到违约通知后, 根据战场实时态势重新执行协同交战相关的决策。

2) 关于任务 UPA 的协议机制

w_i 接收目标 $t_{j,l}$ 的 UPA 后, 则禁止违约。如果由于目标通道或资源限制原因使得 w_i 无法打击 $t_{j,l}$, 则一旦 $t_{j,l}$ 被选择为置换目标, w_i 就需负责转移 $t_{j,l}$ 的 UPA。若 w_i 拦截和转移任务失败促使 $t_{j,l}$ 突防成功, 则 GOC_i 根据式(5.57)进行更新。禁止违约的原因是若 w_i 违约, w_j 当前已经无法再次对目标 $t_{j,l}$ 进行处理, 则 w_j 只能再次组织竞拍, 从而转移目标 $t_{j,l}$ 的最终执行权, 因此 w_i 与 w_j 之间的通信和交涉只是增加不必要的通信负担, 且容易延误战机。

基于违约处理的协议机制使得点域指控节点可根据不同情况同之前签订的合同毁约, 从而空出资源执行作战效能更高的任务, 以提高系统的整体收益。

9. 算法流程

对于 S_j 中的任意目标 $t_{j,l}$, 基于 TP 的分布式 ESG 更新机制流程如图 5.26 所示。

具体步骤描述如下。

步骤 1: u_j 判断 $t_{j,l}$ 是否满足招标条件, 若满足, 则确定预备转移的执行权类型, 并根据 $t_{j,l}$ 当前位置、速度和状态等信息设定 t_{deadline} 后, 转步骤 2。

步骤 2: 根据招标策略, 确定招标任务书内容及发放对象集合。

步骤 3: 收到招标任务书的各火力节点, 根据投标策略, 确定是否投标, 并计算投标值。

步骤 4: 若 u_j 在 t_{deadline} 内未收到投标书, 则返回; 否则对收到的标书进行统计, 根据中标策略选择中标者 u_i, $i \neq j$, 并向其发送中标通知书。

步骤 5: u_k 收到中标通知后, 根据当前自身状态、剩余资源情况、作战能力等, 确定与 u_j 签约的合同类型, 并对部分情况下产生的置换目标组织招标。

步骤 6: u_k 执行 $t_{j,l}$ 过程中, 在需要违约时, 根据 $t_{j,l}$ 的执行权类型和协议机制确定是否违约以及违约后的行动序列。

步骤 7: u_k 将其对 $t_{j,l}$ 的执行结果报告 u_j, 并更新 GOC_k。

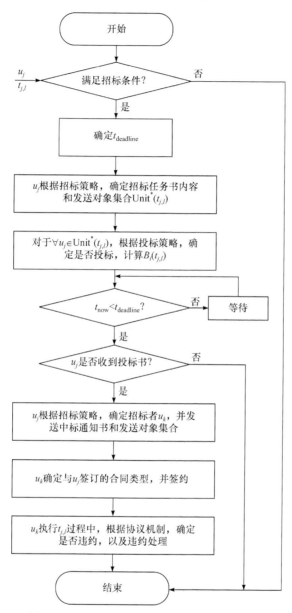

图 5.26　基于 TP 的分布式 ESG 更新机制流程

5.4　反导作战预案生成

由于弹道导弹具有发射区域、飞行弹道、落点有规律和可预知等特性，以及防御方保卫目标、防御资源的部署有重点、有选择性防御等特性，使得反导作战预案在实际作战过程中有决定性的意义。

5.4.1　反导作战预案分析

1. 反导作战预案在 C2BMC 系统中的应用分析

在分层 C2BMC 系统中,体系级 C2BMC 系统中的预案应用模块主要实现了离线状态基于仿真推演的作战预案制定功能、基于预案和预警情报的实时作战方案生成两大功能。在实时作战方案生成阶段,从作战预案库中通过检索匹配算法得到的实时作战预案可以作为最终作战方案生成的直接依据。

在已有作战预案的情况下,现实当中一旦发生与存储库中相似的攻击想定,则根据已经掌握的前期预警信息,选择基于预案的反导作战模式,进行方案匹配,确定最终作战方案。其基本流程如图 5.27 所示。

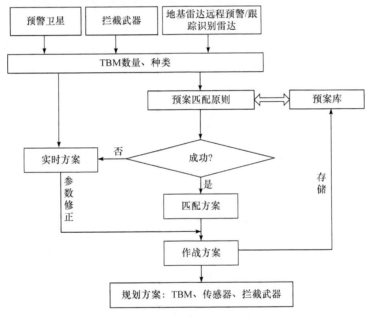

图 5.27　典型作战预案作战应用基本流程

在图 5.27 中,首先根据预警装备的早期预警信息确定 TBM 的数量和种类,在这种威胁场景下,按照事先确定的匹配原则在预案库中进行搜索匹配,如果匹配结果不能满足要求,则实时进行作战方案决策并下发至相应的传感器单元和拦截武器任务规划;如果匹配结果能满足要求,则输出一个匹配的作战方案,同时根据实时作战环境进行相应的作战参数修正,得到最终实时作战方案,并下发至相应的传感器单元和武器单元,最后将这个修正后的作战方案在预案库中进行存储,以丰富预案库知识。

2. 反导作战预案离线生成过程分析

典型的反导作战预案生成主要包括威胁场景设定、预案形成、仿真验证、效能评估、修改优化、预案库存储等几个基本过程(吴林锋等, 2011; 范海雄, 2013; 范海雄等, 2013; 邢清华等, 2019), 其流程如图 5.28 所示。

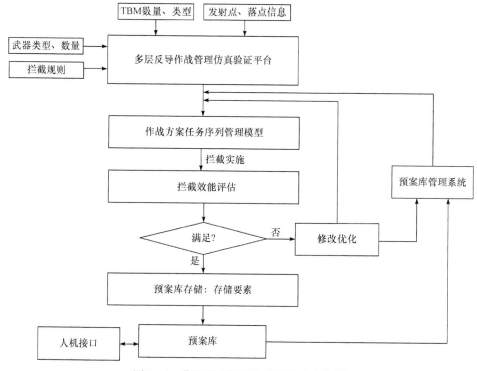

图 5.28　典型作战预案生成管理基本流程

在图 5.28 中, 首先给出典型 TBM 数量、类型, 发射点、落点信息, 拦截武器类型、数量, 以及拦截规则, 在这种特定攻击想定的基础上, 通过多层反导作战管理仿真验证平台生成初步的作战方案, 最后对此次作战方案的拦截结果进行拦截效能评估, 如果满足杀伤效果条件, 则提取出关键的决策要素形成作战预案存储于预案库, 如果不满足, 则对相应的作战要素进行调整, 例如拦截武器的部署位置、拦截策略等, 直到验证结果达到满意为止。从而形成了一个典型的作战预案, 它可以作为后续反导作战实时指挥决策的参考依据。

3. 反导作战预案涉及的关键技术分析

作战预案库中存储的每一个作战预案都是经过仿真推演和评估优化后得到的最优作战方案, 在作战预案生成管理和作战应用过程中涉及的关键技术主要包括以下几类。

1) 作战预案的表示——便于生成、存储

框架层次结构是人工智能中用来表达特殊事件或经验的有效机制，用框架描述结构很适于表达作战预案库中的每一个预案。在反导作战预案中，需要存储的信息主要包括 MTDE(任务、目标、决策、效能)等内容。通过反导作战过程中关键要素分析，反导作战预案的框架层次结构如表 5.16 所示。

表 5.16　反导作战预案的框架层次结构

反导作战预案 No.XX		
槽 1	上级任务 侧面 1：重要点目标防御 侧面 2：区域目标防御 侧面 3：联合防空作战防御	侧面值：<防御等级 X> 侧面值：<防御等级 X> 侧面值：<防御等级 X>
槽 2	目标 侧面 1：类型 侧面 2：射程 侧面 3：突防方式 侧面 4：诱饵类型 侧面 5：诱饵数量 侧面 6：干扰方式	侧面值：<目标型号 X> 侧面值：<发点、落点、末速度、再入角> 侧面值：<微变轨> 侧面值：<轻或重> 侧面值：<4> 侧面值：<电磁干扰>
槽 3	传感器决策方案 侧面 1：部署情况 侧面 2：协同探测跟踪策略 侧面 3：引导方式 侧面 4：协同识别	侧面值：<地点、类型、数量> 侧面值：<截获时机、区域> 侧面值：<一次长预报引导> 侧面值：<对象、时机、方法>
槽 4	拦截武器决策方案 侧面 1：末段高层武器部署情况 侧面 2：末段低层武器部署情况 侧面 3：协同拦截策略 侧面 4：拦截武器目标分配结果 侧面 5：预期拦截效果	侧面值：<地点、类型、数量> 侧面值：<地点、类型、数量> 侧面值：<高低拦、高拦、低拦> 侧面值：<拦截武器目标编号> 侧面值：<拦截概率>
槽 5	作战结果 槽值：	
槽 6	效能评估 侧面 1：传感器协同效能 侧面 2：拦截武器协同效能	侧面值：<截获时间、概率> 侧面值：<漏截率>

基于框架层次结构表示方法层次性强，便于模块化实现，同时，每一个槽的每个侧面可以有一个或多个值，甚至也可以是其他框架，具有灵活性、可扩充性等特征。

2) 作战预案的索引——便于快速检索匹配

预案的索引就是这个作战预案的关键字或关键字组合，它是区别各作战预案的依据，一个好的索引能够平衡预案数据的组织结构，并实现快速最优检索匹配。作战预案是按照 MTDE 来索引的，如表 5.17 所示。

表 5.17 基于 MTDE 的作战预案索引

作战预案 No.XX	任务(M)	目标(T)	决策(D)	效能(E)
1	重要点目标防御	1000km	x 发弹(低 x)	成功-80%
2	重要点目标防御	3500km	x 发弹(高 x 低 x)	成功-95%
3	区域目标防御	2 枚 2500km	x 发弹(高 x 低 x)	成功-90%
4	联合防空作战防御	电子干扰	x 发弹(高 x 低 x)	失败-10%

3) 作战预案的检索匹配算法——匹配决策依据

在这里，通过将作战预案的各预案要素进行统一量化处理来进行权值分配。可以用海明距离计算新输入问题与库中预案的相似度以达到匹配目的。

4) 作战预案的调整学习——预案的使用并丰富预案库的知识

对匹配预案的适应性调整，是直接向匹配预案中加入一些新内容，也可以是将匹配预案的部分内容进行改造，得到最终作战方案。作战预案的学习则是指系统在应用过程中通过学习更多知识和经验，形成一个新预案，并计算其与所有旧预案之间的相似度，满足一定阈值后，才以实际预案的形式存储于预案库中，丰富预案库的同时也保证了预案库中预案的质量。

5.4.2 基于预案标记语言的反导作战预案形式化表示

1. 传统预案表示方法

预案的表示方式决定着现实世界中的问题向预案的转换，同时对预案推理的效率有很大的影响。预案的有效表示与合理组织能够反映事物的本质特征，预案检索系统就能够迅速地从预案库中检索出所需要的预案，从而使效率提高。在目前广泛使用的推理系统中，预案表示方法主要有上下文表示法、框架表示法、谓词逻辑表示法、关系数据库表示法、语义网络表示法、自然语言表示法、面向对象表示法等。其中，比较常用的有框架表示法和面向对象表示法。预案的表示方式各有优势。例如，记录型预案可以利用数据库在检索算法上的优势来增加检索的效率，但是它在表达面向对象型的预案时能力较弱；可扩展标记语言(extensible markup language，XML)型预案虽然在索引性能上比较欠缺，但是它在表现半结构化预案时通常具有明显的优势。

2. 基于预案标记语言(code block markup language，CBML)的反导作战预案表示模型

预案具有两方面的含义，即内容与结构。传统的预案表示方法将预案内容与结构信息保存在同一个文件中，因此，在单一领域的预案库中仅能实现"同构"预案库的设计。

领域知识在不断地变化与发展，简单的数据类型、传统的"扁平化"数据结构已经无法表示众多形式的领域知识，越来越多的领域知识所体现出的层次性、半结构化等特征已经不能简单地用数据库表、特征向量等方法来描述。

一套标准、有效的预案表示模型应当满足如下三点基本要求：

(1) 能够灵活地表示各种预案结构，如扁平结构以及复杂的嵌套结构。

(2) 能够提供丰富的数据类型。

(3) 能够提供强而有效的数据验证机制。

为了更为有效地对预案结构及实体文件进行规范的约束和验证，Hayes 等提出了 CBML。CBML 将基于预案的推理(case-based reasoning，CBR)技术与 XML 技术相结合，是一种基于 XML 的预案表示语言。目前，CBML 提供更为完善的验证机制、新的特征类型、层次化的结构等新特性。CBML 体系层次关系如图 5.29所示。

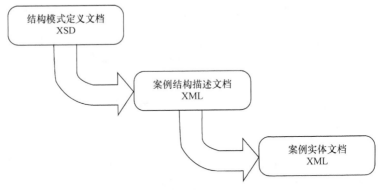

图 5.29　CBML 体系结构层次图

CBML 采用 XML Schema 定义预案的结构描述文档格式，因此，预案表示模型在大方向上采用 CBML 的设计思想，在具体的描述中主要包括以下一些基本概念。

(1) 预案模型(case model)。

在基于 CBML 的预案表示模型中，一个预案的表示需要三个文件进行描述：CaseM =< CaseSSD,CaseSD,CaseED >。其中，各特征量的含义如表 5.18所示。

表 5.18　预案模型特征量

特征量	全称	含义	类型
CaseSSD	case structure schema document	预案结构模式定义文档	XML Schema
CaseSD	case structure document	预案结构描述文档	XML
CaseED	case entity document	预案实体文档	XML

CaseSSD 验证解析至内存中的 CaseSD，而验证通过的结构文档则用于规范化 CaseED。在一个单独的领域预案库中，为了达到异构预案并存的目的，可以存在多个预案实体文档集合。在每个文档集合中，预案结构唯一。

(2) 预案结构模式定义文档(case sructure schema document，CaseSSD)。

预案结构模式定义文档用于定义预案的属性特征及属性间的层次结构关系。

CaseSSD =< Description, Solution, Result >

Description 表示预案的问题描述域。Description=$\{f_1, f_2, \cdots, f_k\}$，$f_i$ 表示预案的第 i 个属性特征。

Solution 表示预案的解决方案域。包括解决方案的步骤、使用的资源等信息。

Result 表示预案的评价结论域。包括预案的应用状况等信息。

$f_i \in \{$ Simple Attribute, CompoundAttribute, Assistant Attribute$\}$，也即问题描述域由若干属性定义组成，而属性分为三种，定义如下。

① 简单属性 (simple attribute, SA)：简单属性是指数据类型为 Java 原生数据类型的属性。例如 string, integer, boolean 等。

SA=$<N,T,W,LS>$

其中，N 为属性名称；T 为类型；W 为权重；LS 为局部相似度函数类名。

② 复合属性(compound attribute, CA)：复合属性是指由简单属性或者其他复合属性共同组成的属性。利用复合属性可以构造出层次化的预案结构。

CA=$<N, W, GS, SubA>$

其中，N 为属性名称；W 为权重；GS 为全局相似度函数类名；SubA 为复合属性的子属性集合。

③ 辅助属性(assistant attribute, AA)：辅助属性不参与预案推理过程，辅助属性相当于对预案的注释，描述预案的类型等相关信息。

在预案结构模式定义文档被定义之后，用户可以按照约束规范创建出预案结构描述文档，录入新事件的特征，生成存储预案的实体文档，从而完成向预案库中添加一个新预案的步骤。

(3) 预案结构描述文档(case strcture document, CaseSD)。

预案结构描述文档在预案结构模式定义文档的规范约束下生成。该文档用于在用户录入预案时提供向导帮助。

(4) 预案实体文档(case entity document, CaseED)。

预案实体文档为用于进行预案推理的、实际存储预案实体的文档。

在存储过程中，采用基于分类层次体系的结构，使用文件目录系统存储预案结构及实体文档。文件目录系统按照 CaseSD 的类型来组织，同一个 CaseSD 的所有 CaseED 存储在同一个子目录下，结构相近的 CaseSD 组成一个类，从而便于预案的组织、管理和查找。

5.4.3　反导作战预案的分层索引和检索技术

1. 反导作战预案的分层索引

作战预案的索引对于检索相关的有用预案非常重要。一个预案的索引通常是它的重要关键字的集合，这些关键字将该预案同其他的预案区分开来，预案索引技术主要有最近邻法、归纳法、知识导引法等。一个好的索引能够平衡预案数据的组织结构，并实现快速最优检索匹配。

采用分层索引的方法，并按照反导作战预案的特征属性对预案进行分层，利用最近邻法对这些特征属性进行加权求和，得出一组相关的预案。

反导作战预案是在给定多层反导作战资源(包括多传感器资源和多层拦截火力资源)的基础上，为完成特定的反导作战任务(要保卫的要地或区域)，基于假定的来袭弹道导弹威胁，通过作战任务规划(包括多传感器协同预警探测任务规划和多层反导拦截火力任务规划)而生成的多层反导作战方案，即在反导作战中，反导作战预案主要是依据反导作战任务和来袭弹道导弹威胁想定而制定的。

反导作战任务的关键数据主要是要保卫的要地或区域的名称。来袭弹道导弹威胁想定的关键数据主要包括来袭弹道导弹的数量，每个目标的型号、发射点和预计落点等。基于反导作战任务和威胁想定的作战预案索引如表 5.19 所示。

表 5.19　基于反导作战任务和威胁想定的作战预案索引

作战预案编号	要保卫的要地或区域	目标数量	目标型号	发射点	落点
1	地区 1	2 枚	XX	XX	XX
			XX	XX	XX
2	地区 2	2 枚	XX	XX	XX
			XX	XX	XX
3	地区 3	3 枚	XX	XX	XX
			XX	XX	XX
			XX	XX	XX

从上表可以看出，反导作战预案的索引关键字可分为两个层次，通过要保卫

的要地或区域以及目标数量等关键字可大致区分不同的反导作战预案，因此可将其作为第一层次的索引关键字；在此基础上，通过目标型号、发射点和落点等关键字可对反导作战预案进一步细分，因此可将其作为第二层次的索引关键字。

2. 反导作战预案的检索

反导作战预案检索的目标是通过比较预案之间的相似度找到与源预案最相似的预案，通过构建相似性度量函数进行相似度的计算，常用的包括 Tversky 对比匹配函数、最相邻算法等。

作战预案的检索匹配基本过程如图 5.30 所示。

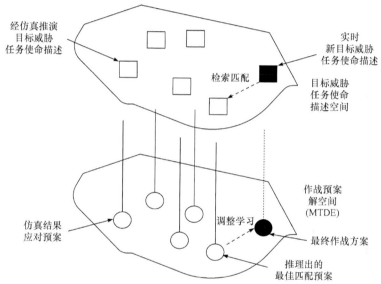

图 5.30　基于海明距离的作战预案检索过程描述

在这里，采用基于海明距离的检索匹配算法，在计算海明距离之前必须将作战预案的各预案要素进行统一量化处理，权值分配。对于关键的任务(M)、目标(T)要素而言，我们取其权值都为 1，决策(D)、效能(E)要素则其权值都取值在 0～1之间，而且 $\sum_i w_i > 1$，相似度的值也可以小于 0。

用海明距离计算新输入问题与库中预案的相似度为

$$\text{sim}(X,Y) = 1 - \text{DIST}(X,Y) = 1 - \sum_i w_i \text{dist}(x_i, y_i) \tag{5.76}$$

其中，X 表示输入问题的案例化描述；x_i 表示问题 X 的属性；Y 表示预案库中的已有案例；y_i 表示 Y 的属性；w_i 表示第 i 个属性的权值。$\text{dist}(x_i, y_i)$ 表示如下：

$$\text{dist}(x_i, y_i) = \frac{|x_i - y_i|}{|\max_i - \min_i|} \tag{5.77}$$

其中，$\max_i$ 和 $\min_i$ 分别表示案例的第 i 个属性经统一量化处理后的最大值和最小值。对于符号属性值，如果 $x_i = y_i$，则 $\mathrm{dist}(x_i, y_i) = 0$，否则 $\mathrm{dist}(x_i, y_i) = 1$。比如任务中的重要点目标防御和区域目标防御之间的 $\mathrm{dist}(x_i, y_i) = 1$。

3. 作战预案的调整与学习

作战预案的调整就是通过检索匹配获得相似预案后，对匹配预案作出适应性调整，可以是直接向匹配预案中加入一些新内容，也可以是将匹配预案的部分内容进行改造，得到最终作战方案。在这里，可以采用转换型适配(transformational adaptation)策略和参数调整(parameter adjustment)的调整适配技术，它的基本思想就是比较检索到的预案与新问题所关心的属性之间的差别，从而将最终的目标方案向合适的方向调整。

作战预案的学习是指 CBR 系统不断获取新知识、改进旧知识的过程，一个 CBR 系统会在应用过程中学习更多知识和经验，形成一个新预案，这时我们计算其与所有旧预案之间的相似度，满足一定阈值后，才以实际预案的形式存储于预案库中，丰富预案库的同时也保证了预案库中预案的质量。

5.4.4 基于 CBR 的作战预案检索匹配算法实例

1. 作战预案在作战管理系统中的使用流程

在反导作战方案生成阶段，需要依据弹道目标前期预警信息、上级下达的作战任务目标和预案库检索匹配策略等基本信息进行作战方案确定，其作战预案处理流程如图 5.31 所示。

作战预案库依据目标 T、任务 M 和匹配策略等输入信息在预案库中进行检索匹配，匹配成功后经方案调整就可形成最终作战方案，向下级下发作战任务序列，并通过预案学习机制进行预案存储；图中另一条辅助流程就是实时作战方案计算处理，能够对作战方案的调整阶段起到辅助决策作用。

2. 多作战预案检索匹配计算实例

在检索匹配阶段，为了便于说明问题和验证方法的有效性，做出如下假设。

(1) 新问题 X 的描述。

以各要素某一关键侧面值为例，新问题 X 的描述如表 5.20 所示。

表 5.20　新问题 X 的描述

新问题描述	任务(M)	目标(T)	决策(D)	效能(E)
X	重要点目标防御	3000km	4 发弹	成功率>90%

作战任务是重要点目标防御，来袭目标是一枚射程大约 3000km 的弹道导弹，要求采用发射 4 枚拦截弹的高防御级别，拦截成功率不低于 90%。

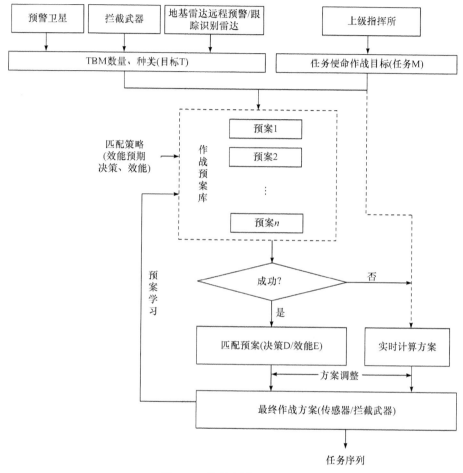

图 5.31 作战预案处理流程

(2) 预案库中已存储的作战预案描述。

各要素相对应侧面值为例，预案库中已存储的作战预案描述如表 5.21 所示。

表 5.21 作战预案描述

作战预案 No.XX	任务(M)	目标(T)	决策(D)	效能(E)
1	重要点目标防御	1000km	2 发弹	成功—80%
2	重要点目标防御	3500km	4 发弹	成功—95%
3	区域目标防御	2 枚 2000km	6 发弹	成功—90%

(3) MTDE 各要素权值和最大值、最小值。

MTDE 各要素权值和最大值、最小值如表 5.22 所示。

表 **5.22**　权值和最大值、最小值

要素	任务(M)	目标(T)	决策(D)	效能(E)
权值	1	1	0.5	0.5
最大值、最小值	0、1	800~3500km	0~4 发弹	0~100%

基于以上假设，则新问题与作战预案 1 的距离结果为

$$\text{DIST}(X,1)=\sum_i w_i \frac{|x_i-y_i|}{|\max_i-\min_i|}=1\times0+1\times(3000-1000)/(3500-800)+0.5\times(4-2)/(4-0)$$

$$+0.5\times(0.9-0.8)/(1-0)=1.04$$

同理有

$$\text{DIST}(X,2)=0.21,\quad \text{DIST}(X,3)=1.495$$

所以

$$\text{sim}(X,1)=1-\text{DIST}(X,1)=1-1.04=-0.04$$
$$\text{sim}(X,2)=1-\text{DIST}(X,2)=1-0.21=0.79$$
$$\text{sim}(X,3)=1-\text{DIST}(X,3)=1-1.495=-0.495$$

计算结果显示，相似度最高的是作战预案 2，主要是因为权值较高的任务和目标两大关键要素最为相似，都同为点目标防御，来袭目标射程也最为相近，这与实际作战应用情况是相符的。因此，把作战预案 2 选为匹配预案，经方案调整阶段进行部分参数调整就可作为最终作战方案。

参 考 文 献

段锁力, 张多林, 王明宇. 2011. 高层反导多目标单拦截点规划研究[J]. 空军工程大学学报(军事科学版)(增刊), 10: 101-103.

范海雄. 2013. 基于 CBR 的末段高层反导任务规划方法研究[D]. 西安: 空军工程大学.

范海雄, 刘付显, 邹志刚. 2013. 反导作战预案形式化建模研究[J]. 现代防御技术, 41(1): 1-8, 41.

高嘉乐, 王刚, 姚小强. 2015. 基于混合机制的防空反导一体化目标分配方法[J]. 空军工程大学学报(自然科学版), 16(4): 24-28.

李龙跃, 刘付显, 赵麟锋. 2014. 对多波次目标直接分配到弹的反导火力规划方法[J]. 系统工程与电子技术, 36(11): 2206-2212.

刘家义, 王刚, 张杰, 等. 2020. 基于改进 AGD-分布式多智能体系统的目标优化分配模型[J]. 系统工程与电子技术, 42(4): 863-870.

刘胜利, 王睿, 王刚, 等. 2018. 防空反导作战决策威胁估计方法研究[J]. 飞航导弹, (5): 57-61.

娄寿春. 2009. 地空导弹射击指挥控制模型[M]. 北京: 国防工业出版社.

王思远, 王刚, 岳韶华, 等. 2020. 基于多层多级天际线选择方法的威胁评估[J]. 航空学报,
　　41(5): 1-13.

王思远, 王刚, 张家瑞. 2019. 基于变权 TOPSIS 法的防空目标威胁评估方法[J]. 弹箭与制导学
　　报, 39(6): 171-176.

吴林锋, 王刚, 杨少春, 等. 2011. 基于CBR的反导作战方案生成技术[J]. 空军工程大学学报(自
　　然科学版), 11(5): 45-49.

吴舒然, 刘昌云, 高嘉乐, 等. 2018. 双层动态变权的弹道目标威胁评估算法研究[J]. 战术导弹
　　技术, (3): 60-66.

夏春林, 周德云, 冯琦. 2014. 基于变权灰色关联法的目标威胁评估[J]. 火力与指挥控制, (4):
　　54-57.

肖金科, 王刚, 李松, 等. 2013. 区域反导高低两层联合可发射时间计算与仿真[J]. 战术导弹技
　　术, (4): 103-107.

肖金科, 王刚, 李为民等. 2015. 区域反导目标分配模型优化分析[J]. 系统工程理论与实践,
　　35(4): 1027-1034.

邢清华, 范海雄. 2019. 反导任务规划技术——基于案例推理[M]. 北京: 科学出版社.

第6章　系统建模与原型仿真系统构建

反导指挥控制与作战管理系统是一个复杂的系统，也是协调各作战分系统一体化作战的基础。在研究了反导指挥控制与作战管理系统的体系结构及关键技术后,本章主要分析反导指挥控制与作战管理系统建模与原型仿真系统的构建方法、过程。

6.1　系统作战视图建模

通过对反导指挥控制与作战管理系统的作战视图建模，从多个层面描述反导指挥控制与作战管理系统在弹道导弹防御系统中的关系、作用等，描述反导指挥控制与作战管理系统基本作战过程与流程、指挥控制链、作战装备间的信息流及时间链等。

6.1.1　高级作战概念视图

高级作战概念视图描述了反导指挥控制与作战管理系统与反导作战环境、传感器装备和拦截打击装备之间的相互作用。具体来讲，反导指挥控制与作战管理系统通过实时处理来自传感器装备的弹道目标属性数据，识别真假目标，评估威胁，制订防御计划，调度传感器网跟踪、监视目标，管理拦截装备摧毁目标和评估拦截效果等一系列活动的交互，实现在弹道导弹防御系统(ballistic missile defense system，BMDS)中的目标跟踪识别、拦截打击、监控作战进程等功能。高级作战概念视图见图 6.1。

其中，反导指挥控制与作战管理系统指挥控制下的反导拦截关键环节如下。

(1) 传感器调度。反导指挥控制与作战管理系统为获取相对精确的 TBM 信息，首先对预警卫星进行智能决策控制，进行重点区域监视；一旦接收到预警卫星的告警信息，实施对异地部署的多个异构传感器的频段、扫描空域、扫描时域、扫描方式依次进行协同规划优化协同、智能决策、反馈控制，在满足各种传感器资源约束的前提下，寻求一定准则下传感器装备的最优探测、粗略跟踪、精确跟踪、识别、制导执行序列，达到预期作战目标的传感器-任务分配，为实时的拦截决策提供信息支撑。

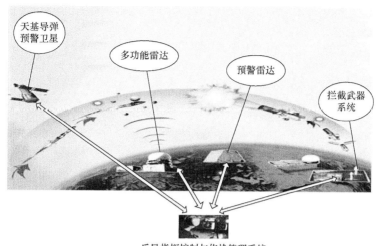

反导指挥控制与作战管理系统

图 6.1　高级作战概念视图

(2) 威胁评估。对于确定要拦截的重点弹道目标，依据高精度的预警信息，进行高精度的弹道参数解算、发射点估计和落点预测，结合保护要地的相对重要程度、反导力量部署及其作战能力，应用一定的融合、决策和推理准则，估计来袭弹道导弹在某一时刻对保护要地的威胁意图、威胁能力、威胁区域和威胁时机，给出侵袭要地可能性的综合估计值，并实时传递给拦截武器系统。

(3) 防御计划规划。在作战预案库进行实时匹配，优选最佳的作战方案；在预警信息和目标威胁评估等信息的支持下，结合弹道导弹的运动参数和数量、拦截系统的拦截能力，按照一定的分配原则、分配模型和算法，将来袭弹道导弹实时、合理地分配给多层拦截系统，使得最有利的拦截系统拦截分配的目标，提升了对目标整体的杀伤概率。

(4) 截获监视。反导指挥控制与作战管理系统实时更新拦截弹的过程信息，从而对杀伤效果进行评估，并作出是否进行二次拦截的判断。

6.1.2　作战活动模型视图

作战活动模型视图描述了反导指挥控制与作战管理系统在完成作战任务过程中所执行的各种作战活动序列。在分析 BMDS 的作战任务及反导指控系统核心功能的基础上，从反导作战的基本过程出发，描述了 BMDS 作战系统状态转进控制、态势感知、威胁评估、作战预案、传感器任务规划、拦截任务规划和拦截效果评估七大活动想定(倪鹏等，2011；肖金科等，2013)，以此建立的作战活动模型视图如图 6.2 所示。

针对图 6.2 的作战活动模型视图的关键子活动的信息输入输出信息流阐述如图 6.3~图 6.9 所示。

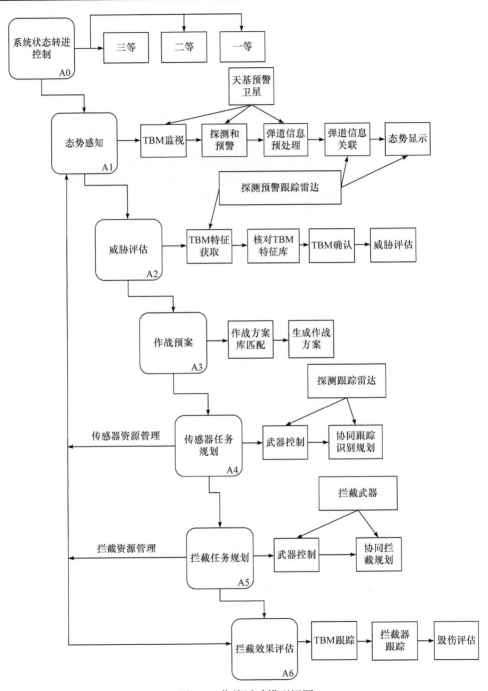

图 6.2　作战活动模型视图

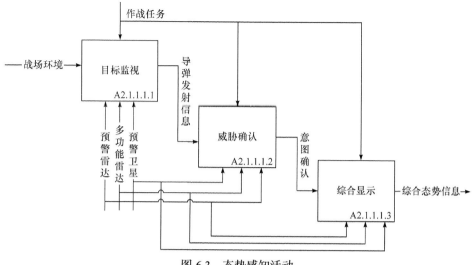

图 6.3 态势感知活动

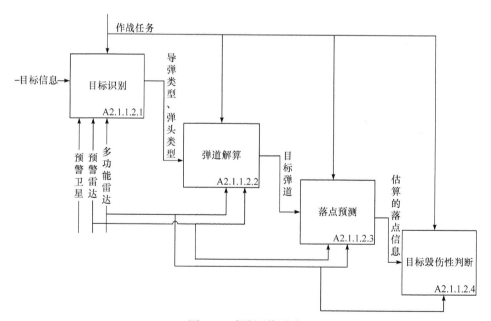

图 6.4 威胁评估活动

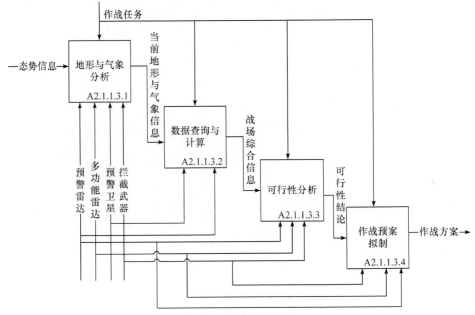

图 6.5 作战预案活动

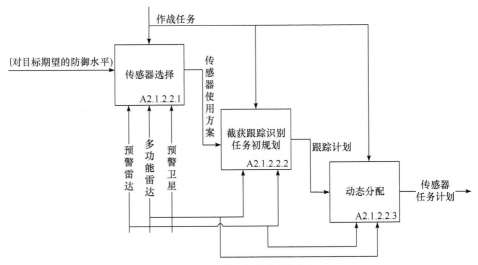

图 6.6 传感器任务规划活动

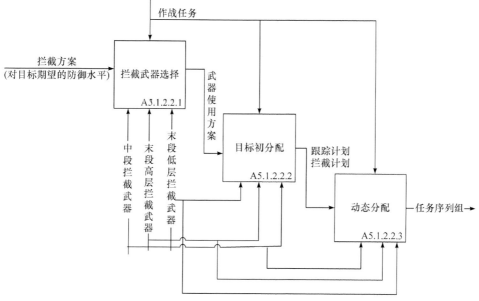

图 6.7　拦截任务规划活动

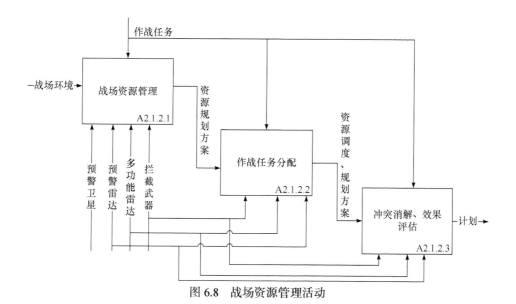

图 6.8　战场资源管理活动

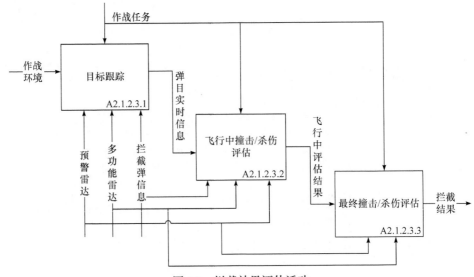

图 6.9　拦截效果评估活动

6.1.3　作战信息交换矩阵视图

　　作战信息交换矩阵视图描述了反导指挥控制与作战管理系统的基本作战单元的特定信息交换的相关属性，以预警装备和拦截装备节点为例，详细说明指控信息流的来源与去向，分别见图 6.10 和表 6.1。

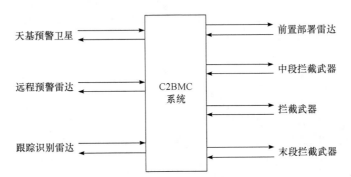

图 6.10　反导指挥控制与作战管理系统和相关装备作战信息交换矩阵视图

表 6.1　作战信息交换矩阵视图

装备	信息	
	接收信息	发送信息
天基预警卫星	1. 局部地区的导弹发射信息 2. 导弹告警	1. 告警信息 2. 关机点信息 3. 射向信息

续表

装备	信息	
	接收信息	发送信息
远程预警雷达	1. 局部地区的导弹发射信息 2. 引导信息	1. 导弹预警信息 2. 目标跟踪信息
跟踪识别雷达	引导信息	1. 跟踪、识别特定弹道目标 2. 弹道目标跟踪引导信息
拦截武器	1. 弹道导弹的拦截信息 2. 目标分配任务	弹道导弹精确弹道信息、威胁信息、拦截规划方案

对各级反导指挥控制与作战管理子系统和相关传感器装备、拦截武器装备的信息交互关系说明如下。

1) 反导指挥控制与作战管理系统和天基预警卫星间的关系

反导指挥控制与作战管理系统规划天基预警卫星对特定区域全时段的监视，并接收、处理天基预警卫星的预警反馈信息。

2) 反导指挥控制与作战管理系统和远程预警雷达间的关系

反导指挥控制与作战管理系统接收并处理远程预警雷达发送的目标跟踪信息和状态信息，下达对远程预警雷达的引导计划、信息支援计划。

3) 反导指挥控制与作战管理系统和跟踪识别雷达间的关系

反导指挥控制与作战管理系统接收并处理多功能跟踪识别雷达发送的识别、目标跟踪信息，下达对跟踪识别雷达的跟踪计划、识别计划、信息支援计划。

4) 反导指挥控制与作战管理系统和拦截武器间的关系

反导指挥控制与作战管理系统接收并处理拦截武器上报的跟踪信息、状态信息等，生成拦截武器的拦截任务计划，适时下达拦截任务。

6.1.4　作战事件/跟踪描述视图

作战事件/跟踪描述视图描述了反导指挥控制与作战管理系统各作战节点间的信息交换活动的任务时间序列，每一个作战活动的追踪图解包括反导作战态势的说明及这些作战活动信息的来源与去向，从时间的角度分析跟踪反导指挥控制与作战管理系统的活动，如图 6.11 所示。

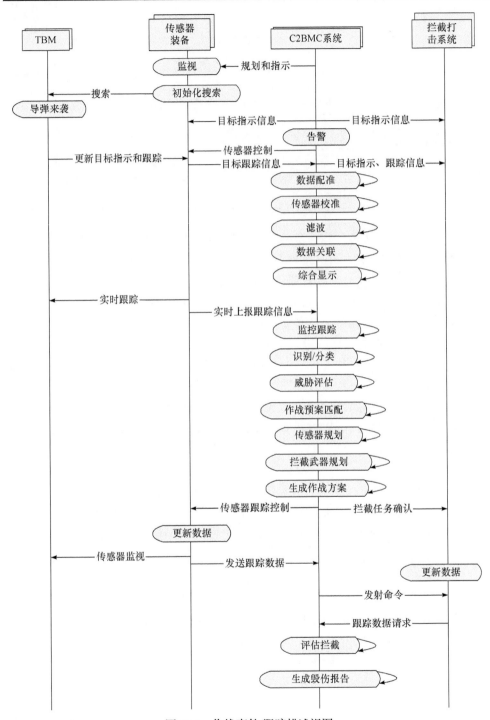

图 6.11　作战事件/跟踪描述视图

6.2　系统和服务视图建模

6.2.1　系统接口描述与服务接口描述视图

系统接口描述与服务接口描述视图是对反导指挥控制与作战管理系统内部节点的一个或多个通信路径的简单的抽象描述，是对作战节点之间需求的系统表现形式，一般反导指挥控制与作战管理系统由 4 个关键模块组成：指挥控制模块、作战管理模块、弹道信息处理模块和拦截武器火力控制模块，各模块之间及其与传感器装备和拦截打击装备之间的交互关系见图 6.12。

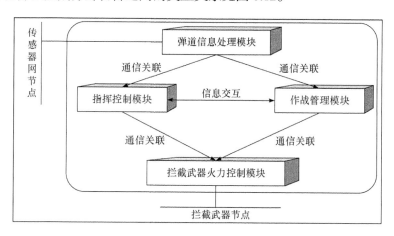

图 6.12　系统接口描述与服务接口描述视图

6.2.2　系统性能参数矩阵/服务性能参数矩阵视图

系统性能参数矩阵/服务性能参数矩阵视图是描述反导指挥控制与作战管理系统的接口的性能参数指标，便于技术人员对质量特性进行沟通，从反导指挥控制与作战管理系统能力需求的角度给出原型仿真系统的预警信息接收处理能力、预警探测跟踪传感器指挥控制能力、拦截武器作战指挥控制能力和通信链路能力的具体指标，见表 6.2。

表 6.2　系统性能参数矩阵/服务性能参数矩阵视图

能力需求1	类型	数量	能力需求2	类型	数量	能力需求3	类型	数量	能力需求4	类型	数量
预警信息接收处理能力	高轨预警卫星		预警探测跟踪传感器指挥控制能力	高轨预警卫星		地基拦截能力	中段拦截		通信链路能力	卫星通信	
	低轨预警卫星			低轨预警卫星							
	预警雷达			预警雷达						光纤通信	
	跟踪识别雷达			地基跟踪识别雷达			末段高层拦截				
	原始航迹处理容量			海基跟踪识别雷达						飞行中拦截弹通信	
	综合后航迹容量			前沿部署雷达			末段低层拦截				
	航迹处理延时			天波雷达						抗干扰	

6.2.3　系统服务功能描述视图

系统服务功能描述视图适用于描述反导指挥控制与作战管理系统的服务功能及其在服务组里的分组和服务规范。结合反导指挥控制与作战管理系统原型仿真系统的 4 个关键子模块：指挥控制模块、作战管理模块、弹道信息处理模块和拦截武器火力控制模块内部及其之间的节点信息流，系统服务数据流如图 6.13 所示。

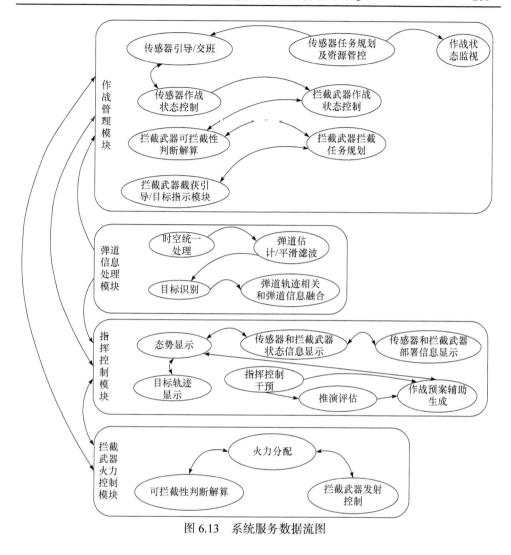

图 6.13 系统服务数据流图

6.3 原型仿真系统构建

6.3.1 原型仿真系统组成

通过系统分析反导指挥控制与作战管理系统的体系结构、指挥关系、功能组成、节点信息交互关系、作战流程、信息传输链路等，理清反导指挥控制与作战管理网络化作战指挥控制结构。在此基础上，分析反导指挥控制与作战管理系统的具体作战过程与流程、指挥控制链，以及反导作战装备间的信息流，构建反导指挥控制与作战管理原型仿真系统，对弹道数据处理、作战管理、指挥控制(battle management/ command and controle，BM/C2)流程进行仿真分析与验证。构建基于服务架构(service oriented architecture，SOA)的反导指挥控制与作战管理原型仿真系统，支持变结构的指挥控制架构设计，支持基于组件/服务技术的算法级作战管理模型、算法的测试与验证(林驰等，2019；刘东红等，2019；刘家义等，2019)。

反导指挥控制与作战管理原型仿真系统可划分为若干功能子系统，其中子系统由若干功能模块组成，功能模块间通过接口调用实现相关功能。模块所处的层次体现了其在整个软件中的位置和作用，原型仿真系统的组成如图 6.14 所示。

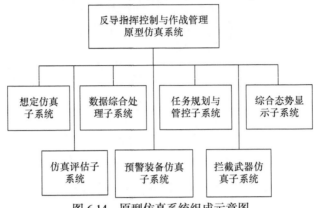

图 6.14　原型仿真系统组成示意图

反导指挥控制与作战管理原型仿真系统的体系结构如图 6.15 所示。

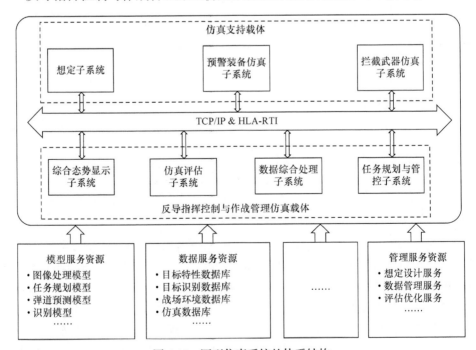

图 6.15　原型仿真系统的体系结构

（1）想定子系统主要完成具备一定作战背景和战术意图的攻击想定，输出理想目标流数据。

（2）预警装备仿真子系统主要完成预警卫星、预警雷达等的仿真，输出来袭目标预警信息和跟踪数据，响应并执行任务规划与管控子系统输出的传感器任务计划。

（3）数据综合处理子系统主要完成多源雷达跟踪情报的预处理、跟踪数据的融合处理，输出综合航迹和相关信息。

（4）综合态势显示子系统主要完成状态信息、计划信息、弹道信息等的显示。

（5）任务规划与管控子系统主要基于综合态势信息，实时周期性完成跟踪规划和拦截规划的解算和决策。

（6）拦截武器仿真子系统主要完成拦截武器的仿真，响应并执行任务规划和管控子系统输出的拦截计划。

（7）仿真评估子系统主要完成仿真过程中的数据记录，评估反导指挥控制与作战管理原型仿真系统的效能。

想定子系统、预警装备仿真子系统和拦截武器仿真子系统作为仿真支持载体，数据综合处理子系统、任务规划与管控子系统、综合态势显示子系统、仿真评估子系统作为反导指挥控制与作战管理仿真载体。

6.3.2　原型仿真系统工作流程

反导指挥控制与作战管理原型仿真系统的工作流程如图 6.16 所示。

（1）初始化。

根据配置文件或其他方式，完成想定子系统、天基预警仿真子系统、地基预警雷达仿真子系统、数据综合处理子系统、综合态势显示子系统、任务规划与管控子系统、拦截武器仿真子系统所需的初始化信息。

（2）想定子系统输出理想弹道目标数据。

（3）预警装备仿真子系统接收理想目标流数据，根据仿真装备的能力约束输出预警信息和目标跟踪数据。

（4）弹道目标跟踪信息处理。

数据综合处理子系统接收多源情报信息，基于融合规则，实现对多源传感器数据的相关处理，输出综合情报和相关信息。

（5）传感器任务计划和拦截计划规划。

任务规划与管控子系统跟踪综合情报和相关信息，进行全弹道预测，基于全弹道预测数据，进行传感器任务规划和拦截规划。

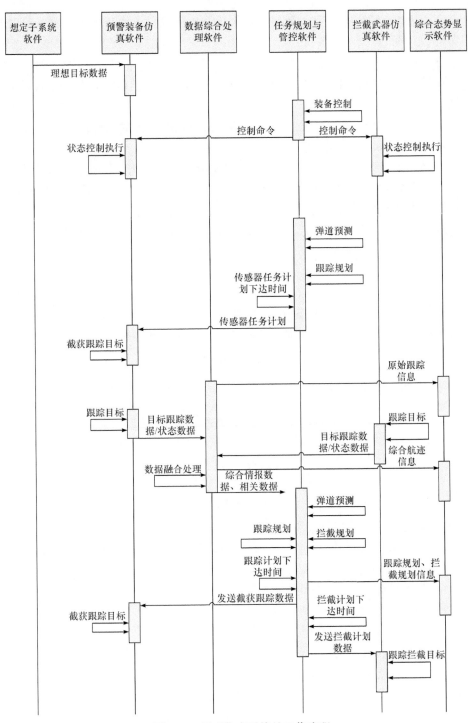

图 6.16　原型仿真系统的工作流程

(6) 传感器任务计划和拦截计划的执行控制。

地基预警雷达仿真子系统接收传感器任务，根据任务计划执行传感器的任务控制，拦截武器仿真子系统接收拦截计划，跟踪拦截计划执行拦截武器的任务控制。

(7) 综合态势显示。

综合态势显示子系统接收并显示原始情报数据，综合情报数据，传感器任务计划、拦截计划等数据。

在图 6.16 描述的流程中，后台有仿真评估子系统通过网络实时记录目标跟踪数据、跟踪计划数据、拦截计划数据、指挥控制数据等，一次仿真推演结束后，读取记录数据，完成仿真推演的性能评估(张雅舰等，2013)。

6.3.3　运行环境

1. 软件配置

1) 应用软件配置

反导指挥控制与作战管理原型仿真系统的应用软件配置及功能如表6.3所示。

表 6.3　反导指挥控制与作战管理原型仿真系统的应用软件配置及功能

序号	软件模块	功能
1	想定软件	制作并发送想定数据，输出理想目标流数据
2	预警卫星仿真软件	完成预警卫星的仿真，输出预警信息和跟踪信息
3	远程预警雷达仿真软件	完成远程预警雷达的仿真，输出探测跟踪信息
4	多功能雷达仿真软件	完成多功能雷达的仿真，输出跟踪和识别信息
5	拦截武器仿真软件	完成拦截武器的仿真，输出目标跟踪信息、拦截信息
6	数据综合处理软件	完成多源情报综合处理，输出滤波后的原始情报和综合情报
7	任务规划与管控软件	完成弹道信息、传感器规划和拦截规划处理，输出弹道信息、规划的计划信息等
8	综合态势显示软件	完成综合航迹信息、弹道信息、规划的计划信息等的综合显示
9	仿真评估软件	完成仿真推演数据的记录、处理与仿真推演结果性能的评估与评估结果显示

2) 系统软件配置

包括系统软件和运行环境支持软件两类。

(1) 系统软件。

操作系统：Win7.0。

网络协议：TCP/IP 协议

(2) 运行环境支持软件。

通用文字处理软件：Word 2010 以上，WPS 2015。

数据库管理系统软件：Oracle、Sql Server。

开发软件：VS2010、Qt。

2. 设备配置

原型仿真系统的设备配置包括综合态势显示席、数据综合处理席、任务规划和管控席等，设备清单如表 6.4 所示。

表 6.4　反导指挥控制与作战管理原型仿真系统的设备清单

序号	设备类型	计算机基本配置	单位	数量
1	想定席		台	1
2	预警卫星仿真席		台	2
3	远程预警雷达仿真席	(1) CPU：达到或超过 3.0G；	台	4
4	多功能雷达仿真席	(2) 物理内存：不小于 2G；	台	4
5	拦截武器仿真席	(3) 显示系统：21″LCD 显示器；独立显卡，支持双显示器，独立显存	台	4
6	数据综合处理席	1GB 以上，支持 AGP6.0 以上，硬件支持 Direct3D 8.0/OpenGL 以上；	台	1
7	任务规划和管控席	(4) 网络设备：千兆以太网卡	台	1
8	综合态势显示席		台	1
9	仿真评估席		台	1

6.3.4　接口描述

1. 硬件接口

反导指挥控制与作战管理原型仿真系统在局域网内搭建，系统内设备采用的接口速率为 100/1000Mbit/s 的以太网卡接口，通信协议采用 TCP/IP 协议(赵宗贵等，2012；赵宗贵等，2018；张英朝等，2018)。

2. 软件接口

反导指挥控制与作战管理原型仿真系统各个子系统之间的信息交互关系如图 6.17 所示。

各个子系统之间的信息交互关系与格式如表 6.5 所示。

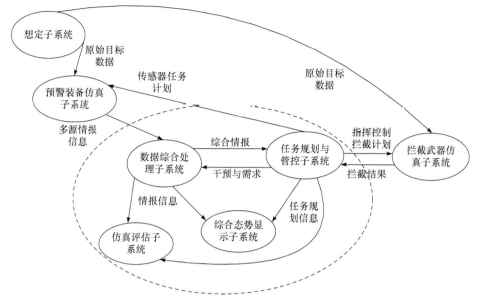

图 6.17　各个子系统之间的信息交互关系

表 6.5　各个子系统之间的信息交互关系与格式

序号	信源	信宿	信息交换内容	信息形式
1		天基预警仿真子系统		
2	想定子系统	地基预警雷达仿真子系统	理想目标流数据	
3		拦截武器仿真子系统		
4	预警装备仿真子系统	数据综合处理子系统	预警信息 跟踪信息 识别信息	
5		任务规划与管控子系统	状态信息	
6	拦截武器仿真子系统	数据综合处理子系统	跟踪信息 识别信息	数据格式报
7		任务规划与管控子系统	状态信息 拦截信息	
8		任务规划与管控子系统	综合情报	
9	数据综合处理子系统	综合态势显示子系统	原始情报 综合情报	
10		仿真评估子系统	综合情报 弹道信息 目标识别结果	

续表

序号	信源	信宿	信息交换内容	信息形式
11		天基预警仿真子系统	传感器搜索探测计划	
12		地基预警雷达仿真子系统	跟踪计划 识别计划	
13	任务规划与管控子系统	拦截武器仿真子系统	拦截计划	数据格式报
14		综合态势显示子系统	计划信息 弹道信息	
15		仿真评估子系统	计划信息 拦截结果	

参 考 文 献

李龙跃, 刘付显. 2012. DoDAF 视图下的反导作战军事概念建模与仿真系统设计[J]. 指挥控制与仿真, 34(5): 76-80.

林驰, 李松, 王刚. 2019. 防空反导作战指控模型校核验证及评估[J]. 火力与指挥控制, 44(7): 11-16.

刘东红, 李永红. 2018. 指挥控制软件工程[M]. 北京: 国防工业出版社.

刘家义, 岳韶华, 王刚, 等. 2020. 多平台分布式协同作战下基于 MPC-MAS 的指挥控制模型设计[J]. 系统工程与电子技术, 42(7): 1582-1589.

倪鹏, 张纳温, 王刚, 等. 2011. 末段反导作战指控系统建模仿真研究[C]. 北京: 第六届中国系统建模与仿真技术高层论坛, 10: 521-527.

肖金科, 王刚, 刘昌云, 等. 2013. DoDAF 的末段反导指挥控制与作战管理系统需求分析[J]. 火力与指挥控制, 38(8): 13-17.

张雅舰, 曹泽阳, 郭相科. 2013. 末段反导武器系统作战效能的灰色综合评估[J]. 弹箭与制导学报, 33(2): 37-40.

张英朝, 宋晓强, 张亚琪, 等. 2018. 指挥控制系统工程概论[M]. 北京: 国防工业出版社.

赵宗贵, 刁联旺, 李君灵, 等. 2015. 信息融合工程实践——技术与方法[M]. 北京: 国防工业出版社.

赵宗贵, 熊朝华, 王珂, 等. 2012. 信息融合概念、方法与应用[M]. 北京: 国防工业出版社.